食品质量检验培训教材

食品包装检验

操　恺　主编

中国质检出版社
中国标准出版社
北京

图书在版编目（CIP）数据

食品包装检验/操恺主编. —北京：中国质检出版社，2015.6
ISBN 978-7-5026-4112-2

Ⅰ.①食… Ⅱ.①操… Ⅲ.①食品包装—检验 Ⅳ.①TS206

中国版本图书馆 CIP 数据核字（2015）第 034053 号

内容提要

本书对食品包装常用材料分别作了概况介绍，对国内外的标准体系进行了概括梳理，对重点测试项目的测试方法作了较为详细的说明。旨在通过对现有标准及测试方法的整理，结合编者实际工作经验，为食品包装从业人员提供技术指导。主要包括食品包装的基本概念，食品包装材料及制品检验，食品用塑料包装材料及制品检验，食品用金属包装材料及制品检验，食品用玻璃包装材料及制品检验，食品用陶瓷包装材料及制品检验，食品用竹木与可降解包装材料及制品检验等内容。

本书适用于从事食品质量检验和食品安全管理人员学习、考核与培训，也可供食品生产企业管理和检验人员、大专院校师生参考学习。

中国质检出版社
中国标准出版社 出版发行
北京市朝阳区和平里西街甲 2 号（100029）
北京市西城区三里河北街 16 号（100045）
网址：www.spc.net.cn
总编室：（010）68533533 发行中心：（010）51780238
读者服务部：（010）68523946
中国标准出版社秦皇岛印刷厂印刷
各地新华书店经销

*

开本 787×1092 1/16 印张 19 字数 481 千字
2015 年 6 月第一版 2015 年 6 月第一次印刷

*

定价 58.00 元

编 委 会

前言

食品安全是关系国计民生的重大问题，食品包装安全作为食品安全的重要组成部分，得到了国内外广泛关注。随着科学技术的快速发展和人民生活水平的不断提高，各类新型包装材料及包装技术层出不穷，为追求更好的包装特性，食品包装制品会使用多种包装材料和化学助剂，这些物质在一定的环境和介质条件下出现溶出，溶出物会迁移到食品中进而影响人体健康，因此，建立完善的食品包装风险评估和测试体系显得尤为重要。

发达国家和地区已制定较为完善的食品包装法规、指令、决议及提案公告等，并建立了非常完善的产品测试和风险评估体系，对食品包装材料的准入有着更高的标准，但我国在该领域起步较晚，法规及管理体系相对滞后，已跟不上产业发展的步伐，在食品包装测试方面的专业著作尤其缺乏。本书对食品包装常用材料分别作了概况介绍，对国内外的标准体系进行了概括梳理，对重点测试项目的测试方法作了较为详细的说明。本书旨在通过对现有标准及测试方法的整理，结合编者实际工作经验，为食品包装从业人员提供一份详实的参考资料；为提升食品包装产业质量水平作一些贡献。

由于本书的主要内容是对检测方法的整理和归纳，为确保表述的科学性和一致性，本书中对相关标准的内容有较多的直接引用，在此特别说明。

本书由操恺任主编，蔡晶任副主编。编写分工：第一章、第三章由向斌、蔡晶编写；第二章由高妹芬、付进编写；第四章由王凤玲、闻诚编写；第五章由赵晶、陈诚编写；第六章由刘晓编写；第七章由操恺、陈海峰编写。全书由操恺、蔡晶统稿。本书在编写过程中得到了江苏省产品质量监督检验研究院有关领导的支持和帮助，在审稿过程中，南京农业大学的章建浩教授给予了许多宝贵的意见和建议，谨此表示衷心感谢。同时，本书编写过程中参阅了大量文献资料及标准，在此对所引资料的作者一并表示感谢。

由于编者水平有限，本书难免有疏漏和谬误之处，恳请读者批评指正。

编者

2015 年 2 月

目　　录

第一章 绪论

包装是现代商品社会必不可少的重要组成部分，与人们的日常生活密切相关。包装的科学性、合理性在商品流通中显得尤为重要，包装的设计水平直接影响到商品本身的市场竞争力乃至品牌形象。食品包装作为一类特殊的包装，在保证食品原有价值和状态的过程中，起到越来越重要的作用。随着科学技术的发展和人们生活水平的提高，消费者对食品包装的要求也越来越高，食品包装在为人们提供方便的同时，其本身的安全及对环境污染等问题已引起广泛关注。

第一节 包装的基本概念

关于包装，不同历史时期被赋予其不同的内涵。起初认为包装只是容纳物品、保护物品的器具；而后又赋予其便于运输和使用的功能；后来又增添了宣传商品、促进销售的作用；今天，在世界环境保护呼声日益高涨的情况下，又必须具备无公害、易处理的环保功能，因此，包装不是一个一成不变的概念，是一个有着明显时代烙印，满足不同时代要求的一类物质资料。

一、包装的定义

根据中华人民共和国国家标准（GB/T 4122. 1—2008），包装的定义是：为在流通过程中保护产品、方便贮运、促进销售，按一定的技术方法而采用的容器、材料和辅助物品等的总称。也指为了达到上述目的而采用容器、材料和辅助物的过程中施加一定技术方法等的操作活动。

世界各国对于包装的定义均从包装的功能出发，本质上基本一致，但语句描述却有所差异。美国包装协会认为：包装是为产品的运出和销售的准备行为；日本包装用语辞典中确定：包装是使用适当之材料、容器而施以技术，使产品安全到达目的地，即产品和技术上的准备工作；加拿大包装协会认为：包装是将产品由供应者送到顾客或消费者，从而保持产品于完好状态的工具；英国规格协会认为：包装是为货物的运输和销售所做的艺术、科学和技术上的准备工作。

上述几种说法的基本意思都表明包装的主要功能在于从产品生产后直到消费者手中的全过程中的每一个阶段，不论遇到什么外来影响，都能使内容物受到保护，而不降低其使用价值。

二、包装与环境

自然环境是人类进行生产和生活的最基本的物质条件，是人类社会生活的自然基础。自然资源尤其是能源资源与矿产资源对包装工业的发展具有重大意义。能源不仅是包装工业的动力源泉，某些特定能源，如石油、天然气、煤炭等既是化工原料的主要原料，又是生产包装的原料来源；矿产资源则是包装工业所需多种金属原料和非金属原料的主要来源。

1. 包装对环境的污染

资源的消耗和环境的保护是全球生态的两大热点问题，包装与其密切相关，并且成为这两个问题的焦点之一。包装对环境的污染主要来自两个方面：①包装工业对环境的污染，特别是包装材料工业，如造纸、塑料、金属冶炼、玻璃陶瓷等工业，它们在生产过程中要排放大量的废水、废气和废渣；②包装废弃物对环境的污染，包装在为人们生产生活提供方便的同时，也消耗了大量的材料，并造成了令全世界头痛的包装废弃物问题，该问题已成为环境污染的重要来源之一。包装随同产品到达消费者手中，经使用后，绝大多数包装物均完成自身使命，成为垃圾，对这些包装物若不加回收和处理，任其弃置，也将对环境造成二次污染。

2. 减少包装对环境污染的方法

针对包装污染的来源，可以从以下三方面措施入手减少包装对环境的污染。

（1）减少包装工业对环境的污染。包装工业企业众多，在生产中均会或多或少地产生废物。包装企业应根据自己的生产特点，对污染情况及造成污染的原因进行分析，运用各种手段，采取有力措施，积极研制，引进和推广防止污染的新工艺、新技术和新设备。最大限度地减少包装废料、废渣等污染物的排放量。

（2）加强包装废弃物的回收利用。使用完的各类包装物，若弃置于环境中，则势必造成环境污染，这些包装废弃物，如包装纸、纸箱、木箱、塑料瓶、金属容器、玻璃容器等，大多数都是可以回收利用的。它们的回收利用是减少包装污染、保护环境的有效途径，同时又可以节约大量包装资源和能源，降低包装成本，取得更大的经济效益和社会效益。

（3）妥善处理包装废弃物。对于不能回收利用的包装废弃物必须加以妥善处理，若处理不当，又会造成新的污染。常用的处理方法为：焚烧处理和掩埋处理。

三、包装工业的发展趋势

1. 运输包装趋于大型包装

在国际市场上，为适应运输机械化的发展和普及，达到快速、高效运输的目的，产品由分散包装集束成大型包装，此外，对重物包装开始采用大型软性包装袋，它可以装运液体、固体，放在托盘上运输，安全又方便。木制运输包装由于木材易繁殖微生物和虫类，有逐渐被大型瓦楞纸箱取代的趋势。同时，运输包装规格标准化使组合运输包装成为可能，既节约了运输费用，又提高了运输效率。

2. 销售包装更为人性化

销售包装正向着便于陈列、贮运、使用的方向发展，更为人性化，处处体现为人服务的理念，其特点将是“小巧、轻便”，食品和药品包装更多从人的健康出发，严格要求符合卫生标准。

3. 新型包装材料大量出现

随着科学技术的快速发展，各类新兴的、功能性包装材料不断出现，且呈现逐年增多的现象。因而处理好包装废弃物的回收利用，向废弃包装物要原料，要能源，将是今后不可忽视的工作。

4. 包装技术迅速发展

就包装技术而言，运用先进的计算机技术来控制和管理将成为发展趋势。同时各类包装技术，如灭菌、封缄、印刷装潢、塑料成型、金属加工、焊接，再加上液压、气动、微电子和计算机等技术在传检测、计量和控制方面的应用，为包装机械提供的有利条件，使得包装技术得到迅速而广泛的发展。

5. 大力发展绿色包装

当今国际包装领域里中，以无污染包装作为市场战略的“绿色包装”正在兴起。所谓绿色包装是指商品包装既要保证其自身的性能完好，更要考虑环保因素，即包装废弃物对生态环境没有任何损害，故又称为“环境友好包装”（Environment Friendly Package）。另外，在食品包装方面，“可回收包装”或“可降解包装”将成为发展趋势。

第二节 食品包装概述

一、食品包装的定义

食品包装是指采用适当材料、容器和包装技术，把食品包裹起来，以便食品在运输和贮藏过程中保持其价值和原有状态，保证食品安全。

一切与食品接触的材料和制品称为食品接触材料（Food Contact Materials，简称FCM），主要包括食品包装材料、食品器皿以及用于加工和制备食品的辅助材料、设备、工具等。食品包装材料主要是纸、塑料、金属、玻璃、陶瓷、竹、木、橡胶、天然纤维、化学纤维和接触食品的涂料等，食品器皿包括食品加工器具、厨房用具、餐具、饮具等。

二、食品包装的要求

食品包装的要求分为内在要求和外在要求两类，所谓内在要求是指保证食品在包装中保持品质所关联的技术性要求，是内在食品为了维护其自身的质量而对外在包装提出的要求；外在要求是指利用包装反映食品的特征、性能和形象，是食品外在形象化的表现形式与手段。

1. 食品包装内在要求

（1）强度要求。强度要求对于食品包装而言，是对内在食品不受破坏的力学保护性能，于此相关的影响因素很多，主要包括贮运、堆码和环境三类。强度要求突出的食品类别主要有：禽蛋类、蔬菜类、饼干类、糕点类、膨化食品、豆制品类等。

（2）阻隔性要求。阻隔性要求是由食品本身特性所决定的，是影响食品保质期的一类重要指标，不同的食品对包装物的阻隔性要求不尽相同。阻隔性要求突出的食品类别主要有：奶制品、肉制品、干货等。

（3）营养性要求。食品在包装贮存过程中其成分会逐渐产生变化、变质、腐败，最终失去价值，因此，食品包装应有利于营养的保持。

（4）耐温性要求。耐高温是现代食品包装的重要特性之一，许多食品承受不了高温，为了避免因温度升高使食品变质，常需要选择耐高温的食品包装。

（5）遮光性要求。光线，尤其是强光、紫外光对食品有较大破坏，一般会影响食品的营养和色、香、味等。

（6）其他要求。如防霉要求、防变色要求、防碎要求等。

2. 食品包装外在要求

（1）安全性要求。食品包装的安全性是首当其冲的性能要求，食品包装的安全除了卫生安全外还包括使用安全、陈列安全等。

（2）促进销售要求。现代包装的功能之一就是促进销售，食品包装的促销功能包括商品必要信息的促销、企业形象和文化的促销、商品品牌的促销等。

（3）便利性要求。食品包装的便利性是现代商品包装的普遍要求，食品包装的便利性主要包括携带便利性、使用便利性、场所便利性、操作便利性等。

（4）识别性要求。识别性要求是对食品包装的文字图案、造型结构、色彩描绘等方面要求易于识别。

（5）其他要求。包括提示性要求、包装回收利用提示等。

三、食品包装的作用

（1）保护食品质量，防止食品变质。

（2）防止食品受外界微生物和污物的污染。

（3）使食品生产更加合理化和节省劳力。

（4）促进并改善食品流通和经营管理的合理化和计划性。

（5）提高食品的商品价值。

第三节　食品包装分类

食品包装领域覆盖范围很广，从不同的角度，可以有很多种分类。

1. 按食品包装材质分类

这是一种传统的分类方法，将食品包装材料及容器分为七类，分别为：纸、塑料、金属、玻璃陶瓷、复合材料、木材、其他。表1－1列举了七类食品包装材质及其典型产品。

表1－1 食品包装材质及其典型产品

包装材质	典型产品
纸	羊皮纸、半透明纸、茶叶滤纸、纸袋、纸盒、纸杯、纸罐、纸托、纸浆模塑制品等
塑料	塑料薄膜（袋）、复合膜（袋）、片材、编织袋、塑料容器（塑料瓶、桶、罐、盖等）、食品用工具（塑料盒、碗、杯、盘、碟、刀、叉、勺、吸管、托等）等
金属	马口铁、无锡钢板、铝制成的桶、罐、软管、金属炊具、金属餐具等
玻璃陶瓷	瓶、缸、坛、罐等
复合材料	纸、塑料、铝箔等组合而成的复合软包装薄膜、袋、软管等
木材	木质餐具、木箱、木桶等
其他	草或竹制品、布袋、麻袋等

2. 按包装结构形式分类

可将食品包装分为泡罩包装、热收缩包装、贴体包装、组合式包装等。

（1）泡罩包装：将产品封合在用透明塑料薄片制成的泡罩和衬底（由纸、塑料薄膜或薄片、铝箔或它们的复合材料制成）之间的一种包装形式。

（2）热收缩包装：将产品用具有热收缩功能的薄膜包裹或袋装，受热后使薄膜收缩而完全包贴住产品的一种包装形式。

（3）贴体包装：将产品封合在用透明塑料片制成的，与产品形状相似的型材和盖材之间的一种包装形式。

（4）组合式包装：将同类或不同食品组合在一起进行适当包装、形成一个单元的包装形式。

3. 按包装形态、次序和功能分类

（1）包装形态：可分为个体包装，内包装和外包装。

（2）包装次序：可分为第一次包装、第二次包装、第三次包装等。

（3）包装功能：销售包装和运输包装。

4. 按包装技术分类

按照包装技术的不同，可将食品包装分为：真空包装、充气包装、气调包装、防潮包装、脱氧包装、防霉包装、保鲜包装、速冻包装、透气包装、微波杀菌包装、无菌包装等。

5. 按食品形态、种类分类

可将食品包装分为固体包装、液体包装、农产品包装、畜产品包装、水产品包装等。

6. 按食品包装的使用次数

可将食品包装分为一次性包装和可回收使用包装。

食品包装目前没有固定的分类方法，可根据实际情况和需要选择使用。

第四节　食品包装安全

食品包装是现代食品工业的最后一道工序，是食品的“贴身衣物”。食品包装对于食品安全有着双重意义：一是合适的包装方式和材料可以保护食品不受外界的污染，保持食品本身的水分、成分、品质等特性不发生改变；二是包装材料本身的化学成分会向食品中发生迁移，如果迁移的量超过一定界限，会影响到食品的卫生。

食品包装产品在与食品接触的过程中，材料本身（包括各种添加剂）在使用条件下可能会有少量的未知物质迁移到食品中，这些迁移物中如果含有了某些有毒有害成分，则造成人体健康隐患，不同的包装材料所含的不安全因素各不相同。

一、食品用纸包装安全

纸是主要的包装材料之一，其市场规模、用量、产值均居包装材料的首位，造纸工业已成为十大支柱产业之一。纸包装产品种类较多，用于食品的纸包装产品有以下几个普遍要求。

（1）生产加工食品包装用纸的原料必须低毒或无毒。

（2）食品包装用纸不得采用社会回收废纸作原料。

（3）禁止添加荧光增白剂等有害助剂。

（4）食品包装用纸涂蜡必须采用食品级石醋，不得使用工业级石蜡。

（5）用于食品包装纸的印刷油墨、颜料应符合食品卫生要求。

（6）油墨、颜料不得印刷在接触食品面。

食品用纸包装典型产品安全问题见表 1－2。

表 1－2　食品用纸包装典型产品安全问题

纸包装产品	主要安全问题
食品包装纸	砷、重金属铅、大肠菌群、致病菌、荧光性物质
涂布纸	多环芳烃、砷、重金属铅、大肠菌群、致病菌、荧光性物质
复合纸	二甲苯胺、砷、重金属铅、大肠菌群、霉菌、荧光性物质
其他植物纤维类	重金属铅、大肠菌群、霉菌、致病菌、荧光性物质
纸容器	渗油渗水、负重性能、荧光性物质、大肠菌群、致病菌
纸浆模塑餐具	蒸发残渣、高锰酸钾消耗量
纸杯	杯身挺度、渗漏性能、脱色试验、荧光性物质、致病菌

二、食品用塑料包装安全

塑料是多组分体系，除了树脂外，还有其他多种助剂，合成树脂又是由单体聚合而成，所以塑料的安全卫生问题相对比较复杂，总体来讲，食品用塑料包装的安全隐患主要来自于以下几个方面。

（1）原辅材料不符合要求，未使用食品级材料。主要表现为有毒单体含量及其他安全指标不符合标准规定。

（2）使用来历不明的回收料或受污染的回收料。

（3）添加剂使用不符合 GB 9685—2008 的规定。主要表现为过量添加或超范围添加各类添加剂。

（4）工艺落后、过程控制不到位，缺乏检测手段。主要表现为溶剂残留等安全指标超标。

（5）加工环境差，不符合生产食品包装产品的基本条件，缺乏必要的清洁、消毒设施，管理失控。主要表现为理化指标、微生物指标不合格。

据其塑料性质的不同可以将其分为两大类：热塑性塑料和热固性塑料，食品包装用塑料主要以热塑性塑料为主，种类较多；热固塑料种类较少，主要是密胺（三聚氰胺—甲醛）树脂、脲醛树脂、酚醛树脂三类，常见食品用塑料安全问题见表 1－3。

表 1－3　常见食品用塑料安全问题

塑料材质	主要安全问题
聚乙烯（PE）	蒸发残渣、高锰酸钾消耗量、重金属等
聚丙烯（PP）	蒸发残渣、高锰酸钾消耗量、重金属等
聚苯乙烯（PS）	苯乙烯单体，蒸发残渣、高锰酸钾消耗量、重金属等
聚对苯二甲酸乙二醇酯（PET）	锑、乙醛、蒸发残渣、高锰酸钾消耗量、重金属等
聚酰胺（PA）	己内酰胺，重金属等
聚碳酸酯（PC）	双酚 A、重金属等
聚氯乙烯（PVC）	氯乙烯单体，增塑剂，重金属铅、镉等
聚偏二氯乙烯（PVDC）	氯乙烯单体、偏氯乙烯单体、增塑剂、重金属等
复合塑料包装	溶剂残留、甲苯二胺、蒸发残渣、重金属等
密胺树脂	甲醛、三聚氰胺单体迁移量

三、食品用金属包装安全

食品用金属包装按是否含有涂层可分为两类：一类是非涂层金属包装；另一类是涂层金属包装。非涂层类金属包装的卫生安全问题主要是有毒有害的重金属的溶出，其详细成分见表 1－4；涂层金属包装的卫生安全问题主要来源于其表面涂覆的食品级涂料中游离酚、游离甲醛及有毒单体的溶出等，其详细对应成分见表 1－5。

表 1－4　非涂层金属包装安全问题

金属材质	主要安全问题
不锈钢容器	砷、铅、镉、铬、镍
马口铁皮（镀锡铁皮）	重金属铅、镉、锌等
薄钢板	重金属铅、镍等
镀锡薄钢板	重金属铅
铝箔	铝杂质等

表 1－5　涂层金属包装安全问题

涂层材质	主要安全问题
环氧酚醛	游离酚、游离甲醛
聚四氟乙烯	游离氟离子、游离甲醛
漆酚涂料	游离酚、游离甲醛
聚酰胺树脂涂料	重金属铅
过氯乙烯涂料	砷、重金属、氯乙烯单体

用于食品包装的铝箔和锡箔，目前一般认为没有问题，因为铝不会被人体吸收，不会对人体造成损害，但回收铝不得用来制作食品容器；三片罐圆柱体的接缝是用焊锡焊封的，由于焊料是铅锡合金，大部分罐头食品的污染来自焊锡，所以对儿童食品应采用纯锡焊料。

四、食品用玻璃包装安全

玻璃包装也是一类传统的食品包装，由于玻璃的溶出物主要为氧化硅和钠的氧化物，对食品的感观性质没有明显的影响，所以玻璃瓶罐作为食品容器普遍被认为是相对安全的。

目前用于食品包装的玻璃主要是苏打石灰氧化铝玻璃，该类产品相对来讲有毒有害物质较为单一，主要是铅、砷、锑等重金属成分，而且通常其向食品中迁移量很低，对人类危害较小。

五、食品用陶瓷包装安全

陶器采用粘土或者长石等为原料在 1000℃～1200℃下烧成，具有吸水性；瓷器是长石、石英等在 1300℃～1500℃下烧成，具有透光性，其安全问题主要来源于表面涂料或上釉中铅和镉等重金属的迁移。

第二章　食品用纸包装材料及制品检验

造纸术是我国古代的四大发明之一，早在公元105年，蔡伦发明了造纸术。纸和纸板是一种古老的包装材料，在现代的工业产品包装中，纸包装其市场规模、用量、产值均居包装材料的首位。只要有产品生产、流通和销售的地方，就会有纸包装的存在，并且，纸包装材料已占据了包装市场地的1/3，纸和纸板的总的消费量的10%用于包装，纸和纸制品在包装材料中占有如此大的比例，主要原因是：

① 原材料广泛，价格低，容易形成批量生产。

② 适应性广，成型性能好，制作灵活，品种广泛。

③ 纸包装材料可以反复回收使用，是一种典型的绿色包装材料。

④ 印刷性能好，具有一定挺度和良好的机械适应性。印刷字迹、图案清晰牢固。

⑤ 纸质容器弹性好，保护性好，应用广。

正由于纸具有上述的特点，纸和纸包装材料越来越受到了人们的重视，在包装材料中占据有重要的地位。

第一节　食品用纸包装材料及制品概况

最早将纸用于食品包装是1665年2月16日 Charles Hildeyerd 获得的由糖果面包师和其他人使用的“脆声”纸的制作工艺和方法的专利（Hills，1988）。如今，纸用于食品包装已能在超市、零售店等随处可见。几乎所有的食品都能看到纸和纸板的使用。

纸是由极为纤细的植物纤维相互交织而成的纤维薄层。当非常稀薄的分离纤维的水悬浮液流到一个非常细的金属丝表面时，水分渗出，只留下相互交织在一起的纤维组成，经过了压榨、烘干制造成了纸。因此，用于造纸的主要原料是植物纤维，但大部分纸中还包含了一定量的填料、胶料和色料等。

尽管造纸工艺与技术、纸和纸板的后加工处理能够极大地改善纸的适用性能，但包装纸和纸板的机械强度指标，很大程度上还是取决于造纸原料的质量。

一、纸的基本原料

1. 植物纤维原料

（1）木材纤维原料——云杉、冷杉、落叶松等

这类原料的叶子呈针状、条形或鳞形，一般称为针叶木材原料，同时，由于其质地较松软，又称为软木。

（2）非木材纤维原料——竹、禾草、韧皮类

这类原材料是我国造纸工业中使用最多的原料，一年生的禾草，多年生长的竹子等。它们来源丰富，成本低廉。韧皮类的原料包括了树皮，如纤维含量较高的桑树皮、檀树皮等，另一类是麻类，如红麻、大麻、苎麻等。第三类则是籽毛类，如棉花、棉短绒等。

2. 非植物纤维原料

用非植物纤维原料造纸，主要是由于其优异的特性和独特的功能，其原料有

（1）合成纤维——粘胶纤维、聚烯烃纤维等

用这类材料生产的纸大多具有较高的机械强度、防潮性、耐水性、尺寸稳定等。

（2）无机纤维——玻璃纤维、陶瓷纤维、碳纤维等

这些原料被拉制成细丝，切成一定的长度，单独或与植物纤维混合制造成纸和纸板，这类纸具有良好的绝缘性能和导电性能。

3. 废纸

废纸从严格上说，仍属于植物纤维，废纸是造纸的重要原料之一，废纸的回收利用不仅有利于环保，节约资源和能源，而且能大幅度降低纸和纸板的生产成本。但废纸的使用对纸的某些性能有一定的不良影响。如废纸在脱墨，去除杂质时，为了美观，会加入一部分荧光物质，或脱墨不好，会导致重金属超标等。这些均会影响到产品的性能。在食品包装材料中严禁使用废纸作为原材料。

二、造纸过程简述

造纸，将植物纤维经过加工处理并添加一部分添加剂或辅料后制得的纸张的过程。一般来说，造纸的工艺过程为：打浆—调料—抄纸—整理—包装—成品。

1. 打浆

打浆是造纸过程中的一项重要的工序，不同的打浆方式可以造出不同性质和用途的纸张。

购入浆板，浆板在水力碎浆机中搅碎分散，进入打浆设备进行打浆。

打浆是把混合在不中的纤维束疏散成单纤维，使纤维横向切断到适当的长度，纵向摩擦分裂，两端帚化发毛，增加其表面接触面积，提高交织性能，通过压溃，使其内部渗水发生膨胀水化，变成柔软而有可塑性的纤维。

2. 调料

调料包括施胶、加填、染色及添加各种化学助剂以及不同种纤维浆料的配制等。

（1）施胶

含有纤维素的纤维是亲水物质，而且纤维与纤维之间的毛细孔具有吸水性，因此，在纸张中必须加入胶质物，从而填塞纤维表面及纤维间的空隙，减少纤维间的吸湿性，并能

改善纸张的强度，防止纸面起毛等性能。

胶料一般分为植物胶如松香、氧化淀粉等；动物胶如干酪素、骨胶、皮胶等；矿物胶如石蜡、水玻璃等；合成胶有丙烯酸—苯乙烯—丙烯腈（ASA）等。

（2）加填

向纸料悬浮液中加入不溶于水或不易溶于水的矿物质或人造填料，可以提高纸的不透明度，提高纸的白度，改善其均匀状态，并且可以降低纸浆的用量。如在原料中加入碳酸钙可以改善纸的透气性与燃烧性能。

（3）染色

在浆料中加入某种色料，使其有选择的吸收可见光中的大部分光谱，没有被吸收的而被反射出来的光谱所反映出来的颜色即为所需的颜色。

荧光增白剂是一种特殊的染料，它能吸收不可见的紫外光变成可见光，消除纸浆中的黄色，增加纸张的白度，荧光增白剂在造纸工业中是一种常见的增白剂，但用于食品包装材料的原材料中严禁使用。

（4）添加化学助剂

在造纸过程中，为了使纸能有某种特性，要添加不同的化学助剂，如添加增强剂可提高纸的干、湿强度；添加助留剂，可减少细小纤维、填料、胶料的流失等。

3. 抄纸

抄纸是利用抄纸机将处理好的浆料通过抄纸机相互交织成纸张，抄纸机在结构上分为湿部和干部，湿部是使稀释的浆料通过铜网，滤去水分，形成湿纸层的部分，干部是将湿纸层通过回转的压辊榨出水分，再进入干燥部加热以蒸发水分。抄纸又包括了纸页成型、压榨、干燥、卷取等工序。

4. 整理

纸张经抄纸、干燥后，需经过整理工作才能成为纸品，整理包括了压光、复卷、切纸、检查等物理工序。

三、纸包装制品生产过程简述

包装制品按纸制品形态的不同，生产工艺不尽相同，一般包括：淋膜（涂布）、涂蜡、印刷、模切、分切、成型等。

1. 淋膜或涂布

用树脂或其他流体材料，对纸基材料进行涂布加工的加工工艺。主要由纸的输送、挤出机，平膜膜头、复合装置组成，当纸经过平膜T形模头的膜唇时，熔融膜片与纸黏合，经热压辊碾压后热合成淋膜纸（板）或涂布纸（板）。

覆膜，经过层合和裱糊，将纸或纸板与其他薄膜材料进行粘合而制成的复合材料。分为即涂型覆膜和预涂型覆膜两种。

2. 涂蜡

对包装纸或成型后的容器表面进行施蜡加工的工艺，分为涂蜡和浸蜡两种。

3. 印刷

传墨系统将油墨通过着墨辊传给版及版辊，转动的版辊在纸板上印出图案及文字。印刷方式有凸版、胶版、凹版或柔性印刷等。

4. 模切

模切，完成压痕、切角、切口和切段的一系列操作，根据压印方式分为平压平模切、圆压平模切、圆压圆模切等。

5. 成型

成型，分为加温粘合成型和折皱模压成型，加温黏合成型指淋膜纸经过模切压痕后，经过加热进行折叠粘合成型，折皱模压成型指对纸进行模切压痕和折皱、然后通过蒸气稍作湿润后模压成型。

四、纸包装材料及制品的分类

（一）按用途分类

纸包装材料及制品按用途可分为：包装用原纸、包装加工纸和纸制品（或纸容器）等三大类。

1. 包装用原纸

包装用原纸由纸浆通过打浆、成型等，未对其表面进行进一步加工的纸。国际标准组织（ISO）定义，定量在 $200g/m^2$ 以下的称为纸，定量在 $200g/m^2$ 以上的称为纸板。也有按 $225g/m^2$ 或 $255g/m^2$ 作为分界线的。原纸又包括：普通包装纸、纸袋纸、羊皮纸、鸡皮纸、玻璃纸等。

2. 包装加工纸

包装加工纸是对包装用原纸的表面进行涂布处理或进一步复合加工而成的纸。可分为淋膜纸、石蜡纸、防锈纸，淋膜纸板，铝塑复合纸等。

3. 纸制品（或纸容器）

纸制品（或纸容器）是将包装用原纸或包装加工纸进行成型加工成一定的形状，用于盛装食品的容器。常见的有：纸杯、纸餐具、纸托、纸袋等。

（二）按包装的内装物分类

纸包装材料及制品按包装的内装物可分为普通包装纸、食品用包装纸等。

1. 食品用包装用纸的品种

（1）非热封型茶叶滤纸

一种低定量的专用包装纸，用于生产袋泡茶。作为茶叶的过滤袋，要求具有足够的干强度以适应自动包装机的操作；又要有较好的湿强度以耐受水的冲泡而不破裂；有一定的过滤速度，使茶叶浸出快，但能阻止茶叶末浸出；无异味，符合卫生要求。

（2）热封型茶叶滤纸

热封型茶叶滤纸由植物纤维和热熔纤维组成，具备非热封型茶叶滤纸的全部性能。除此之外，此种材料靠自身可热封性能制袋，所以要求还要有一定的热封性。

（3）鸡皮纸

鸡皮纸又称白牛皮纸，是一种单面光的薄型包装纸。鸡皮纸采用漂白硫酸盐木浆生产，有的加有少量食品级染料，使成纸更像鸡皮的颜色。鸡皮纸纸质均匀，拉力好，耐破度高，且有一定的抗水性，主要用于包装食品、日用百货。

（4）食品羊皮纸

采用纯植物纤维制成的原纸，以浓硫酸处理后制得的半透明包装纸。食品羊皮纸结构紧密、不透油、有弹性，湿强度高、耐折性好、无异味，适于包装奶油、黄油等膏状食品和肉制品等，还可以用作铁罐的内衬材料。

（5）半透明纸

采用植物纤维原料（一般为硫酸盐木浆），经黏状打浆后，进行施胶处理，在纸机上抄造，再经超压机超压处理，使制成的纸张具有一定的透明度。半透明纸纸面光洁、细腻柔软呈半透明状。具有一定的防潮性能，适用于食品、医药、精密仪器等产品的包装，对商品既有保护作用，又有美化装饰效果。

（6）玻璃纸

玻璃纸又称赛璐玢，是一种再生纤维素薄膜。玻璃纸以漂白硫酸盐木浆为原料，经过碱、二硫化碳（CS_2）的处理制成纤维素黄原酸。将此生成物溶解在碱液中，如稀氢氧化钠，得到橙黄色的黏胶液。将黏液从狭缝中喷出，压入酸浴槽中，制成薄膜。紧接着经过水洗、脱硫、固定、塑化、干燥等一系列工序，最后制成透明的玻璃纸。如果需要生产彩色玻璃纸，只需在干燥工序前，让薄膜进入一个染色槽里染色，可制成彩色玻璃纸。玻璃纸是一种应用广泛的内衬纸和装饰用纸。它高度透明，有漂亮的光泽；印刷性好；对油性商品、碱性商品和有机溶剂有较好的耐受性；不带静电，不易粘上灰尘。

（7）食品包装纸

食品包装纸是一大类纸种，若指具体纸的名称，则应冠以该食品的名称，如糖果纸、冰棍纸、糕点纸等，除此之外用于包装直接入口食品的纸包装材料都包括在内。在材料形式上包括涂蜡和非涂蜡的纸包装材料、淋膜和非淋膜的纸包装材料、涂塑和非涂塑的纸包装材料。

（8）食品包装纸板

食品包装纸板是食品包装容器及工具的原料，一般经加工后制成食品包装容器等产品。如用于制作餐盒的餐盒纸板、用于制作纸杯的纸杯纸板等。用于包装直接入口食品的纸板都包括在内。在材料形式上包括淋膜和非淋膜、涂塑和非涂塑、涂布和非涂布等。

2. 食品用纸容器产品

食品用纸容器是以纸或纸板为主要原料而制成的，用来包装和储存食品的容器。其废弃物易降解，可回收利用，无废弃公害。纸容器在食品包装和日常生活中的使用日益广泛，具有比塑料更好的环保性。

（1）纸袋

食品包装用纸袋是由纸质或纸的复合材料制成的一种直接接触食品的扁平管状容器。

纸袋的种类很多，根据材料不同分为纸质袋、淋膜纸袋、涂蜡纸袋。

（2）纸罐

以纸板为主要材料制成的圆筒形或其他形状的容器并配有纸质或其他材料制成的底和盖的容器通称为纸罐。纸罐包括纸板类罐、圆柱形复合罐及其他复合罐。

（3）纸杯

纸杯是以纸为基材的复合材料经卷绕并与纸粘合而成的。纸杯通常是口大底小，可以一只只套叠起来，便于取用、装填和储存。制杯用的原材料是专用纸杯材料，主要有两类，一类是聚乙烯涂层或聚乙烯膜/纸复合材料，聚乙烯涂层（即淋膜）有单面淋膜和双面淋膜两种，可用于盛放沸水而作热饮料杯；另一类是涂蜡纸板材料，由于石蜡不耐高温，温度在60℃左右就会熔化，涂蜡纸杯只能用作盛装低温食品，主要用作冷饮料杯或常温、低温的流体食品杯、冰淇淋杯。现在许多冷饮杯、冰淇淋杯也采用淋膜纸杯。

（4）纸餐具

纸餐具是以纸板、淋膜纸板、纸浆为主要原材料制作的，仅供一次餐饮使用的盒、碗、杯、盘、碟等餐具，其中包括一次性方便面纸碗/桶。产品主要有三大类型：纸板餐具、淋膜纸餐具（即纸板涂膜型）和纸浆模塑餐具（即纸浆模塑型）。

常用的食品包装纸及纸容器见表2－1。

表2－1　常用的食品包装纸及纸容器

产品分类	产品品种	典型用途
包装材料类	非热封型茶叶滤纸	用于生产袋泡茶
	热封型茶叶滤纸	带热封功能，用于生产袋泡茶
	鸡皮纸	主要用于生产包装食品，日用品，也可用于印刷商标
	食品羊皮纸	需要长期保存的油脂、茶叶等食品和药品的包装
	半透明纸	一般适用于不需要久藏的乳制品，蛋制品，油脂，糖果，饼干等食品及香烟，药品等的包装
	玻璃纸	用于内衬纸和装饰用纸
	食品包装纸、涂蜡纸、淋膜纸等	糖果纸、糕点纸等
	食品包装纸板、淋膜纸板、白纸板	用于加工餐盒、纸杯

续表

产品分类	产品品种	典型用途
包装容器类	纸袋：纸质袋、淋膜纸袋、涂蜡纸袋	商店零售用包装纸袋等
	纸罐：纸板类罐、圆柱形复合罐、其他复合罐	用于粉、晶状食品的包装、糖果包装袋等
	纸杯：淋膜纸杯、涂蜡纸杯、复合纸杯	冷饮或热饮用，飞机、饭店等一次性使用
	纸餐具：纸板餐具、淋膜纸餐具、纸浆模塑餐具	常见盒、碗、盘、碟等，方便面碗等
	纸盒：纸板盒、淋膜纸盒	蛋糕盒、牛奶盒等

第二节　食品用纸包装材料及制品标准

一、食品用纸包装材料及制品常用产品标准

1. 我国主要食品用纸包装材料及制品的产品标准（表2－2）

表2－2　我国的食品包装纸材料及容器产品标准

标准代号	标准名称
QB/T 1458—2005	非热封型茶叶滤纸
GB/T 25436—2010	热封型茶叶滤纸
QB/T 1016—2006	鸡皮纸
GB/T 24696—2009	食品包装用羊皮纸
QB/T 1710—2010	食品羊皮纸
GB/T 22812—2008	半透明纸
GB/T 24695—2009	食品包装用玻璃纸
QB/T 1014—2010	食品包装纸
GB/T 10440—2008	圆柱形复合罐
QB 2294—2006	纸杯
GB/T 27590—2011	纸杯
QB/T 4032—2010	纸杯原纸
QB/T 4033—2010	餐盒原纸

2. 国外部分食品用纸包装材料及制品的法规

欧盟法规分为通用法规和特定法规，法规制定基于两个原则，材料的稳定性和安全性，1935/2004/EC涵盖了所有食品接触材料或制品的欧盟基本法规，纸和纸板为其中一

项。框架法规授权欧盟委员会制定特殊材料的特定要求，这些特定要求是对基本法规总则的进一步详述，适用于某种材料的应用，其中包含可用于食品接触的材料、所使用物质的限量、某些材料或生产加工过程的授权、标签标识和仲裁检验的规定等。与食品接触的塑料、陶瓷、再生纤维等都已有特定的法规，但纸和纸板还没有相关规定，到目前为止，还未发现关于纸和纸板食品包装对人体造成实际危害的情况。

在法国、意大利、德国等，指导纸和纸板的法律和指南相当详细，尤其在使用回收纤维时，通常情况下，现行法规对纸和纸板的生产过程所用的化学物质和最终产品中的各种污染物的限量（重金属、五氯苯酚、多氯联苯等）作出了规定。

迄今为止，欧盟未公布食品接触纸和纸板或制品的特定指令，欧洲委员会关于食品接触纸和纸板材料或制品的声明成为最具权威的指导立法实践的文件。声明特别规定了纸和纸板自身物质向食品中的迁移量不应超过危害人体健康的量或引起食品不可接受改变和感官性质恶化的量。同时还规定了生产良好操作规范，保证微生物学品质，不能释放抗菌物质，对镉、铅、汞、五氯苯酚制定了限量要求等。

二、食品用纸包装材料及制品常用卫生标准

这种标准见表2－3。

表2－3　食品包装纸材料及容器卫生标准

标准代号	标准名称
GB 11680—1989	食品包装原纸卫生标准

三、部分食品用纸包装材料及容器制品性能指标

本节主要介绍主要的食品包装纸材料及容器的产品标准中的技术要求。

1. 非热封型茶叶滤纸

非热封型茶叶滤纸是一种低定量的专用包装纸，用于生产袋泡茶，作为茶叶的过滤袋，要求具有足够的强度以适应自动包装机的操作，又要较好的湿强度以耐受水的冲泡而不破裂，有一定的过滤速度，使茶叶浸出快，但能阻止茶叶末浸出；无异味，符合卫生要求。QB/T 1458—2005 适用于非热封型茶叶自动包装机用的滤纸，也适用于手工包装的茶叶和中成药用的滤纸。其主要技术指标见表2－4。

表2－4　非热封型茶叶滤纸（QB/T 1458—2005）

项目		指标
定量/（g/m^2）		13.0±1.0
抗张强度/（kN/m）	纵向	≥0.50（优等品），≥0.45（一等品）
	横向	≥0.40（优等品），≥0.35（一等品）
湿抗张强度/（kN/m）	纵向	≥0.16（优等品），≥0.13（一等品）
	横向	≥0.14（优等品），≥0.13（一等品）

续表

项目	指标
滤水时间/s	≤1.0（优等品），≤1.5（一等品）
漏茶末	合格
异味	合格
交货水分/%	≤7.0
卫生指标	应符合 GB 11680 的规定

2. 鸡皮纸

鸡皮纸又称白牛皮纸，是一种单面光的薄型包装纸，鸡皮纸采用漂白硫酸盐木浆生产，有的加少量食品级染料，使成纸具有鸡皮的颜色，鸡皮纸纸质均匀，拉力好，耐破度高，且有一定的抗水性。其主要技术指标见表 2－5。

表 2－5　鸡皮纸（QB/T 1016—2006）

项目	指标
尺寸偏差/mm	≤ ±3
偏斜度/mm	≤3
定量/（g/m^2）	40 ±2.0
湿抗张强度（纵横向平均）/（kN/m）	≥0.157
吸水性（Cobb60）/（g/m^2）	≤24.0
耐破度/kPa	≥118
耐折度（纵向）/次	≥80
交货水分/%	5.0～8.0
光泽度（75°）/%	≥22
卫生指标	应符合 GB 11680 的规定

3. 食品包装用羊皮纸

由于纸张的纤维经过硫酸的“羊皮化”作用，质地更为紧密，坚挺而富于弹性，具有高度的抗水性和不透油的特性，特别是经过强酸处理，已无细菌，因此最适于作需要长期保存的油脂、茶叶等食品和药品的包装。又由于防潮性能较好，也适用于包装精密仪器和机械零件。羊皮纸由于主要用于直接包装食品，因此绝对不许含有砷盐和铅盐等有毒物质，铜、铁的盐类杂质和硫酸也要极力除净，以免油脂性食品和纸张接触后变色，变质。其技术指标见表 2－6。

表 2－6　食品包装用羊皮纸（GB/T 24696—2009）

项目		指标		
		优等品	一等品	合格品
定量/（g/m^2）		45.0±2.5，60.0±3.0		
抗张指数（纵横平均）/（N·m/g）		≥54.0	≥47.0	≥42.0
耐破指数/（$kPa\cdot m^2/g$）	干	≥4.50	≥4.00	≥3.50
	湿	≥3.00	≥2.50	≥2.00
耐折度（纵横平均）/次		≥250	≥220	≥200
透油度/（个/$100cm^2$）	≤0.25mm	2		
	>0.25mm	不应有		
尘埃度/（个/m^2）	$0.2mm^2$～$1.5mm^2$	≤20	≤30	≤50
	>$1.5mm^2$	不应有		
水抽提物 pH		7.0±1.0		
交货水分/%		7.0±2.0		
卫生指标		应符合 GB 11680 的规定		

4. 半透明纸

具有一定的防油性，但比羊皮纸差，一般适用于不需要久藏的乳制品，蛋制品，油脂，糖果，饼干等食品及香烟，药品等的包装。其技术指标见表 2－7。

表 2－7　半透明纸（GB/T 22812—2008）

项目		指标		
		优等品	一等品	合格品
定量/（g/m^2）	20.0～26.0	±1.0		
	>26.0	±5.0%		
透明度（白色纸）/%	≤26.0g/m^2	≥72.0	≥67.0	≥63.0
	>26.0g/m^2～34g/m^2	≥60.0	≥55.0	≥50.0
	>34g/m^2	≥45.0	≥45.0	≥45.0
耐破指数/（$kPa\cdot m^2/g$）		≥2.40	≥2.20	≥2.00
撕裂指数（纵向）/（$mN\cdot m^2/g$）		≥3.00	≥2.60	≥2.40
尘埃度/（个/m^2）	$0.1mm^2$～$1.0mm^2$	≤36	≤48	≤80
	>$1.0mm^2$～$1.5mm^2$	不应有	≤4	≤8
	>$1.5mm^2$～$2.0mm^2$	不应有		
交货水分/%		8.0±2.0		
卫生指标		应符合 GB 11680 的规定		

5. 玻璃纸

玻璃纸色泽透明，厚薄一致，纸面光滑，纸质柔软，具有不透气、不透油，不透水等特性。玻璃纸因经过塑化处理含有甘油，故吸水性较大，受潮后易生皱纹甚至黏结成块。在高温的影响下会因水分蒸发而使纸质发脆，亦会黏结成块。玻璃纸的纵向强度大于横向，这是由于纤维素微晶体纵向平行排列的结果。玻璃纸的强度虽较好，但若存在裂口时，受很小的力即会破裂。其技术指标见表2-8（以非防潮食品包装用玻璃纸为例）。

表2-8 非防潮食品包装用玻璃纸（GB/T 24695—2009）

<table>
<tr><th colspan="2">项目</th><th colspan="4">指标</th></tr>
<tr><td colspan="2" rowspan="2">定量/（g/m²）</td><td colspan="2">≤40</td><td colspan="2">>40</td></tr>
<tr><td>一等品</td><td>合格品</td><td>一等品</td><td>合格品</td></tr>
<tr><td colspan="2">定量偏差/（g/m²）</td><td>≤±2</td><td>≤±3</td><td>≤±2</td><td>≤±3</td></tr>
<tr><td rowspan="2">厚度横幅差/μm</td><td>平板</td><td>≤4</td><td>≤5</td><td>≤4</td><td>≤5</td></tr>
<tr><td>卷筒</td><td>≤3</td><td>≤4</td><td>≤3</td><td>≤4</td></tr>
<tr><td rowspan="2">抗张强度/（N/15m）</td><td>纵</td><td>≥20</td><td>≥15</td><td>≥25</td><td>≥20</td></tr>
<tr><td>横</td><td>≥10</td><td>≥8</td><td>≥15</td><td>≥10</td></tr>
<tr><td rowspan="2">伸长率/%</td><td>纵</td><td>≥7</td><td>≥7</td><td>≥10</td><td>≥8</td></tr>
<tr><td>横</td><td>≥15</td><td>≥12</td><td>≥20</td><td>≥15</td></tr>
<tr><td colspan="2">交货水分/%</td><td colspan="4">8.0±2.0</td></tr>
<tr><td colspan="2">抗黏性/%</td><td colspan="4">≥70</td></tr>
<tr><td colspan="2">含硫量/%</td><td colspan="4">≤0.03</td></tr>
<tr><td colspan="2">小于0.5mm的气泡/（个/m²）</td><td>0</td><td>5</td><td>0</td><td>5</td></tr>
<tr><td colspan="2">卫生指标</td><td colspan="4">应符合GB 11680的规定</td></tr>
</table>

6. 食品包装纸

食品包装纸是一大类纸，指用于包装直接入口食品的纸包装材料，在材料形式上又分为涂蜡和非涂蜡的纸包装材料、淋膜和非淋膜的纸包装材料和覆膜和非覆膜的纸包装材料。QB/T 1014—2010中按用途规定了两种食品包装纸：Ⅰ型糖果包装原纸，分为卷筒纸和平板纸；Ⅱ型普通食品包装纸（不以涂蜡加工可以直接入口食品的普通食品包装纸），分为双面光和单面光两种。其主要技术指标见表2-9，以普通食品包装纸为例。淋膜纸不在QB/T 1014—2010的适用范围内。目前，生产企业均执行企业标准。

表 2－9　Ⅱ型普通食品包装纸

项目		指标		
		一等品		合格品
定量/（g/m^2）		40.0±2.0	50.0±2.5	60.0±3.0
耐破指数/（$kPa \cdot m^2/g$）　≥		2.00		1.25
抗张指数　纵横平均　≥		31.4		26.5
吸水性 Cobb60　≤		30.0		
尘埃度	$0.3mm^2 \sim 2.0mm^2$　≤	160		
	$>2.0mm^2 \sim 3.0mm^2$）　≤	10		
	$>3.0mm^2$	不应有		
交货水分/%		5.0～9.0		
原料		食品包装纸不应采用废旧纸和社会回收废纸作原料		
化学物质		食品包装纸不应使用荧光增白剂或对人体有危害的化学物质		
卫生性能		应符合 GB 11680 的规定		

7. 纸杯原纸

用于生产淋膜纸杯及涂蜡纸杯用的原纸。其技术指标（以合格品为例）见表2－10。

表 2－10　纸杯原纸（QB/T 4032—2010）

项目	指标
平滑度/s	≥8
抗张指数（纵横平均）/（$N \cdot m/g$）	≥27.0
吸水性/（g/m^2）	≤30.0
横向耐折度/次	≥20
铅	应符合 GB 11680 的规定
砷	应符合 GB 11680 的规定
荧光性物质	应符合 GB 11680 的规定
脱色试验	应符合 GB 11680 的规定
大肠菌群/（个/100g）	应符合 GB 11680 的规定
致病菌	应符合 GB 11680 的规定

8. 餐盒原纸

用于生产餐盒的经淋膜后的原纸。其技术指标（以合格品为例）见表 2－11。

表 2－11 餐盒原纸（QB/T 4033—2010）

项目	指标
厚度偏差/μm	±10
亮度/%	≥76.0
抗张指数（纵横平均）/（N·m/g）	≥27.0
吸水性/（g/m^2）	≤30.0
横向耐折度/次	≥20
铅	应符合 GB 11680 的规定
砷	应符合 GB 11680 的规定
荧光性物质	应符合 GB 11680 的规定
脱色试验	应符合 GB 11680 的规定
大肠菌群/（个/100g）	应符合 GB 11680 的规定
致病菌	应符合 GB 11680 的规定

9. 纸罐

纸罐包括纸板类罐、圆柱形复合罐及其他复合罐。

复合罐以纸板、塑料薄膜、铝箔按一定方式绕制成罐身，然后在两端安装上可密封的金属或塑料上、下端盖，罐身成型一般采用平卷罐和螺旋罐两种方法。复合罐包装的特点是成本低、加工速度快，质量轻、外观好，废品易处理，且阻隔性能好，具有耐水、耐油、防潮、隔热的功能。广泛用于粉状、晶状的食品的包装，糖果、糕点、咖啡、干果等固体食品的包装，油脂等膏状和液体食品的包装等。

目前尚没有与纸板类罐、其他复合罐相关的国家和行业标准，与复合罐相关的产品标准为 GB/T 10440—2008《圆柱形复合罐》。相关指标见表 2－12。

表 2－12 圆柱形复合罐（GB/T 10440—2008）

项目	指标		
	$D \leq 80mm$	$80mm < D \leq 150mm$	$D > 150mm$
端盖脱离力/N	≥320	≥350	≥400
轴向压溃力/N	≥750	≥900	≥1100
快速泄漏试验	30kPa 无泄露	20kPa 无泄露	10kPa 无泄露
跌落试验	不破裂		
卫生性能	内层材料符合相应材质的卫生标准		

10. 纸杯

纸杯指表面覆有石蜡、聚乙烯涂层或聚乙烯膜等可降解物质，可用于盛装冷、热饮料和冰淇淋的纸杯。目前，国内有效的纸杯标准有行业标准（QB 2294—2006《纸杯》）和国家标准（GB/T 27590—2011《纸杯》）。其主要技术指标比对见表2－13，以合格品为例。

表2－13　纸杯

<table>
<tr><th colspan="2" rowspan="2">项目</th><th colspan="2">指标</th></tr>
<tr><th>QB 2294—2006</th><th>GB/T 27590—2011</th></tr>
<tr><td colspan="2" rowspan="2">感官指标</td><td>纸杯的杯口凹陷、起皱不应超过3只，淋膜层、上蜡层应均匀</td><td>纸杯杯口及杯底不应凹陷、起皱；淋膜层、上蜡层应均匀，且杯身应清洁无异物</td></tr>
<tr><td>纸杯色泽应均匀、无明显色斑，图案应轮廓清晰，套色应不大于1.3mm；不应有刺激性异味</td><td>纸杯印刷图案应轮廓清晰、色泽均匀，无明显色斑，杯口距杯身15mm内，杯底距杯身10mm内不应印刷；纸杯不应有异味</td></tr>
<tr><td colspan="2">渗漏性能</td><td colspan="2">底部不漏水，侧面不漏水、不渗水</td></tr>
<tr><td rowspan="5">杯身挺度/N</td><td>$V \leq 250$</td><td>≥2.00</td><td>≥2.10</td></tr>
<tr><td>$250 < V \leq 300$</td><td>≥2.25</td><td>≥2.30</td></tr>
<tr><td>$300 < V \leq 400$</td><td>≥2.50</td><td>≥2.50</td></tr>
<tr><td>$400 < V \leq 500$</td><td>≥2.75</td><td>≥2.70</td></tr>
<tr><td>$500 < V \leq 1000$</td><td>≥3.10</td><td>≥2.90</td></tr>
<tr><td colspan="2">铅（以Pb计）/（mg/kg）</td><td colspan="2">应符合GB 11680的要求</td></tr>
<tr><td colspan="2">砷（以As计）/（mg/kg）</td><td colspan="2">应符合GB 11680的要求</td></tr>
<tr><td colspan="2">荧光性物质（254nm及365nm）/cm^2</td><td colspan="2">应符合GB 11680的要求</td></tr>
<tr><td colspan="2">脱色试验</td><td>（水、乙醇）剪碎浸泡无颜色</td><td>（水、正己烷）应符合GB 11680的要求</td></tr>
<tr><td colspan="2">大肠菌群/（个/100g）</td><td colspan="2">应符合GB 11680的要求</td></tr>
<tr><td rowspan="4">致病菌</td><td>沙门氏菌</td><td colspan="2" rowspan="4">应符合GB 11680的要求</td></tr>
<tr><td>志贺氏菌</td></tr>
<tr><td>金黄色葡萄球菌</td></tr>
<tr><td>溶血性链球菌</td></tr>
<tr><td colspan="2">蒸发残渣、高锰酸钾消耗量</td><td>应符合GB 9687的要求</td><td>应符合GB 9687的要求，但蒸发残渣只考核正己烷和乙酸两个条件。且涂蜡纸杯不考核</td></tr>
<tr><td colspan="2">石蜡（仅对涂蜡纸杯）</td><td colspan="2">应符合GB 7189的要求</td></tr>
</table>

第三节 食品用纸包装材料及容器等制品的检验方法

纸和纸板的各种技术指标不仅决定包装材料质量的高低，关系到包装商品的保护程度，关系到包装食品的货架寿命，而且还关系到食品的安全问题，因此，评估包装材料的质量性能是制造、使用、监管包装材料与容器的关键步骤和重要的依据。

一、纸包装材料和容器制品的检验项目

纸包装材料和容器的检验项目较多，按其使用性能分为三大类：物理机械性能、卫生安全性能、微生物指标。重要的物理机械性能包括：定量、抗张强度、撕裂度、耐破度、耐折度、滤水时间、白度、尘埃度等；卫生安全性能包括：重金属、脱色试验、荧光性物质等；微生物指标包括：霉菌、大肠菌群、致病菌等。表 2－14 是常用的纸包装材料和容器的检测项目相关方法标准。

表 2－14 常用纸包装材料和容器的检测项目方法标准

标准编号	标准名称
GB/T 450—2008	纸和纸板试样的采取及试样纵横向、正反面的测定
GB/T 10739—2002	纸、纸板和纸浆试样处理和试验的标准大气条件
GB/T 451. 1—2002	纸和纸板尺寸及偏斜度的测定
GB/T 451. 2—2002	纸和纸板定量的测定
GB/T 451. 3—2002	纸和纸板厚度的测定
GB/T 454—2002	纸耐破度的测定
GB/T 455—2002	纸和纸板撕裂度的测定
GB/T 456—2002	纸和纸板平滑度的测定（别克法）
GB/T 457—2008	纸和纸板耐折度的测定
GB/T 458—2008	纸和纸板透气度的测定
GB/T 459—2002	纸和纸板伸缩性的测定
GB/T 460—2008	纸施胶度的测定
GB/T 461. 3—2002	纸和纸板吸收性的测定（浸水法）
GB/T 462—2008	纸、纸板和纸浆分析试样水分的测定
GB/T 465. 1—2008	纸和纸板浸水后耐破度的测定
GB/T 465. 2—2008	纸和纸板浸水后抗张强度的测定
GB/T 1541—2007	纸和纸板尘埃度的测定
GB/T 1543—2005	纸和纸板不透明度（纸背衬）的测定（漫反射法）
GB/T 8941—2007	纸和纸板镜面光泽度的测定（20° 45° 75°）
GB/T 2679. 1—1993	纸透明度的测定方法
GB/T 22364—2008	纸和纸板弯曲挺度的测定
GB/T 22365—2008	纸和纸板印刷表面强度的测定
GB/T 22881—2008	纸和纸板粗糙度（平滑度）的测定（空气泄漏法）通用方法

续表

标准编号	标准名称
GB/T 22363—2008	纸和纸板粗糙度的测定（空气泄漏法）本特生法和印刷表面法
GB/T 22894—2008	纸和纸板加速老化在80℃和65%相对湿度条件下的湿热处理
GB/T 22895—2008	纸和纸板静态和动态摩擦系数的测定平面法
GB/T 22898—2008	纸和纸板抗张强度的测定恒速拉伸法（100mm/min）
GB/T 22901—2008	纸和纸板透气度的测定（中等范围）通用方法
GB/T 12661—2008	纸和纸板菌落总数的测定
GB/T 12914—2008	纸和纸板抗张强度的测定
GB/T 13528—1992	纸和纸板表面 pH 的测定法
GB/T 24999—2010	纸和纸板亮度（白度）最高限量
QB/T 2804—2006	纸和纸板白度测定法 45/0 定向反射法
GB/T 1539—2007	纸板耐破度的测定
GB/T 1540—2002	纸和纸板吸水性的测定可勃法
GB/T 10340—2008	纸和纸板过滤速度的测定
GB/T 7973—2003	纸、纸板和纸浆漫反射因数的测定（漫射/垂直法）
GB/T 7974—2002	纸、纸板和纸浆亮度（白度）的测定漫射/垂直法
GB/T 7977—2007	纸、纸板和纸浆水抽提液电导率的测定
GB/T 24990—2010	纸、纸板和纸浆铬含量的测定
GB/T 24991—2010	纸、纸板和纸浆铅含量的测定石墨炉原子吸收法
GB/T 24992—2010	纸、纸板和纸浆砷含量的测定
GB/T 8940. 2—2002	纸浆亮度（白度）试样的制备
GB/T 1547—2004	纸浆高锰酸钾值的测定
GB/T 10740—2002	纸浆尘埃和纤维束的测定
GB/T 5009. 78—2003	食品包装用原纸卫生标准的分析方法
GB/T 5009. 11—2003	食品中总砷及无机砷的测定
GB 5009. 12—2010	食品安全国家标准食品中铅的测定
GB/T 5406—2002	纸透油度的测定
GB/T 22921—2008	纸和纸板薄页材料水蒸气透过率的测定动态气流法和静态气体法
GB/T 24447—2009	纸浆纤维粗度的测定偏振光法
QB/T 4125—2010	纸浆亮度（白度）最高限量
GB/T 25162. 1—2010	包装袋跌落试验第 1 部分：纸袋
GB 4789. 1—2010	食品安全国家标准食品微生物学检验总则
GB 4789. 2—2010	食品安全国家标准食品微生物学检验菌落总数测定
GB 4789. 3—2010	食品安全国家标准食品微生物学检验大肠菌群计数
GB 4789. 4—2010	食品安全国家标准食品微生物学检验沙门氏菌检验
GB/T 4789. 5—2003	食品卫生微生物学检验志贺氏菌检验
GB 4789. 10—2010	食品安全国家标准食品微生物学检验金黄色葡萄球菌检验
GB/T 4789. 11—2003	食品卫生微生物学检验溶血性链球菌检验
GB 4789. 15—2010	食品安全国家标准食品微生物学检验霉菌和酵母计数

二、纸包装材料测试前样品的预处理

纸是由纤维和其他少量辅助材料制造而成，植物纤维所具有的亲水性使得纸和纸板的含水量随着周围环境的温度、湿度变化而变化，因此，含水量的变化对纸和纸板的许多物理机械性能都有影响。只有在含水量一致的情况下，其物理机械性能才有可比性。

试样的温湿度预处理按 GB/T 10739—2002《纸、纸板和纸浆试样处理和试验的标准大气条件》进行。

1. 原理

试样暴露于规定的恒温恒湿大气中，当水分含量进入到可重复状态时，该试样与此大气条件即达到了平衡。试样与规定温度、相对湿度的大气之间达到水分含量平衡的过程。

当前后两次称量相隔 1h 以上，且试样称量之差不大于试样质量的 0.25% 时，则认为试样与大气条件之间达到平衡。

2. 标准环境

纸、纸板和纸浆所采用的试验标准大气条件应是温度为（23 ±1）℃、相对湿度 50% ±2%，且符合 GB/T 10739—2002 的要求。

3. 处理步骤

（1）样品的预处理

在样品处理前，将样品置于相对湿度为 10% ~35%，温度不高于 40℃ 的大气条件中预处理 24h。

（2）温湿处理

将裁取好的试样挂起来，使恒温恒湿的气流自由接触到试样的各个面，直至其水分含量与大气中的水蒸气达到平衡状态。当间隔 1h 前后的两次称量之差不大于总质量的 0.25% 时，则试样与环境达到了平衡。

纸的温湿处理一般调节时间为 4h；对于高定量纸一般为 5h ~8h；对于高定量的纸板和经特殊处理的材料，温湿处理可能会达到 48h，试样与环境才能达到平衡。

恒温恒湿实验室温度和相对湿度的精确度、稳定性和均匀性应达到表 2 –15 的要求。

表 2 –15　恒温恒湿实验室温度和相对湿度的精确度、稳定性和均匀性要求

指标名称			单位	规定
精确度	任一 10min 的均值	温度	℃	23 ±1.0
		相对湿度	%	50 ±2.0
同一点稳定性	某点任一 30min 周期内的 10min 均值间的极差	温度	℃	≤1.0
		相对湿度	%	≤2.0
	任两个 30min 周期均值之差	温度	℃	≤0.5
		相对湿度	%	≤1.0

续表

指标名称			单位	规定
室内空间均匀性	任两点在任一瞬间的差值	温度	℃	≤0.5
		相对湿度	%	≤2.0

三、纸包装材料及容器的使用性能指标的测试方法

纸包装材料及纸容器的使用性能包括了物理机械性能、化学性能、外观质量等。而物理机械性能直接反映产品的使用性能，如纸张的定量偏高，会使单位重量的纸张使用面积降低；而纸张的抗张强度则反映了纸或纸板所能承受的最大张力。

下面简要介绍食品包装用纸包装材料及容器的几个常规使用性能的试验方法。

（一）定量（GB/T 451.2—2002）

定量是指单位面积的质量，以克每平方米（g/m^2）表示。定量与纸的许多性能密切相关，如抗张强度、耐破度、不透明度等。

1. 原理

测定试样的面积及其质量，并根据公式计算定量。

2. 仪器

（1）切纸刀或专用裁样器，见图 2-1。

图 2-1　定量测定标准试样取样器

（2）天平：分度值 0.001g（试样质量≤5g 以下时）
分度值 0.01g，（5g≤试样质量≤50g 时）
分度值 0.1g，（试样质量≥50g 时）

3. 试验步骤

（1）按 GB/T 450 进行裁取样品；一般应不少于 5 张，且其总面积应不少于 10 个试样。

（2）称取

将 5 张样品沿纵向叠成 5 层，然后沿横向均匀切取 0.01m^2 的试样两叠，共 10 片试样，用相应分度值的天平进行称量；

用游标卡尺分别测量所称量纸条的长边及短边，准确至 0.5mm 和 0.1mm，计算面积。

4. 计算

定量按下式计算

$$G = M \times 10$$

式中：M——10 片 0.01m^2 试样的总质量，g；
G——定量，g/m^2。

（二）厚度（GB/T 451.3—2002）

纸或纸板在两测量面间承受一定压力，测量出的纸或纸板两表面间的距离，其结果以毫米或微米表示。厚度又分单层厚度和层积厚度。单层厚度：对单层试样施加静态负荷，从而测量出的纸或纸板的厚度。而层积厚度指对多层试样施加静态负荷，从而测量出多层纸页的厚度，再计算得出单层纸的厚度。

GB/T 451.3—2002《纸和纸板厚度的测定》的方法，等同采用 ISO534：1988。方法适用于各种单层或多层的纸和纸板，但不适用于瓦楞纸板。

1. 原理

在规定的静态负荷下，用符合精度要求的厚度计，根据试验要求测量出单张纸页或一叠纸页的厚度，分别以单层厚度或层积厚度来表示结果。

2. 仪器

静压力为（100±10）kPa 的厚度仪，特殊纸或纸板的压力值按其产品标准。

3. 试验步骤

（1）按 GB/T 450 的规定进行，裁样不少于 5 张。并按 GB/T 10739 进行温湿处理。

（2）单层厚度

将 5 张样品沿纵向对折后成 10 层，沿横向切取两叠，共计 20 片试样。用厚度计分别测定每片试样的厚度值，每片试样测定 1 个点。

（3）层积厚度

将5张样品切取40片试样，每10片一叠正面朝上层叠起成4叠试样。用厚度计分别测定4叠试样的厚度，每1叠测定3个点。计算多层厚度的平均值，再除以层数，得到单层厚度。

4. 计算

计算每片试样的厚度平均值，或计算层积厚度的平均值，再除以层数。

5. 注意事项

使用厚度仪时，应首先调零，将试样放入两侧量面内。以低于3mm/s的速度将另一测量面轻轻地移到试样上，注意应避免产生任何的冲击作用。指示值稳定后应在纸被“压陷”下去前读数，在（2～5）s内完成读数。

与厚度对应的指标为紧度，紧度是表示纸张松紧的程度，在印刷、运输上，纸张厚度的意义没有紧度大。同一定量时，厚度大，纸质疏松，紧度小；反之，纸质紧密，紧度大。紧度跟纸张的强度成正比。紧度是指纸的单位体积的质量，单位为g/cm^3，不能直接测量得出，其值为纸的定量去除纸的厚度。根据纸或纸板的定量和单层厚度或层积厚度，分别计算出单层紧度或层积紧度。

（三）抗张强度（抗张指数）（GB/T 12914—2008）

抗张强度是指纸或纸板所能承受的最大张力。纸张所能经受的断裂时最大的负荷，单位是kN/m。抗张指数是指抗张强度除以定量，以牛顿·米/克（N·m/g）表示。

该标准方法分为纸和纸板抗张强度的两种测定方法：①恒速加荷法、②恒速拉伸法。其中恒速加荷法内容修改采用ISO 1924—1：1992《纸和纸板抗张强度的测定　第1部分：恒速如荷法》，恒速拉伸法内容则与ISO 1924—2：1994《纸和纸板抗张强度的测定　第2部分；恒速拉伸法》一致。

下面分别介绍两种试验方法：

1. 恒速加荷法

（1）原理

在恒速加荷的条件下，将规定尺寸的试样拉伸至断裂，测定其抗张力，并记录其最大抗张力。并可按其数值与试样的定量值，可计算出抗张指数。

（2）仪器

①抗张强度试验仪；

②裁切装置。

2. 恒速拉伸法

（1）原理

在恒速拉伸的条件下，将规定尺寸的试样拉伸至断裂，测定其抗张力。并可测定试样的伸长率，记录其最大抗张力。如连续记录抗张力和伸长率，则可得出抗张能量吸收值。按其定量指标可计算出抗张指数和抗张能量吸收指数。

（2）仪器

①抗张强度试验仪；

②裁切装置；

③在线测定仪（测定抗张能量吸收用）；

④绘制装置（抗张力—伸长率曲线并测定该曲线最大斜率）：（测定弹性模量用）。

（3）试验步骤

①按 GB/T 450 进行取样；按 GB/T 10739 进行温湿处理，并在此相同的大气条件下制备试样并完成试验。试样的裁切尺寸：宽度 15mm ±0.1mm。

②在纸的纵、横向一次切取可测取 10 个有效值的试样。试样要求：试样的两边应平直，其平行度应在 ±0.1mm 之内，并且切口整齐，无任何损伤。在试样的试验面积内不应有折痕、明显的裂口和水印等缺陷，并且避免距平板纸或卷筒纸边缘 15mm 以内切取试样。

③在纸和纸板的纵横向上至少分别测定 10 个试样，并且均应为有效数据。

（4）计算

记录纸和纸板纵横所测结果，按公式分别计算。

以下为公式中所用的符号的含义：

t——试样的平均厚度，mm；

E——等效功，即作用力—伸长率曲线所围面积，J 或 mJ；

E^*——弹性模量平均值，MN/m^2（MPa）；

g——定量平均值，g/m^2；

S——抗张强度，kN/m；

l_i——夹头间的初始长度，mm；

Δl_i——所选试样长度的变化，mm；

w_i——试样的初始宽度，mm；

$\bar{F}$——平均抗张力，N；

ΔF——与 Δl_i 对应的力的变化，N；

I——抗张指数，N · m/g；

Z——抗张能量吸收，J/m^2；

$\bar{Z}$——平均抗张能量吸收，J/m^2；

l_x——抗张能量吸收指数，mJ/g。

①抗张强度

$$S = \frac{\bar{F}}{w_i}$$

数据保留为 3 位有效数字。

②抗张指数

按下式计算抗张指数

$$I = \frac{S}{g} \times 10^3$$

数据保留为 3 位有效数字。

或按下式计算抗张指数

$$I = \frac{\bar{F}}{w_i g} \times 10^3$$

③抗张能量吸收：

按以下方法计算每个试样的抗张能量吸收，通过积分仪，或者抗张力—伸长率曲线下最大抗张力的面积。计算抗张能量吸收：

$$Z = \frac{E}{w_i l_i} \times 10^6$$

式中，E 的单位为 J。

数据保留为三位有效数字。

④抗张能量吸收指数

按下式计算抗张能量吸收指数：

$$l_x = \frac{\bar{Z}}{g} \times 10^3$$

结果保留为 3 位有效数字。

⑤弹性模量

按下式计算弹性模量：

$$E^* = \frac{\Delta F \times l_i}{w_i \times t \times \Delta l_i}$$

结果保留为 3 位有效数字。

⑥注意事项

此标准方法适用于除瓦楞纸板外的所有纸和纸板。

（四）耐折度（GB/T 457—2008）

纸和纸板的耐折度是指试样在一定张力条件下，再经一定角度反复折叠使其断裂的折叠次数。双折次是指试样先向后折，然后在同一折印上向前折，往复一个来回即为双折叠一次。

纸和纸板耐折的能力主要受纤维自身强度、柔韧性及纤维结合力的影响，纤维自身强度好、平均强度大、结合力强，其耐折度高，反之耐折度则低。与抗张强度相比，耐折度更大程度上取决于纤维长度。耐折度还取决于纸或纸板的柔韧性能，如纸板在压榨过程中过分压紧或添加矿物填料的方法提高紧度时，会使耐折度下降。除此，纸或纸板的含水量对耐折度也会产生影响。

GB/T 457—2008《纸和纸板耐折度的测定》，该标准标准方法修改采用了 ISO5626：1993《纸耐折度的测定》。与国际标准相比，增加了肖伯尔仪耐折度法，取消了勒莫林和洛玛吉法。

目前，我国常用的耐折度仪主要有两种：肖伯尔耐折度仪和 MIT 耐折度仪。本文主要介绍 MIT 耐折法，MIT 法具有可调节间距的夹头，适用于厚度不大于 1.25mm 的纸和纸板。

1. 原理

在标准规定的温湿度条件下，试样在纵向张力的作用下，向后及向前折叠，直至试样断裂。

2. 仪器

耐折度试验仪，见图 2－2。

图 2－2 耐折度仪

3. 试验步骤

（1）按 GB/T 450 取样，并按 GB/T 10739 要求进行温湿处理。

（2）在试验要求的方向上至少各切取 10 个试样，宽度（15.0 ± 0.1）mm，长度大于 140mm。试样要求：两边切齐平行，不应有摺子、皱纹或污点等缺陷，折叠的部分无水印。在试验过程中注意不用手接触暴露在两夹头间的试样。

（3）仪器调平，转动摆动的折叠头，使缝口处于垂直状态。调节弹簧张力并固定张力杆锁。弹簧张力一般为 9.81N，或根据标准要求也可以采用 4.91N 或 14.72N。

轻拍张力杆的侧面，调整张力指示器。然后锁紧张力杆，在夹口内夹紧试样，夹试样时手不应触摸试样的被折叠部分，并应使试样的整个表面处于同一平面内。

松开张力杆锁，给试样施加规定的张力，然后开始折叠试样，直至试样断裂。仪器自动停止计数，记录试样断裂时的双折叠次数，将计数器回零。

4. 计算

MIT 法测定的耐折度是纸和纸板往复 135°的双次数，双往复折叠的双次数或按以 10 为底的双折次数对数值表示。计算结果为数值修约至 2 位，双折叠次数修约至整数位。

（五）撕裂度和撕裂指数（GB/T 455—2002）

大多数纸或纸板在使用过程中经常受到撕的作用，许多纸和纸板的技术性能指标中对它都有要求，影响撕裂度的因素很多，由于纸被撕裂时，或者把纤维从样品中拉出，或把纤维撕断。纤维长度是影响撕裂度的重要因素，撕裂度随纤维长度的增加而增加，此外，所有提高空隙率的因素都能提高撕裂度，但会使抗张强度降低，轻微的打浆会使撕裂度增加，但随着纤维的细纤维化，会使纸的紧度和抗张强度增加，而撕裂度降低，加入淀粉、三聚氰胺甲醛树脂以及在超级压光机上压实，也会降低撕裂度。撕裂度指的是纸张抵抗剪力的能力，结果以毫牛（mN）表示。撕裂指数指纸张（或纸板）的撕裂度除以其定量，结果以毫牛顿·平方米/克（$mN \cdot m^2/g$）表示。

GB/T 455—2002《纸和纸板撕裂度的测定》，标准等效采用 ISO 1974：1990《纸张—撕裂度的测定（爱利门道夫法）》。

1. 原理

具有规定预切口的一叠 4 层试样，用一垂直于试样面的移动平面摆施加撕力，使纸撕开一个固定距离。用摆的势能损失来测量在撕裂试样的过程中所做的功。

平均撕裂力由摆上的刻度来指示或由数字来显示，纸张撕裂度由平均撕裂力和试样层数来确定。

2. 仪器

爱利门道夫（Elmendorf）撕裂度仪，见图 2－3。

3. 试验步骤

（1）按 GB/T450 进行取样，在标准规定的温湿度条件下进行制样并测试。确保所取试样没有折痕、皱纹或其他明显缺陷。

按样品的纵横向分别切取试样，试样的大小为（63 ±0.5）mm×（50 ±2）mm。如果纸张纵向与样品的短边平行，则进行横向试验，反之进行纵向试验。每个方向应至少做 5 次有效试验。

（2）预切试样，切口长度为 20mm，试样被撕开的距离是（43 ±0.5）mm。

（3）选择合适的摆或重锤，保证测定读数在满刻度值的 20% ~80% 范围内。

（4）将摆升至初始位置并用摆的释放机构固定，试样底边与夹子底部相接触，并对正夹紧。用切刀将试样切一整齐刀口，将刀返回静止位置。使指针与指针停止器相接触，迅速压下摆的释放装置。读取指针读数或数字显示值。

如果试验中有 1 ~2 个试样的撕裂线末端与刀口延长线的左右偏斜超过 10mm，此值作废。重复试验，直至得到 5 个满意的结果为止。

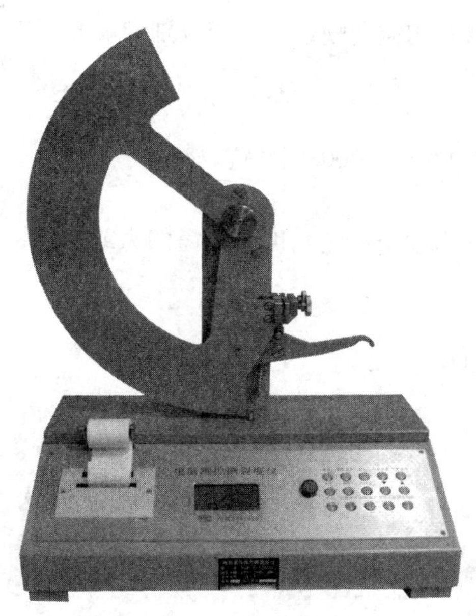

图 2－3 爱利门道夫撕裂度仪

4. 计算

（1）撕裂度按下式计算：

$$F = (S \cdot P)/n$$

式中：F——撕裂度，mN；

S——试验方向上的平均刻度读数，mN；

P——换算因子，即刻度的设计层数，一般为 16；

n——同时撕裂的试样层数。

（2）撕裂指数按下式计算：

$$X = F/G$$

式中：X——撕裂指数，$mN \cdot m^2/g$；

F——撕裂度，mN；

G——定量，g/m^2。

5. 注意事项

本标准适用于各类纸张的撕裂度测度，也可用于较低强度纸板的撕裂度测定，不适用于瓦楞纸板。

（六）挺度

挺度，一是衡量纸和纸板耐弯曲强度的指标，按 GB/T 22364—2008《纸和纸板 弯曲挺度的测定》进行；二是衡量纸杯在模拟使用过程中，杯身所能承受的最大的变形压力。纸和纸板的耐弯曲强度越小，所成型后的纸杯或纸碗其杯身挺度也越小。耐弯曲挺度在纸杯原纸、餐盒原纸中都有相应的规定。下面分别简要介绍纸和纸板的耐弯曲挺度和纸杯的挺度试验方法。

1. 耐弯曲挺度（GB/T 22364—2008 中静态弯曲法）

（1）原理

通过测定一端被夹试样弯曲至给定角度时所需的力或力矩，该力作用在恒定的弯曲长度上。

（2）仪器

①纸板挺度测定仪，见图 2 -4。

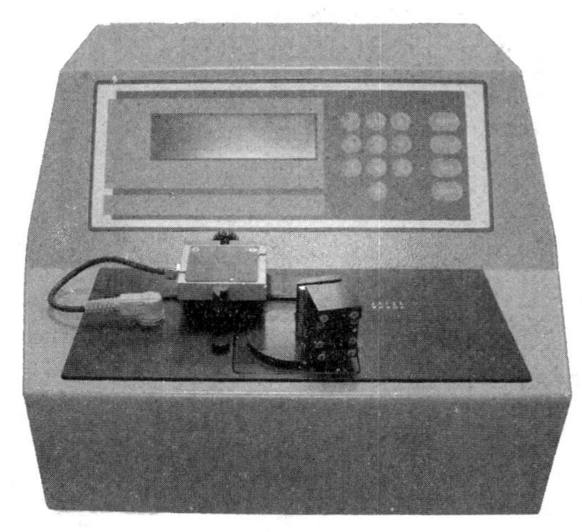

图 2 -4　纸板挺度测定仪

②裁切装置。

（3）试验步骤

①按 GB/T 450 规定采取，在 GB/T 10789 条件下，切成长度不小于 70mm，宽度为（38 ±0. 2）mm 的试样 10 个。试样要求不得有折子、皱纹、肉眼可见的损伤或其他缺陷。

②调整所需的弯曲角（如 7. 5°，10°，15°，30°）。

③将试样的一端夹在试样夹内，注意不可太紧，防止损坏试样。

④按下开关，开始试验，夹持器开始转动，到设定的弯曲角时停止转动，得出一个试验在弯曲角时的弯曲力（mN），如需要弯曲力矩，则为弯曲力与试验长度的积（单位：mN · m）。

2. 纸杯挺度（QB 2294—2006）

（1）原理

沿纸杯杯身相对的两侧壁，在杯身高度约 2/3 位置，沿直径方向一定的速度（50. 0 ±2. 5）mm/min 均匀施力，以杯侧壁总变形量达到（9. 5 ±0. 5）mm 时所受的最大力作为纸杯的杯身挺度。

（2）仪器

杯身挺度仪，见图 2－5。

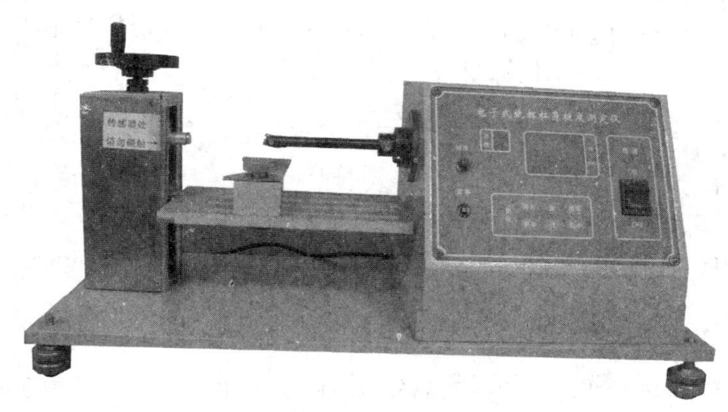

图 2－5 杯身挺度仪

（3）试验步骤

①取同规格纸杯 5 只。

②在 GB/T 10739 规定的条件下放置至少 4h 后测试。

③将纸杯放在测试仪的活动试样台架上，调节活动试样台架的高度，使测头接近纸杯侧壁，并使测头与杯底的垂直距离约为杯高的 2/3，启动仪器，测试杯身的挺度。

（4）计算

测试 5 只纸杯的挺度值，计算出平均值，精确到 0.01N。

（七）容器的其他使用性能

纸包装容器除挺度项外，还有耐水、耐油性、负重性能等指标，以下简要介绍下容器的耐水性、耐油性和负重性能。食品包装用纸制品用于盛放液体或固体食品，需要一定的耐水性和耐油性，纸和纸板的防油防水性能差，主要是纸和纸板抄制过程中工艺不合理，以及容器结合处不够紧密，或者纸板淋膜层不均匀造成。

1. 耐水试验（QB/T 2341—1997）

将纸容器放在纸板（或浆板）上，倒入温度为（90 ±5）℃、浓度约为 5% 的氯化钠溶液，再加甲基红指示液 1 ~2 滴，高度大于 20mm。1h 后倒出水，观察背面、两侧是否有渗漏痕迹，若没有发现渗漏痕迹即为合格，反之判为不合格。

2. 耐油试验（QB/T 2341—1997）

将（150 ±10）℃的食用油（花生油、豆油），用瓷匙加（10 ±2）mL 于容器中，再将纸容器放在一张餐巾纸上。1h 后观察餐巾纸上是否有油点，如无油点则为合格，反之为不合格。

3. 负重性能（QB/T 2341—1997）

将纸容器平放在平板上盖好盒盖，用金属尺测量纸餐盒的高度（连盖），精确至

1mm。然后倒入标准规定的浆砂混合物，盖好盒盖后，在上面放一块 200mm × 200mm × 3mm 的平板玻璃。再将 3kg 砝码置于平板玻璃中央，负重 15s 时立即取下砝码及玻璃板，再精确测量上述高度。按下式计算试样的负重性能值：

$$W = \frac{H_0 - H}{H_0} \times 100$$

式中：W——试样负重性能值，%；

H_0——试样高度，mm；

H——试样负重后的高度，mm。

（八）水分（GB/T 462—2008）

水分指纸中纤维与纤维之间的空隙部分含有的游离水。一般纸张中含有的水分是 6% ~8%。纸的水分经常因环境中相对湿度变化而改变。夏天潮湿，纸的水分含量稍高一些；冬天干燥，其水分含量相应低一点。大气中的含水量约为 7%。水分的测定比较简单，只需将纸样放在 100℃ ~105℃ 的烘箱中，烘至“恒重”（前后两次称重，其相差数量在 0.02% 以下者），用减少的重量与纸样的原重量之比，即可求得。

GB/T 462—2008《纸、纸板和纸浆液分析试样水分的测定》，本标准修改采用 ISO 287：1985《纸和纸板水分的测定烘干法》和 ISO 638：1978《纸浆绝干物含量的测定》。本章节主要介绍纸和纸板的试验方法。

1. 原理

水分：试样按规定方法烘干后所减少的质量与取样时质量之比，一般以百分数表示。

即称取试样烘干前质量，然后将试样烘干至恒重，再次称取质量，试样烘干前后的质量之差与烘干前的质量之比。

2. 仪器

（1）感量为 0.001g 的天平。

（2）试样容器：用于试样的转移和称量，该容器能防水蒸气，且用在试验条件下不易发生变化的轻质材料制成。

（3）温度保持在 105℃ ±2℃ 的烘箱。

（4）干燥器。

3. 试验步骤

（1）按 GB/T 450 要求取样；

（2）将装有试样的容器，放入烘箱中烘干，烘干时，将容器的盖子打开，也可将试样取出来摊开，但试样和容器应在同一烘箱中同时烘干；

（3）当试样已完全烘干时，应迅速将试样放入到容器中并盖好盖，然后将容器放入干燥器中冷却，将容器的盖打开并马上盖上，使容器内外的空气压力相同。

称量装有试样的容器，计算出干燥试样的质量，重复以上步骤，其烘干时间应至少为第一次烘干时间的一半，当连续两次在规定的时间间隔下，称量的差值不大于烘干试样质量的0.1%时，即为恒重。第一次烘干时间应不少于2h。

4. 计算

$$X = \frac{m_1 - m_2}{m_1} \times 100$$

式中：m_1 ——烘干前的试样质量，g；

m_2 ——烘干后的试样质量，g。

同时进行两次测定，取算术平均值作为试验结果，结果应修约至小数点后第一位，且两次测定值间的绝对误差不超过0.4。

四、食品包装用纸包装材料及容器卫生性能、微生物指标的测试方法

（一）食品包装用纸包装材料及容器卫生标准的规定

食品用纸包装材料、容器，不管是原纸、成品纸还是容器，在标准的卫生指标方面（见表2－16），都规定了卫生指标应符合GB 11680。

表2－16　食品包装用原纸卫生标准（GB 11680—1989）

项目	指标
感官指标	外观：色泽正常，无异嗅、污物
铅（以Pb计）／（mg/kg）　≤	5.0
砷（以As计）／（mg/kg）　≤	1.0
荧光性物质（254nm及365nm）	合格
脱色试验（水、正已烷）	阴性
大肠菌群/（个/100g）	≤30
致病菌（系指肠道致病菌、致病性球菌）	不得检出

在上述表中，铅、砷、荧光性物质、脱色试验属于理化指标。大肠菌群和致病菌为微生物指标。GB 11680的配套的试验方法标准为GB/T 5009.78—2003《食品包装用原纸卫生标准的分析方法》。

（二）食品包装用纸包装材料及容器主要卫生性能的测试方法

1. 取样方式

按无菌操作的方式取500g纸样，分别注明产品名称、批号、生产日期等。其中一半用于检验，另一半保存两个月（以备仲裁分析用）。然后按要求分别按相应标准进行重金属、荧光性物质、脱色试验、微生物指标的测定。其中砷在GB/T 5009.78—2003中规定为砷斑法。试样前处理见表2－17。

表 2-17 试样前处理

项目	标准方法	试样前处理	备注
砷	GB/T 5009.11—2003	干法灰化	银盐法
铅	GB 5009.12—2010	干法灰化	浸泡液无颜色为“阴性”；浸泡液有颜色为“阳性”
荧光性物质	GB/T 5009.78—2003	—	最大荧光面积不得大于 $5cm^2$
脱色试验	GB/T 5009.78—2003	—	—
大肠菌群	GB/T 4789.3—2010	以无菌操作称取25g，剪碎，置于无菌广口瓶中加无菌生理盐水 225mL，充分混匀成1:10混悬液，再吸取1:10混悬液 1mL 于 9mL 灭菌生理盐水管中稀释成1:100混悬液	—
沙门氏菌	GB/T 4789.4—2010	以无菌操作称取 25g，置于装有 225mL 缓冲蛋白胨水的广口瓶中	—
志贺氏菌	GB/T 4789.5—2003	以无菌操作称取 25g，置于装有 225mL 的 GN 增菌液的广口瓶中	—
金黄色葡萄球菌	GB/T 4789.10—2010	以无菌操作称取 5g，置于装有 50mL 的 7.5% 氯化钠肉汤的广口瓶中	—
溶血性链球菌	GB/T 4789.11—2003	以无菌操作称取 5g，置于装有 50mL 葡萄糖肉浸液肉汤的广口瓶中	—

2. 砷

试样经干法灰化后，按 GB/T 5009.11—2003《食品中总砷及无机砷的测定》中银盐法操作。银盐法检出限：0.2mg/kg。

（1）原理

试祥经消化后，以碘化钾、氯化亚锡将高价砷还原为三价砷，然后与锌粒和酸产生的新生态氢生成砷化氢，再与溴化汞试纸生成黄色至橙色的色斑，与标准砷斑比较定量。

（2）仪器与试剂

测砷装置（图 2-6）的说明：

100mL ~ 150mL 锥形瓶；19 号标准口。

导气管：管口 19 号标准口或经碱处理后洗净的橡皮塞和锥形瓶密合时不应漏气。管的另一端管径为 1.0mm。

吸收管：10mL 刻度离心管作吸收管用。

硫酸、盐酸、氧化镁、无砷锌粒。

硝酸镁溶液（150g/L）：称取 15g 硝酸镁 [$Mg(NO_3)_2 \cdot 2H_2O$] 溶于水中，并稀释至 100mL。

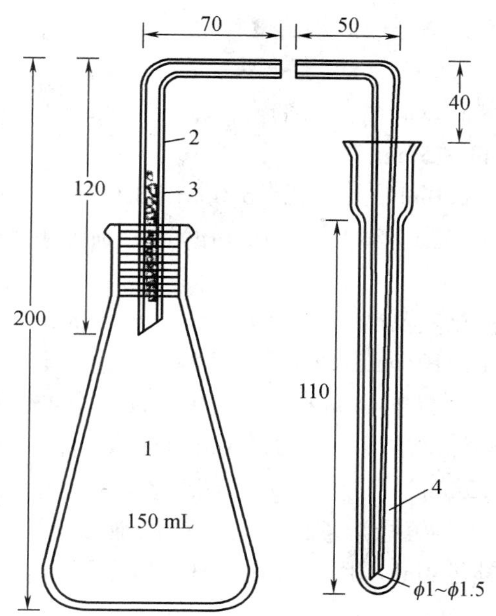

图 2－6　银盐法测砷装置

1—150mL 锥形瓶；2—导气管；3—乙酸铅棉花；4—10mL 刻度离心管

碘化钾溶液（150g/L）：贮存于棕色瓶中。

酸性氯化亚锡溶液：称取 40g 氯化亚锡（$SnCl_2 \cdot 2H_2O$），加盐酸溶解并稀释至 100mL，加入数颗金属锡粒。

盐酸（1＋1）：量取 50mL 盐酸加水稀释至 100mL；

硫酸（6＋94）：量取 6.0mL 硫酸加于 80mL 水中，冷后再加水稀释至 100mL。

乙酸铅溶液（100g/L），

乙酸铅棉花：用乙酸铅溶液（100g/L）浸透脱脂棉后，压除多余溶液，并使疏松，在 100℃以下干燥后，贮存于玻璃瓶中。

砷标准储备液：准确称取 0.1320g 在硫酸干燥器中干燥过的或在 100℃干燥 2h 的三氧化二砷，加 5mL 氢氧化钠溶液（200g/L），溶解后加 25mL 硫酸（6＋94），移入 1000mL 容量瓶中，加新煮沸冷却的水稀释至刻度，贮存于棕色玻塞瓶中。此溶液每毫升相当于 0.10mg 砷。

砷标准使用液：吸取 1.0mL 砷标准储备液，置于 100mL 容量瓶中，加 1mL 硫酸（6＋94），加水稀释至刻度，此溶液每毫升相当于 1.0μg 砷。

（3）样品处理——灰化法

称取 5.00g 剪碎试样，置于坩埚中，加 1g 氧化镁及 10mL 硫酸镁溶液，混匀，浸泡 4h。于低温或置于水浴锅上蒸干，用小火炭化至无烟后移入马弗炉中加热至 550℃，灼烧 3h～4h，冷却后取出。加 5mL 水润湿后，用细玻璃棒搅拌，再用少量水洗下玻棒上附着的灰分至坩埚内。放水浴锅上蒸干后移入马弗炉 550℃灰化 2h，冷却后取出。加 5mL 水润湿灰分，再慢慢加入 10mL 盐酸（1＋1），然后将溶液移入 50mL 容量瓶中，坩埚用盐酸（1+1）洗涤3次，每次5mL，再用水洗涤3次，每次5mL，洗液均并入容量瓶中，再加水至刻度，混匀。按同一操作方法做试剂空白试验。

（4）分析步骤

吸取一定量灰化后定容的溶液及同量的试剂空白液分别置于150mL锥形瓶中，补加硫酸至总量为5mL，加水至50mL~55mL。

标准溶液绘制：吸取0mL，2.0mL，4.0mL，6.0mL，8.0mL，10.0mL砷标准使用液（相当于0μg，2.0μg，4.0μg，6.0μg，8.0μg，10.0μg），分别置于150mL锥形瓶中，加水至40mL，再加10mL盐酸（1+1）。

灰化法消化液：取灰化法消化液及试剂空白液分别置于150mL锥形瓶中。吸取0mL，2.0mL，4.0mL，6.0mL，8.0mL，10.0mL砷标准使用液（相当于0μg，2.0μg，4.0μg，6.0μg，8.0μg，10.0μg砷），分别置于150mL锥形瓶中，加水至43.5mL，再加6.5mL盐酸。于消化液、试剂空白液及砷标准溶液中各加入3mL碘化钾溶液（150g/L），0.5mL酸性氯化亚锡溶液，混匀，静置15min。各加入3g锌粒，立即分别塞上装有乙酸铅棉花的导气管，并使管尖端插入盛有4mL银盐溶液的离心管中的液面下，在常温下反应45min后，取下离心管，加三氯甲烷补足4mL。用1cm比色杯，以零管调节零点，于波长520nm处测吸光度，绘制标准曲线。

（5）结果计算

试样中砷的含量按下式进行计算：

$$X = \frac{(A_1 - A_2) \times 1000}{m \times V_2/V_1 \times 1000}$$

式中：X——试样中砷的含量，mg/kg或mg/L；

A_1——测定用试样消化液中砷的质量，μg；

A_2——试剂空白液中砷的质量，μg；

m——试样质量或体积，g或mL；

V_1——试样消化液的总体积，mL；

V_2——测定用试样消化液的体积，mL。

计算结果保留两位有效数字。

3. 铅

试样经干法灰化后，按GB 5009.12—2010《食品安全国家标准食品中铅的测定》。

本标准规定了铅的测试方法有五种方法：石墨炉原子吸收光谱法、氢化物原子荧光光谱法、火焰原子吸收光谱法、二硫腙比色法、单扫描极谱法。对于纸包装产品，一般采用石墨炉原子吸收光谱法。本章节主要介绍石墨炉原子吸收光谱法。

（1）原理

试样经灰化后，注入原子吸收分光光度计石墨炉中，电热原子化后吸收283.3 nm共振线，在一定浓度范围，其吸收值与铅含量成正比，与标准系列比较定量。

（2）仪器与试剂

原子吸收光谱仪，附石墨炉及铅空心阴极灯。

马弗炉。

天平：感量为 1 mg。

干燥恒温箱。

瓷坩埚。

可调式电热板、可调式电炉。

硝酸：优级纯。

硝酸（1+1）：取 50mL 硝酸慢慢加入 50 mL 水中。

硝酸（0.5mol/L）：取 3.2mL 硝酸加入 50 mL 水中，稀释至 100mL。

磷酸二氢铵溶液（20g/L）：称取 2.0 g 磷酸二氢铵，以水溶解稀释至 100mL。

铅标准储备液：准确称取 1.000g 金属铅（99.99%），分次加少量硝酸（1+1），加热溶解，总量不超过 37mL，移入 1000mL 容量瓶，加水至刻度，混匀。此溶液每毫升含 1.0mg 铅。

铅标准使用液：每次吸取铅标准储备液 1.0mL 于 100mL 容量瓶中，加硝酸（0.5mol/L）至刻度。如此经多次稀释成每毫升含 10.0ng，20.0ng，40.0ng，60.0ng，80.0ng 铅的标准使用液。

（3）分析步骤

试样处理：称取 1g～5g 试样（精确到 0.001g，根据铅含量而定）于瓷坩埚中，先小火在可调式电热板上炭化至无烟，移入马弗炉 500℃ ±25℃ 灰化 6h～8h，冷却。用硝酸（0.5 mol/L）将灰分溶解，用滴管将试样消化液洗入或过滤入（视消化后试样的盐分而定）10mL～25mL 容量瓶中，用水少量多次洗涤瓷坩埚，洗液合并于容量瓶中并定容至刻度，混匀备用；同时作试剂空白。

仪器条件：根据各自仪器性能调至最佳状态。参考条件为波长 283.3 nm，狭缝 0.2 nm～1.0 nm，灯电流 5mA～7mA，干燥温度 120℃，20s；灰化温度 450℃，持续15 s～20 s，原子化温度：1700℃～2300℃，持续 4 s～5 s，背景校正为氘灯或塞曼效应。

标准曲线绘制：吸取上面配制的铅标准使用液 10.0 ng/mL（或 μg/L），20.0 ng/mL（或 μg/L），40.0 ng/mL（或 μg/L），60.0 ng/mL（或 μg/L），80.0 ng/mL（或 μg/L）各 10 μL，注入石墨炉，测得其吸光值并求得吸光值与浓度关系的一元线性回归方程。

试样测定：分别吸取样液和试剂空白液各 10 μL，注入石墨炉，测得其吸光值，代入标准系列的一元线性回归方程中求得样液中铅含量。

基体改进剂的使用：对有干扰试样，则注入适量的基体改进剂磷酸二氢铵溶液（20 g/L）（一般为 5 μL 或与试样同量）消除干扰。绘制铅标准曲线时也要加入与试样测定时等量的基体改进剂磷酸二氢铵溶液。

（4）分析结果的表述

试样中铅含量按下式进行计算。

$$X = \frac{(c_1 - c_0) \times V \times 1000}{m \times 1000 \times 1000}$$

式中：X——试样中铅的含量，mg/kg 或 mg/L；

c_1——测定样液中铅的含量，ng/mL；

c_0——空白液中铅的含量，ng/mL；

m——试样质量或体积，g 或 mL；

V——试样消化液定量总体积，mL；

以重复性条件下获得的两次独立测定结果的算术平均值表示，结果保留两位有效数字。

4. 脱色试验

GB/T 5009. 78—2003 中规定水：正己烷浸泡液不得染有颜色。但对样品的处理方法未作规定，在实际试验过程中，存在将样品剪碎和对样品内层进行浸泡两种可能。此外，对浸泡的具体时间也没有明确。

在《食品用纸包装、容器等制品生产许可实施细则》中规定，将试样剪碎在室温条件下用不同浸泡液浸泡 2h，观察浸泡液是否染有颜色。

在 QB 2294—2006《纸杯》脱色试验中规定，从每个样品中随机取 3 只纸杯，将其剪成碎片，用温度为（23 ±5）℃的水浸泡冷水杯碎片、用温度为（90 ±5）℃的热水浸泡热水杯碎片或冰淇淋杯碎片，浸泡 30min；从每个样品中随机取 3 只纸杯，将其剪成碎片，用温度为（23 ±5）℃的乙醇（65%）浸泡纸杯碎片，浸泡 30min。

在 GB/T 27590—2011《纸杯》中只规定了按 GB/T 5009. 78—2003 进行，未对样品的处理方法和浸泡时间作相应规定。

5. 荧光性物质

目前造纸工业中应用荧光增白剂较为广泛，荧光增白剂是一种本身无色，但能在紫外光照射下激发荧光的有机化合物。使用荧光增白剂可使纸张的白度增加，其增白机理是其吸收照射光中 350nm ~ 370nm 的紫外线的能量，发射出波长 420nm ~ 500nm 的蓝或紫色荧光，利用光学上补色的原理，抵消了物质原有的黄色，使之显得洁白荧光性。

食品用纸包装材料及容器一般均须测试荧光性物质指标，其测试方法为：从试样中随机取 5 张 100cm^{2}的纸样，置于波长 365nm 和 254nm 紫外灯下检查，任何一张纸样中最大荧光面积不得大于 5cm^2。

以纸杯为例，随机取 5 只纸杯，从每只纸杯的杯身、杯底取约 100cm^{2}的试样，共取 5 个试样，然后分别置于波长 365nm 和 254nm 紫外灯下检查，若每个试样内外两侧均未出现大于 5cm^{2}的荧光面积，则判为合格，否则判为不合格。

6. 蒸发残渣等

对淋膜或复膜的纸包装材料及容器，内层材质需进行蒸发残渣、高锰酸钾消耗量的相应试验。详细试验方法见第三章的相关章节。

（三）食品包装用纸包装材料及容器主要微生物指标的测试方法

1. 大肠菌群的测定

以无菌操作称取试样 25g，剪碎，置无菌广口瓶中加无菌生理盐水 225mL，充分混匀成 1∶10 混悬液，再吸取 1∶10 混悬液 1mL 于 9mL 灭菌生理盐水管中稀释成 1∶100 混悬液，然后，按 GB 4789.3—2010《食品安全国家标准食品微生物学检验大肠菌群计数大肠菌群测定》操作步骤进行。

大肠菌群的试验方法有两种：MPN 计数法和平板计数法，食品用纸包装材料一般选用 MPN 计数法。

（1）定义

大肠菌群：在一定培养条件下能发酵乳糖、产酸产气的需氧和兼性厌氧革兰氏阴性无芽胞杆菌。最可能数，MPN：基于泊松分布的一种间接计数方法。

（2）设备和材料

除微生物实验室常规灭菌及培养设备外，其他设备和材料如下：

恒温培养箱：36℃ ±1℃。

冰箱：2℃ ~5℃。

恒温水浴箱：46℃ ±1℃。

天平：感量 0.1g。

无菌吸管：1mL（具 0.01mL 刻度）、10mL（具 0.1mL 刻度）或微量移液器及吸头。

无菌锥形瓶：容量 500mL。

无菌培养皿：直径 90mm。

（3）培养基和试剂

月桂基硫酸盐胰蛋白胨（Lauryl Sulfate Tryptose，LST）肉汤。

煌绿乳糖胆盐（Brilliant Green Lactose Bile，BGLB）肉汤。

无菌生理盐水。

（4）检验程序

大肠菌群 MPN 计数的检验程序见图 2 –7。

（5）操作步骤

①样品的处理及稀释

以无菌操作称取试样 25g，剪碎，置无菌广口瓶中加无菌生理盐水 225mL，充分混匀成 1∶10 混悬液，再吸取 1∶10 混悬液 1mL 于 9mL 灭菌生理盐水管中稀释成 1∶100 混悬液。根据对样品污染状况的估计，按上述操作，依次制成 10 倍递增系列稀释样品匀液。每递增稀释 1 次，换用 1 支 1mL 无菌吸管或吸头。从制备样品匀液至样品接种完毕，全过程不得超过 15min。

②初发酵试验

每个样品，选择 3 个适宜的连续稀释度的样品匀液，每个稀释度接种 3 管月桂基硫酸盐胰蛋白胨（LST）肉汤，每管接种 1mL（如接种量超过 1mL，则用双料 LST 肉汤），36℃ ±1℃培养 24h ±2h，观察倒管内是否有气泡产生，24h ±2h 产气者进行复发酵试验，如未产气

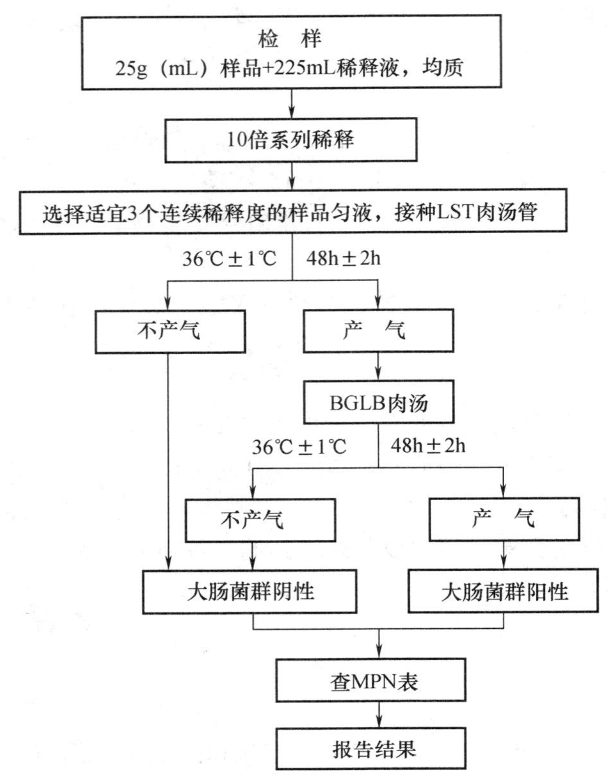

图 2-7 大肠菌群 MPN 计数法检验程序

则继续培养至48h±2h，产气者进行复发酵试验。未产气者为大肠菌群阴性。

③复发酵试验

用接种环从产气的 LST 肉汤管中分别取培养物 1 环，移种于煌绿乳糖胆盐肉汤（BGLB）管中36℃ ±1℃培养48h±2h，观察产气情况。产气者，计为大肠菌群阳性管。

（6）大肠菌群最可能数（MPN）的报告

按确证的大肠菌群 LST 阳性管数，检索 MPN 表（见表2-18），报告每 g（mL）样品中大肠菌群的 MPN 值。

表 2-18 大肠菌群最可能数（MPN）检索表

阳性管数			MPN	95% 可信限		阳性管数			MPN	95% 可信限	
0.10	0.01	0.001		下限	上限	0.10	0.01	0.001		下限	上限
0	0	0	<3.0	–	9.5	2	2	0	21	4.5	42
0	0	1	3.0	0.15	9.6	2	2	1	28	8.7	94
0	1	0	3.0	0.15	11	2	2	2	35	8.7	94
0	1	1	6.1	1.2	18	2	3	0	29	8.7	94
0	2	0	6.2	1.2	18	2	3	1	36	8.7	94
0	3	0	9.4	3.6	38	3	0	0	23	4.6	94

续表

阳性管数			MPN	95%可信限		阳性管数			MPN	95%可信限	
0.10	0.01	0.001		下限	上限	0.10	0.01	0.001		下限	上限
1	0	0	3.6	0.17	18	3	0	1	38	8.7	110
1	0	1	7.2	1.3	18	3	0	2	64	17	180
1	0	2	11	3.6	38	3	1	0	43	9	180
1	1	0	7.4	1.3	20	3	1	1	75	17	200
1	1	1	11	3.6	38	3	1	2	120	37	420
1	2	0	11	3.6	42	3	1	3	160	40	420
1	2	1	15	4.5	42	3	2	0	93	18	420
1	3	0	16	4.5	42	3	2	1	150	37	420
2	0	0	9.2	1.4	38	3	2	2	210	40	430
2	0	1	14	3.6	42	3	2	3	290	90	1000
2	0	2	20	4.5	42	3	3	0	240	42	1000
2	1	0	15	3.7	42	3	3	1	460	90	2000
2	1	1	20	4.5	42	3	3	2	1100	180	4100
2	1	2	27	8.7	94	3	3	3	>1100	420	—

注：①本表采用3个稀释度［0.1g（mL）、0.01g（mL）和0.001g（mL）］，每个稀释度接种3管。

②表内所列检样量如改用1g（mL）、0.1g（mL）和0.01g（mL）时，表内数字应相应降低10倍；如改用0.01g（mL）、0.001g（mL）、0.0001g（mL）时，则表内数字应相应增高10倍，其余类推

2. 沙门氏菌的测定

以无菌操作取样25g，置于装有225mL缓冲蛋白陈水的广口瓶中，然后按GB/T 4789.4—2010《食品安全国家标准食品微生物学检验　沙门氏菌检验》沙门氏菌检验操作步骤进行。

（1）设备和材料

除微生物实验室常规灭菌及培养设备外，其他设备和材料如下：

冰箱：2℃ ~5℃。

恒温培养箱：36℃ ±1℃，42℃ ±1℃。

均质器。

振荡器。

电子天平：感量0.1g。

无菌锥形瓶：容量500mL，250mL。

无菌吸管：1mL（具0.01mL刻度）、10mL（具0.1mL刻度）或微量移液器及吸头。

无菌培养皿：直径90mm。

无菌试管：3mm ×50mm、10mm ×75mm。

无菌毛细管。

pH 计或 pH 比色管或精密 pH 试纸。

全自动微生物生化鉴定系统。

(2) 培养基和试剂

缓冲蛋白胨水(BPW)。

四硫磺酸钠煌绿(TTB)增菌液。

亚硒酸盐胱氨酸(SC)增菌液。

亚硫酸铋(BS)琼脂。

HE 琼脂。

木糖赖氨酸脱氧胆盐(XLD)琼脂。

沙门氏菌属显色培养基。

三糖铁(TSI)琼脂。

蛋白胨水、靛基质试剂。

尿素琼脂(pH7.2)。

氰化钾(KCN)培养基。

赖氨酸脱羧酶试验培养基。

糖发酵管。

邻硝基酚 β－D 半乳糖苷(ONPG)培养基。

半固体琼脂。

丙二酸钠培养基。

沙门氏菌 O 和 H 诊断血清。

生化鉴定试剂盒。

(3) 检验程序

沙门氏菌检验程序见图 2－8。

(4) 操作步骤

前增菌:以无菌操作取样 25g,置于装有 225mL 缓冲蛋白陈水的广口瓶中,于 36℃ ±1℃培养 8h～18h。

增菌:轻轻摇动培养过的样品混合物,移取 1mL,转种于 10mL TTB 内,于 42℃ ±1℃培养 18h～24h。同时,另取 1mL,转种于 10mLSC 内,于 36℃ ±1℃培养18h～24h。

分离:分别用接种环取增菌液 1 环,划线接种于一个 BS 琼脂平板和一个 XLD 琼脂平板(或 HE 琼脂平板或沙门氏菌属显色培养基平板)。于 36℃ ±1℃分别培养 18h～24h (XLD 琼脂平板、HE 琼脂平板、沙门氏菌属显色培养基平板)或 40h～48h(BS 琼脂平板),观察各个平板上生长的菌落。

各个平板上的菌落特征见表 2－19。

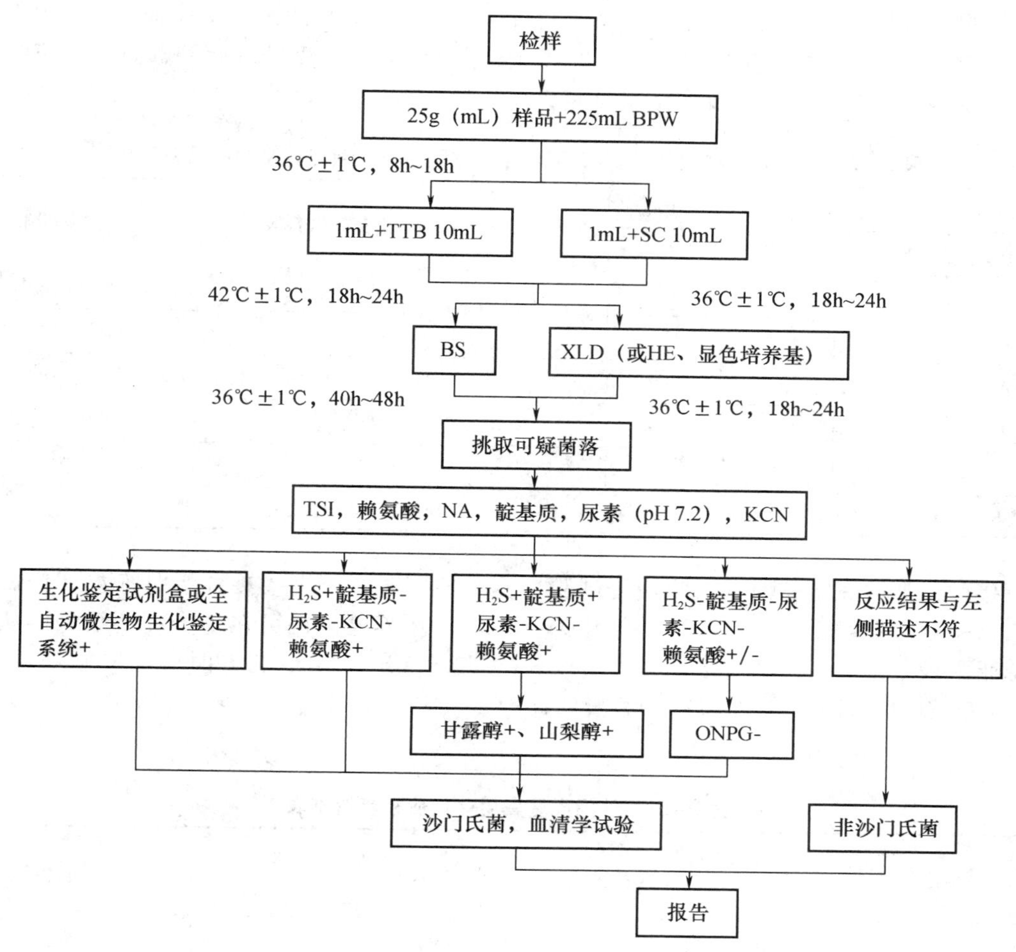

图 2－8　沙门氏菌检验程序

表 2－19　沙门氏菌属在不同选择性琼脂平板上的菌落特征

选择性琼脂平板	沙门氏菌
BS 琼脂	菌落为黑色有金属光泽、棕褐色或灰色，菌落周围培养基可呈黑色或棕色；有些菌株形成灰绿色的菌落，周围培养基不变
HE 琼脂	蓝绿色或绿色，多数菌落中心黑色或几乎全黑色；有些菌株为黄色，中心黑色或几乎全黑色
XLD 琼脂	菌落呈粉红色，带或不带黑色中心，有些菌株可呈现大的带光泽的黑色中心，或呈现全部黑色的菌落；有些菌株为黄色菌落，带或不带黑色中心
沙门氏菌属显色培养基	按照显色培养基的说明进行判定

生化试验：

自选择性琼脂平板上分别挑取 2 个以上典型或可疑菌落，接种三糖铁琼脂，先在斜面划线，再于底层穿刺；接种针不要灭菌，直接接种赖氨酸脱羧酶试验培养基和营养琼脂平板，于36℃ ±1℃培养18h～24h，必要时可延长至48h。在三糖铁琼脂和赖氨酸脱羧酶试验培养基内，沙门氏菌属的反应结果见表2－20。

表2－20　沙门氏菌属在三糖铁琼脂和赖氨酸脱羧酶试验培养基内的反应结果

三糖铁琼脂				赖氨酸脱羧酶试验培养基	初步判断
斜面	底层	产气	硫化氢		
K	A	+（－）	+（－）	+	可疑沙门氏菌属
K	A	+（－）	+（－）	－	可疑沙门氏菌属
A	A	+（－）	+（－）	+	可疑沙门氏菌属
A	A	+/－	+/－	－	非沙门氏菌
K	K	+/－	+/－	+/－	非沙门氏菌

注：K：产碱，A：产酸；+：阳性，－：阴性；+（－）：多数阳性，少数阴性；+/－：阳性或阴性

接种三糖铁琼脂和赖氨酸脱羧酶试验培养基的同时，可直接接种蛋白胨水（供做靛基质试验）、尿素琼脂（pH7.2）、氰化钾（KCN）培养基，也可在初步判断结果后从营养琼脂平板上挑取可疑菌落接种。于36℃ ±1℃培养18h～24h，必要时可延长至48h，按表2－21判定结果。将已挑菌落的平板储存于2℃～5℃或室温至少保留24h，以备必要时复查。

表2－21　沙门氏菌属生化反应初步鉴别表

反应序号	硫化氢（H_2S）	靛基质	pH7.2尿素	氰化钾（KCN）	赖氨酸脱羧酶
A1	+	－	－	－	+
A2	+	+	－	－	+
A3	－	－	－	－	+/－

注：+阳性；－阴性；+/－阳性或阴性

反应序号A1：典型反应判定为沙门氏菌属。如尿素、KCN和赖氨酸脱羧酶3项中有1项异常，按表2－22可判定为沙门氏菌。如有2项异常为非沙门氏菌。

表2－22　沙门氏菌属生化反应初步鉴别表

pH7.2尿素	氰化钾（KCN）	赖氨酸脱羧酶	判定结果
－	－	－	甲型副伤寒沙门氏菌（要求血清学鉴定结果）
－	+	+	沙门氏菌Ⅳ或Ⅴ（要求符合本群生化特性）
+	－	+	沙门氏菌个别变体（要求血清学鉴定结果）

注：+表示阳性；－表示阴性

反应序号 A2：补做甘露醇和山梨醇试验，沙门氏菌靛基质阳性变体两项试验结果均为阳性，但需要结合血清学鉴定结果进行判定。

反应序号 A3：补做 ONPG。ONPG 阴性为沙门氏菌，同时赖氨酸脱羧酶阳性，甲型副伤寒沙门氏菌为赖氨酸脱羧酶阴性。

必要时按表 2－23 进行沙门氏菌生化群的鉴别。

表 2－23　沙门氏菌属各生化群的鉴别

项目	Ⅰ	Ⅱ	Ⅲ	Ⅳ	Ⅴ	Ⅵ
卫矛醇	+	+	－	－	+	－
山梨醇	+	+	+	+	+	－
水杨苷	－	－	－	+	－	－
ONPG	－	－	+	－	+	－
丙二酸盐	－	+	+	－	－	－
KCN	－	－	－	+	+	－

注：+表示阳性；－表示阴性

如选择生化鉴定试剂盒或全自动微生物生化鉴定系统，可根据初步判断结果，从营养琼脂平板上挑取可疑菌落，用生理盐水制备成浊度适当的菌悬液，使用生化鉴定试剂盒或全自动微生物生化鉴定系统进行鉴定。

血清学鉴定：

抗原的准备：

一般采用 1.2% ~1.5% 琼脂培养物作为玻片凝集试验用的抗原。

O 血清不凝集时，将菌株接种在琼脂量较高的（如 2% ~3%）培养基上再检查；如果是由于 Vi 抗原的存在而阻止了 O 凝集反应时，可挑取菌苔于 1mL 生理盐水中做成浓菌液，于酒精灯火焰上煮沸后再检查。H 抗原发育不良时，将菌株接种在 0.55% ~0.65% 半固体琼脂平板的中央，待菌落蔓延生长时，在其边缘部分取菌检查；或将菌株通过装有 0.3% ~0.4% 半固体琼脂的小玻管 1 次 ~2 次，自远端取菌培养后再检查。

多价菌体抗原（O）鉴定：

在玻片上划出 2 个约 1cm ×2cm 的区域，挑取 1 环待测菌，各放 1/2 环于玻片上的每一区域上部，在其中一个区域下部加 1 滴多价菌体（O）抗血清，在另一区域下部加入 1 滴生理盐水，作为对照。再用无菌的接种环或针分别将两个区域内的菌落研成乳状液。将玻片倾斜摇动混合 1min，并对着黑暗背景进行观察，任何程度的凝集现象皆为阳性反应。

多价鞭毛抗原（H）鉴定，与多价菌体抗原（O）鉴定方法相同。

（5）结果与报告

综合以上生化试验和血清学鉴定的结果，报告 25g（mL）样品中检出或未检出沙门氏菌。

3. 志贺氏菌的测定

以无菌操作取样 25g，置于装有 225mL GN 增菌液的广口瓶中，然后按

GB/T 4789.5—2003《食品卫生微生物学检验　志贺氏菌检验》志贺氏菌检验操作步骤进行。

（1）设备和材料

冰箱：2℃ ~4℃。

恒温培养箱：36℃ ±1℃，42℃。

显微镜：10× ~100×。

均质器或灭菌乳体。

架盘药物天平：0g ~500g，精确到0.5g。

灭菌广口瓶：500mL。

灭菌锥形瓶：500mL，250mL。

灭菌培养皿：直径90mm。

硝酸纤维素滤膜。

（2）培养基和试剂

GN增菌液、HE琼脂、SS琼脂、麦康凯琼脂、伊红美蓝琼脂、三糖铁琼脂、葡萄糖半固体管、半固体管、葡萄糖铵琼脂、尿素琼脂、西蒙氏柠檬酸盐琼脂、氰化钾培养基、氨基酸脱羧试验培养基、糖发酵管、5%乳糖发酵管、蛋白胨水、靛基质试验、志贺氏菌属诊断血清等。

（3）检验程序

志贺氏菌检验程序见图2-9。

（4）操作步骤

增菌：以无菌操作取样25g，置于装有225mL GN增菌液的广口瓶中，于36℃培养6h ~8h，培养时间视细菌生长情况而定，当培养液出现轻微混浊时即应中止培养。

分离和初步生化试验：

取增菌液1环，划线接种于HE琼脂平板或SS琼脂平板一个；另取一环划线接种于麦康凯琼脂平板或伊红蓝琼脂平板一个，于36℃培养18h ~24h，志贺氏菌在这些培养基上呈现无色透明不发酵乳糖的菌落。

挑取平板上的可疑菌落，接种三糖铁琼脂和葡萄糖半固体各一管，一般应多挑几个菌落，以防止遗漏，经36℃培养18h ~24h，分别观察结果。

下述培养物可以弃去：在三糖铁琼脂斜面上呈蔓延生长的培养物；在18h ~24h同发酵乳糖、蔗糖的培养物；不分解葡萄糖和只生长在半固体表面的培养物；产气的培养物；有动力的培养物；产生硫化氢的培养物。

凡是乳糖、蔗糖不发酵，葡萄糖产酸不产气（福氏志贺菌6型可产生少量气体）无动力的菌株，可做血清学分型和进一步的生化试验。

血清学分型和进一步的生化试验：

挑取三糖铁琼脂上的培养物，做玻片凝集试验，先用四种志贺氏菌多价血清检查，如果由于K抗原的存在而不出现凝集，应将菌液煮沸后再检查；如果呈现凝集，则用A1、A2、B群多价和D群血清分别试验。如系B群福氏志贺氏菌，则用群和型因子血清分别检查。福氏志贺氏菌各型和亚型的型和群抗原见表2-24。可先用群因子血清检查，再根

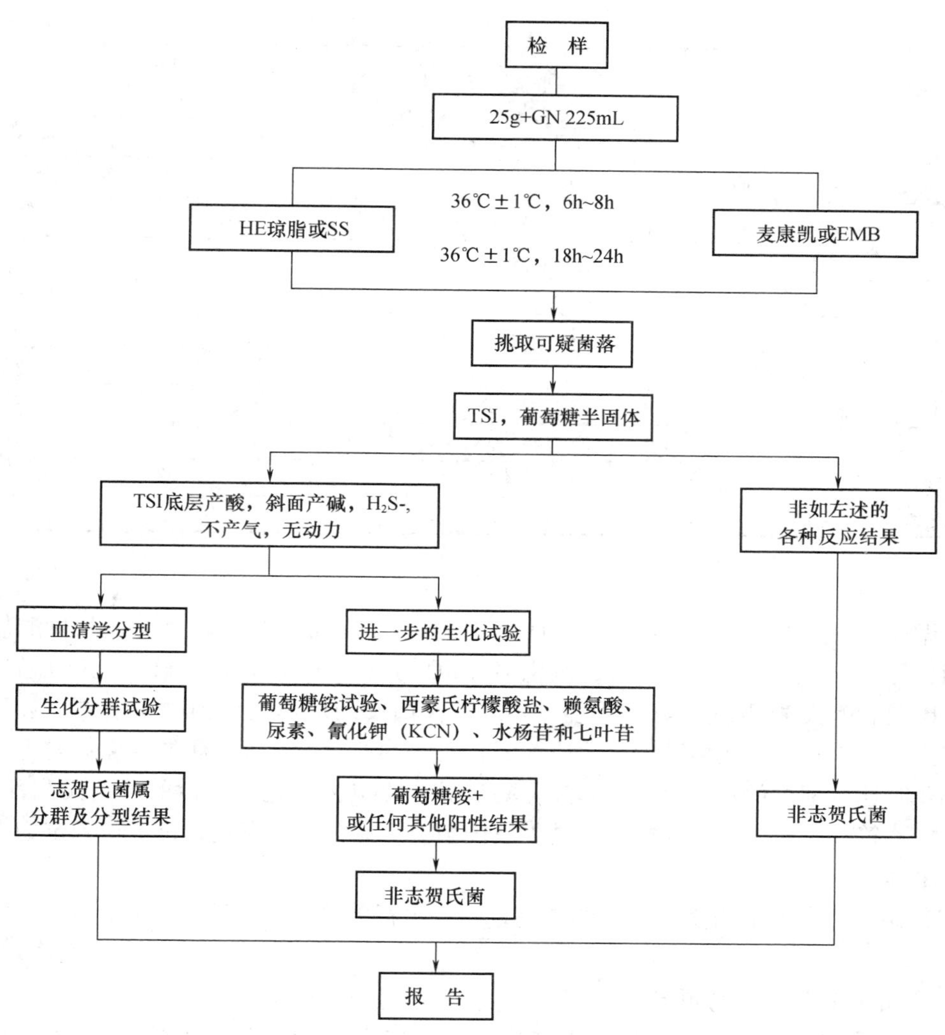

图2－9 志贺氏菌检验程序

据群因子血清出现凝集的结果，依次选用型因子血清检查。

4种志贺氏菌多价血清不凝集的菌株，可用鲍氏多价1、2、3分别检查，并进一步用1～15各型因子血清检查。如果鲍氏多价血清不凝集，可用痢疾志贺氏菌3～12型多价血清及各型因子血清检查。

表2－24 福氏志贺氏菌各型和亚型的型抗原和群抗原

型和亚型	型抗原	群抗原	在群因子血清中的凝集		
			3，4	6	7，8
1a	Ⅰ	1，2，4，5，9……	+	－	－
1b	Ⅰ	1，2，4，5，9……	+	+	－
2a	Ⅱ	1，3，4……	+	－	－

续表

型和亚型	型抗原	群抗原	在群因子血清中的凝集		
			3，4	6	7，8
2b	Ⅱ	1，7，8，9……	-	-	+
3a	Ⅲ	1，6，7，8，9……	-	+	+
3b	Ⅲ	1，3，4，6……	+	+	-
4a	Ⅳ	1，（3，4）……	（+）	-	-
4b	Ⅳ	1，3，4，6……	+	+	-
5a	Ⅴ	1，3，4……	+	-	-
5b	Ⅴ	1，5，7，9……	-	-	+
6	Ⅵ	1，2，（4）……	（+）	-	-
X 变体	-	1，7，8，9……	-	-	+
Y 变体	-	1，3，4……	+	-	-

注：+凝集；-不凝集；（）有或无

进一步的生化试验：

在做血清学分型的同时，应进一步的生化试验，即：葡萄糖铵，西蒙氏柠檬酸盐，赖氨酸和乌氨酸托羧酸，pH7.2 尿酸，氰化钾（KCN）生长，以及水杨苷和七叶苷的分解。除宋内氏菌和鲍氏 13 型为乌氨酸阳性外，志贺氏菌属的培养物均为阴性结果。必要时应做革兰氏染色检查和氧化酶试验，除应为氧化酶阳性外，志贺氏菌属的培养物均为阴性结果。必要时还应做革兰氏染色检查和氧化酶试验，除应为氧化酶阴性的革兰氏阴性杆菌。生化反应不符合的菌株，即使能与某种志贺氏菌分型血清发生凝集，仍不得判定为志贺氏菌属的培养物。

（5）综合生化和血清学的试验结果判定并作出报告。

4. 金黄色葡萄球菌的测定

以无菌操作取样 5g，置于装有 50mL、7.5% 氯化钠肉汤的广口瓶中，然后按 GB 4789.10—2010《食品安全国家标准食品微生物学检验　金黄色葡萄球菌检验》金黄色葡萄球菌检验操作步骤进行。金黄色葡萄球菌的测定方法有三种，一是定性检验；二是平板计数检验；三是 MPN 计数检验。纸包装材料只需定性，故本文主要介绍第一种。

（1）设备和材料

除微生物实验室常规灭菌及培养设备外，其他设备和材料如下：

恒温培养箱：36℃ ±1℃。

冰箱：2℃ ~5℃。

恒温水浴箱：37℃ ~65℃。

天平：感量 0.1g。

均质器。

振荡器。

无菌吸管：1mL（具 0.01mL 刻度）、10mL（具 0.1mL 刻度）或微量移液器及吸头。

无菌锥形瓶：容量 100mL、500mL。

无菌培养皿：直径 90mm。

注射器：0.5mL。

pH 计或 pH 比色管或精密 pH 试纸。

（2）培养基和试剂

7.5% 氯化钠肉汤。

血琼脂平板。

Baird – Parker 琼脂平板。

脑心浸出液肉汤（BHI）。

兔血浆。

稀释液：磷酸盐缓冲液。

营养琼脂小斜面。

革兰氏染色液。

无菌生理盐水。

（3）检验程序

金黄色葡萄球菌定性检验程序见图 2 – 10。

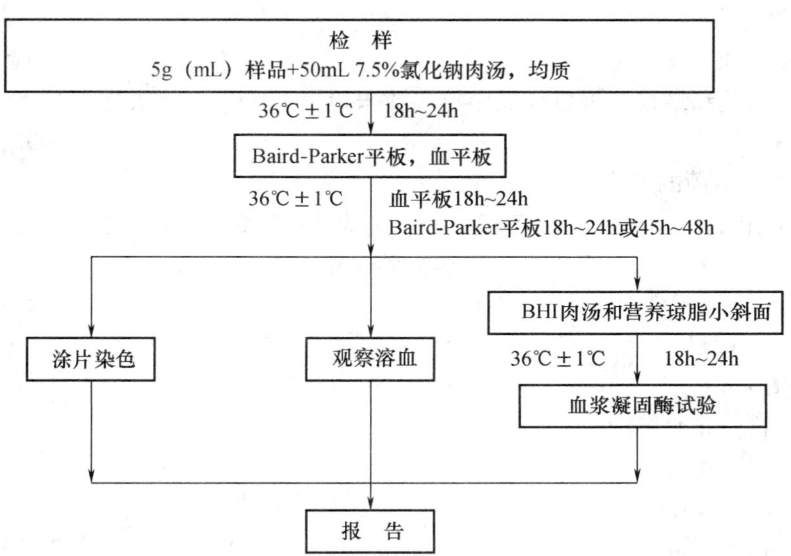

图 2 – 10 金黄色葡萄球菌检验程序

（4）操作步骤

样品的处理：以无菌操作取样 5g，置于装有 50mL、7.5% 氯化钠肉汤的广口瓶中或放入盛有 50mL、7.5% 氯化钠肉汤无菌均质袋中，用拍击式均质器拍打1min ~ 2min。

增菌和分离培养：上述样品匀液于 36℃ ±1℃ 培养 18h ~ 24h。金黄色葡萄球菌在 7.5% 氯化钠肉汤中呈混浊生长，污染严重时在 10% 氯化钠胰酪胨大豆肉汤内呈混浊生长。将上述培养物，分别划线接种到 Baird – Parker 平板和血平板。血平板 36℃ ±1℃ 培养 18h ~ 24h，Baird – Parker 平板 36℃ ±1℃ 培养 18h ~ 24h 或 45h ~ 48h。

金黄色葡萄球菌在 Baird – Parker 平板上，菌落直径为 2mm ~ 3mm，颜色呈灰色到黑色，边缘为淡色，周围为一混浊带，在其外层有一透明圈。用接种针接触菌落有似奶油至树胶样的硬度，偶然会遇到非脂肪溶解的类似菌落；但无混浊带及透明圈。长期保存的冷冻或干燥食品中所分离的菌落比典型菌落所产生的黑色较淡些，外观可能粗糙并干燥。在血平板上，形成菌落较大，圆形、光滑凸起、湿润、金黄色（有时为白色），菌落周围可见完全透明溶血圈。挑取上述菌落进行革兰氏染色镜检及血浆凝固酶试验。

鉴定：染色镜检：金黄色葡萄球菌为革兰氏阳性球菌，排列呈葡萄球状，无芽胞，无荚膜，直径约为 0. 5μm ~ 1μm。

血浆凝固酶试验：挑取、Baird – Parker 平板或血平板上可疑菌落 1 个或以上，分别接种到 5mL BHI 和营养琼脂小斜面，36℃ ±1℃培养 18h ~24h。

取新鲜配置兔血浆 0. 5mL，放入小试管中，再加入 BHI 培养物 0. 2mL ~0. 3mL，振荡摇匀，置 36℃ ±1℃温箱或水浴箱内，每半小时观察一次，观察 6h，如呈现凝固（即将试管倾斜或倒置时，呈现凝块）或凝固体积大于原体积的一半，被判定为阳性结果。同时以血浆凝固酶试验阳性和阴性葡萄球菌菌株的肉汤培养物作为对照。也可用商品化的试剂，按说明书操作，进行血浆凝固酶试验。

结果如可疑，挑取营养琼脂小斜面的菌落到 5mL BHI，36℃ ±1℃培养 18h ~48h，重复试验。

（5）结果与报告

综合以上试验和结果，报告样品中检出或未检出金黄色葡萄球菌。

5. 溶血性链球菌的测定

以无菌操作取样 5g，置于装有 50mL 葡萄糖肉浸液肉汤的广口瓶中，然后按 GB/T 4789. 11—2003《食品卫生微生物学检验　溶血性链球菌检验》溶血性链球菌检验操作步骤进行。

（1）设备和材料

冰箱：0℃ ~4℃。

恒温培养箱：36℃ ±1℃。

恒温水浴锅：36℃ ±1℃。

显微镜：10 × ~100 ×。

离心机：4000r/min。

架盘药物天平：0 ~500g，精确到 0. 5g。

灭菌试管：10mm ×100mm，16mm ×160mm。

灭菌吸管：1mL（具 0. 01mL 刻度）、5mL，10mL（具 0. 1mL 刻度）。

灭菌锥形瓶：100mL。

灭菌培养皿：直径 90mm。

灭菌棉签、镊子等。

（2）培养基和试剂

葡萄糖肉浸液肉汤。

血琼脂平板。

人血浆。

0.25%氯化钙。

0.85%灭菌生理盐水。

杆菌肽药敏纸片（含0.04单位）。

（3）检验程序

溶血性链球菌检验程序见图2－11。

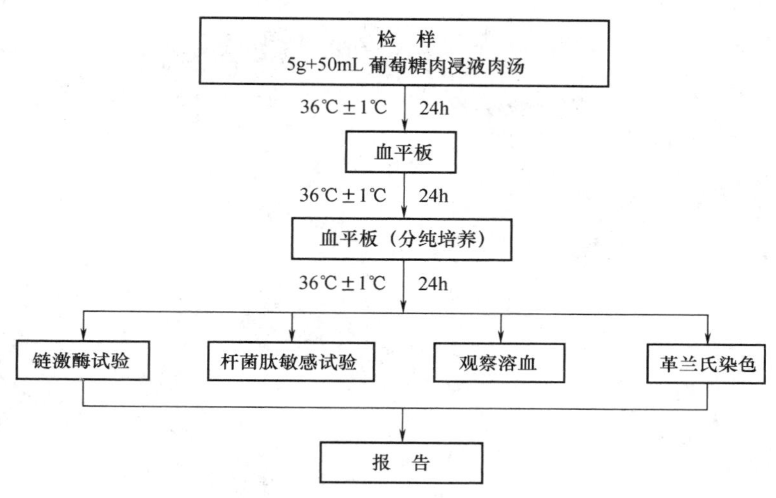

图2－11　溶血性链球菌检验程序图

（4）试验步骤

样品处理：以无菌操作取样5g，置于装有50mL葡萄糖肉浸液肉汤的广口瓶中，经36℃±1℃培养24h，接种血平板，置36℃±1℃培养24h，挑起乙型溶血圆形突起的细小菌落，在血平板上分纯，然后，观察溶血情况及革兰氏染色，并进行链激酶试验及杆菌肽敏感试验。

形态和染色：本菌呈球形或卵圆形，直径0.5μm～1μm，链状排列，链长短不一，短者4个～8个，长者20个～30个，链的长短常与细菌的种类及生长环境有关；液体培养中易呈长链；在固体培养基中常呈短链，不形成芽孢，无鞭毛，不能运动。

培养特性：该菌营养要求较高，在普通培养基上生长不良，在加有血液、血清培养基中生长较好。溶血性链球菌在血清肉汤中生长时管底呈絮状或颗粒状沉淀。血小板上菌落成灰白色，半透明或不透明，表面光滑，有乳光，直径约0.5mm～0.75mm，为圆形突起的细小菌落，乙型溶血链球菌周围有2mm～4mm界限分明、无色透明的溶血圈。

链激酶试验：致病性乙型溶血性链球菌能产生链激酶（即溶纤维蛋白酶），此酶能激活正常人体血液中的血浆蛋白酶原，使成血浆蛋白酶，而后溶解纤维蛋白。吸取草酸钾血浆0.2mL加0.8mL灭菌生理盐水，混匀，在加入18h～24h、36℃±1℃培养的链球菌培养物0.5mL及0.25%氯化钙0.25mL（如氯化钙已潮解，可适当加大至0.3%～0.5%），振荡摇匀，置于36℃±1℃水浴10min，血浆混合物自行凝固（凝固程度至试管倒置，内容物不流动)，然后观察凝固块重新完全溶解的时间，完全溶解为阳性，如 24h 后不溶解即为阴性。

草酸钾人血浆配制：草酸钾 0.01g 放入灭菌小试管中，再加入 5mL 人血，混匀，经离心沉淀，吸取上清液即为草酸钾人血浆。

杆菌肽酶敏感试验：挑取乙型溶血链球菌液，涂布于血小板上，用灭菌镊子夹取每片含有 0.04 单位的杆菌肽纸片，放于上述平板上，于 36℃ ±1℃ 培养 18h ~ 24h，如有抑菌带出现即为阳性，同时用已知阳性菌株作为对照。

第三章 食品用塑料包装材料及制品检验

第一节 食品用塑料包装材料及制品概况

塑料是可塑性高分子材料的简称，高分子材料可分为天然的和合成两大类，不论哪种类型的高分子都可称为聚合物或高聚物。通常，未加工成型的聚合物称作树脂。

20 世纪 60 年代以来，塑料产业得到快速发展，在许多国家，塑料已成为仅次于纸的第二大包装材料。目前，我国每年塑料产量约为 130 万 t，其中塑料包装材料约 24 万 t，年产值约 10 亿元，我国的塑料包装工业进入了蓬勃发展的新时期。

塑料与纸、玻璃、金属等其他主要包装材料相比，有以下特性：①重量轻，透明性好；②成型加工性好；③化学稳定性好；④有适宜的机械强度；⑤有一定的透气和阻隔性能；⑥相对卫生安全；⑦价格较便宜。

一、塑料的组成

塑料是以聚合物树脂为基础，加入某些助剂或填料，通过一定的工艺加工而成，工业生产过程示意图见图 3－1。

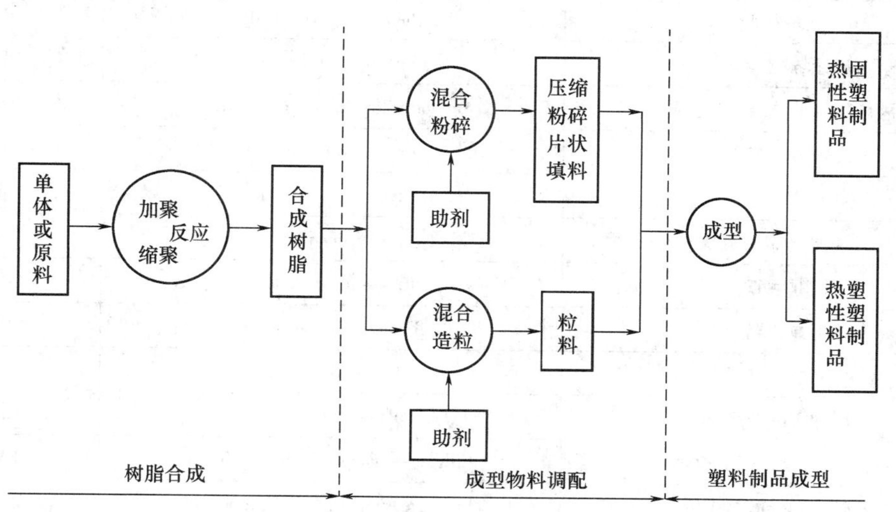

图 3－1 塑料工业生产过程示意图

（一）聚合物树脂

聚合物树脂是塑料的基本成分，它可以是天然的或合成的，树脂在塑料中约占 40%～100%，决定了塑料的基本性能。

目前，塑料包装工业使用的聚合物树脂有数十种（见表 3－1），而且对于一种聚合物来说，因合成方法不同而使其性能不完全一致，即有许多不同的品级，以满足各种制品的性能要求。

表 3－1　常用聚合物树脂种类

名称	英文名称	缩写
聚乙烯	Polyethylene	PE
聚丙烯	Polypropylene	PP
聚苯乙烯	Polystyrene	PS
聚酰胺（尼龙）	Polyamide	PA
聚丙烯腈	Polyacrylonitrile	PAN
聚碳酸酯	Polycarbonate	PC
聚对苯二甲酸乙二醇酯（聚酯）	poly（ethylene terephthalate）	PET
聚氨酯	Polyurethane	PU
聚四氟乙烯	Polytetrafluoroethylene	PTFE
聚乙烯醇	Poly（vinyl alcohol）	PVA
聚氯乙烯	Poly（vinyl chloride）	PVC
聚偏二氯乙烯	Poly（vinylidene chloride）	PVDC
聚乙烯缩丁醛	Poly（vinyl butyral）	PVB
聚醋酸乙烯酯	Poly（vinyl acetate）	PVAC
酚醛树脂	Phenol－formaldehyde	PF
聚氟乙烯	polyvinyl fluoride	PFE
丙烯腈－丁二烯－苯乙烯	Acrylonitrile－butadiene－styrene	ABS
丙烯腈－苯乙烯	Acrylonitrile－styrene	AS
聚苯烯－丁二烯	Styrene－butadiene	SB
硅树脂（聚硅氧烷）	Silicone	SI
脲甲醛	Urea－formaldehyde	UF
不饱和聚酯	Unsaturated polyester	UP
醋酸纤维素	Cellulose acetate	CA
醋酸丁酸纤维素	Cellulose acetate butyrate	CAB
乙烯－醋酸乙烯共聚物	Ethylene－vinyl acetate copolymer	EVA
乙烯－乙烯醇共聚物	Ethylene－vinyl alcohol copolymer	EVOH（EVAL）
环氧树脂	Epoxy resin	EP

（二）常用助剂

单纯的聚合物树脂可能存在某些缺陷，助剂的加入可以在一定程度上弥补其缺陷，同时能赋予制品某些特性，扩大其使用范围。比如聚丙烯树脂易受氧的作用老化，用纯聚丙烯树脂加工的薄片在150℃的空气中仅半小时便会脆化，但是加入少量的抗氧化剂后，在同一条件下可经受2000h以上的老化试验；纯聚氯乙烯树脂在成型温度下很容易分解，加入热稳定剂后能很好地解决这个问题。因此助剂已成为塑料组成中不可缺少的部分，各类塑料或多或少都加入了各类助剂。

塑料助剂种类远远多于树脂本身，已经成为一类品目繁多的化工产品。大多单一助剂在实际使用中用量较少，一般只占聚合物树脂的千分之几至百分之几，但其起到的作用却是显而易见的，加入助剂的作用主要有：改善成型工艺性能、改善制品使用性能及降低成本。

常用塑料助剂的类型及改性功能见表3－2。

表3－2　常用助剂类型及功能

助剂类型	功能
增塑剂、发泡剂等	柔软化、轻量化
抗氧剂、热稳定剂、光稳定剂、防霉剂等	稳定化
润滑剂、增塑剂、热稳定剂、脱模剂等	改善加工性能
增强剂、填充剂、偶联剂、抗冲击改性剂、交联剂等	改善机械性能
抗静电剂、防雾化剂、着色剂等	改善外观及表面性能
阻燃剂	改善阻燃性能

以下对塑料助剂作简要介绍。

1. 增塑剂

（1）作用

塑料中添加增塑剂有三个主要作用：降低加工温度；阻止聚合物分解；改善加工性能、赋予产品柔韧性、改善成型时的流动性。增塑剂通常是一类对热和化学试剂都很稳定的有机物，大多数是高沸点、低挥发度的液体，少数则是熔点较低的固体，而且至少在一定范围内能与聚合物相容，混合后不会离析。

（2）增塑机理

增塑剂的增塑机理一般认为是由于增塑剂使聚合物分子链间聚集作用削弱而造成的。聚合物的大分子链由于互相吸引使它们彼此聚集在一起，这种吸引力的大小主要取决于大分子链极性的大小。一些聚乙烯、聚丙烯等非极性聚合物其大分子间的吸引力较弱，因而容易加工，但对于极性聚合物，如聚氯乙烯、聚偏二氯乙烯等，由于大分子链上存在大量极性氯原子，分子间作用力很强，使大分子链运动困难，难于加工，因此需要加入增塑剂降低聚合物大分子间的作用力，使其易于加工并增加产品柔软性。

（3）种类

增塑剂的种类很多，目前世界上已有1000多种，常用的品种也超过200种，其中，邻苯二甲酸酯类增塑剂凭借其相容性好、性能全面、价格便宜等优势成为了最常用的主增塑剂，约占增塑剂总产量的80%。

常用增塑剂见表3-3。

表3-3　常用增塑剂的名称、特点及用途

名称	简称	优点	缺点	用途
①邻苯二甲酸酯类：				
邻苯二甲酸二辛酯	DOP	性能全面	—	通用型
邻苯二甲酸二甲酯	DMP	相容性良	挥发性	醋酸纤维素
邻苯二甲酸二丁酯	DBP	相容性良、加工性良、塑化效率高	—	通用型
邻苯二甲酸二环己酯	DCHP	耐久、光热稳定性良	柔软性、耐寒性	包装材料
丁基邻苯二甲酰基甘醇酸丁酯	BPBG	无毒、无臭、相容性良	价高	食品包装
②脂肪族二元酸酯：				
癸二酸二丁酯	DBS	耐寒、无毒	相容性、耐油性	耐寒辅助增塑剂、食品包装
③脂肪酸酯：				
乙酰蓖麻酸甲酯	MAR	耐寒、无毒	相容性	辅助增塑剂、丙烯酸树脂
柠檬酸三丁酯	TBC	无毒、耐光、耐寒、耐菌	价高	食品包装
乙酰柠檬酸三丁酯	ATBC	无毒、低吸湿性、耐水	价高	食品包装

（4）增塑剂的安全性

2011年5月，中国台湾地区爆发“塑化剂”（台湾称谓，即增塑剂）食品安全事件，食品生产企业在饮料中违禁添加塑化剂，引发了社会大众对于增塑剂安全的普遍担忧，在经历长时期或在高温、油脂条件下，增塑剂有渗出的倾向，它们会从塑料的一部分迁移到另一部分，例如聚氯乙烯与聚苯乙烯接触时，会从前者迁移至后者。增塑剂也会由溶剂或相当溶剂作用的液态产品中抽出，树脂与增塑剂之间的关系会随温度而改变，某些塑料遇冷时会变硬和发脆。

增塑剂可以通过人们日常吸入、皮肤吸收和环境污染等多种途径进入人体内并损害健康，其中，邻苯二甲酸酯类塑化剂在人体和动物体内发挥着类似雌性激素的作用，长期接触会造成内分泌失调，影响生物体生殖机能，造成流产、天生缺陷，对男性的影响相对更大，可使男性精子数量减少、形态异常、睾丸损害，严重时可能会引发恶性肿瘤、造成畸形儿。

（5）国内外限用情况

增塑剂毒性问题已经引发国际社会的广泛关注，专家学者对食品塑料包装中增塑剂的迁移开展了广泛深入的研究，世界各国出台了多个限制法规，如：欧盟REACH法规1907/2006、美国消费品安全改进法（CPSIA）、加州65提案、加利福尼亚州议会法案1108、澳大利亚政府消费者保护公告2010年第6号文等。

我国则在国家标准GB 9685—2008《食品容器、包装材料用添加剂使用卫生标准》中明确规定了各类增塑剂的使用范围、最大使用量、特定迁移量或最大残留量。主要的几种邻苯二甲酸酯类塑化剂限用情况见表 3 - 4。

表 3 - 4 主要邻苯二甲酸酯类塑化剂在食品包装中限用情况

名称	使用范围	最大使用量/ %	特定迁移量或最大残留量/（mg/kg）	备注
邻苯二甲酸二（α - 乙基己酯）DHEP	塑料	PE，PP，PS，AS，ABS，PA，PET，PC，PVC：按生产需要适量使用	1.5（特定迁移量）	仅用于接触非脂肪性食品的材料，不得用于接触婴幼儿食品用的材料
	涂料	按生产需要适量使用		
	橡胶	按生产需要适量使用		
	黏合剂	按生产需要适量使用		
邻苯二甲酸二甲酯 DMP	塑料	PP，PE，PS：3.0	—	仅用于接触非脂肪性食品的材料，不得用于接触婴幼儿食品用的材料
	黏合剂	按生产需要适量使用		
邻苯二甲酸二烯丙酯 DAP	塑料	PE，PP，AS，PS，ABS，PC，PA，PVDC，PET，PVC，UP：按生产需要适量使用	不得检出（特定迁移量，检出限 0.01 mg/kg）	仅用于接触非脂肪性食品的材料，不得用于接触婴幼儿食品用的材料
	黏合剂	按生产需要适量使用		
	纸	按生产需要适量使用		
邻苯二甲酸二异丁酯 DIBP	塑料	PVC：10.0	—	仅用于接触非脂肪性食品的材料，不得用于接触婴幼儿食品用的材料
	涂料	按生产需要适量使用		
	橡胶	按生产需要适量使用		
	黏合剂	按生产需要适量使用		
邻苯二甲酸二异壬酯 DINP	塑料	PE，PP，AS，PS，ABS，PC，PA，PVDC，PET，PVC，UP：按生产需要适量使用	9.0（特定迁移量）	仅用于接触非脂肪性食品的材料，不得用于接触婴幼儿食品用的材料
邻苯二甲酸二异辛酯 DIOP	塑料	PE，PP，PS，AS，ABS，PA，PET，PC，PVC，PVDC：40.0	—	仅用于接触非脂肪性食品的材料，不得用于接触婴幼儿食品用的材料；用于瓶垫时最大使用量为 50%
	橡胶	40.0		仅用于接触非脂肪性食品的材料，不得用于接触婴幼儿食品用的材料

续表

名称	使用范围	最大使用量/ %	特定迁移量或最大残留量/（mg/kg）	备注
邻苯二甲酸二正丁酯 DBP	塑料	PE，PP，PS，AS，ABS，PA，PET，PC，PVC，PVDC ：10	0.3（特定迁移量）	仅用于接触非脂肪性食品的材料，不得用于接触婴幼儿食品用的材料
	橡胶	10.0		
	黏合剂	按生产需要适量使用		

2. 稳定剂

稳定剂的作用是为了提高树脂的抗老化性能。在树脂中加入稳定剂能有效阻止或减缓聚合物因外界因素，如光、热、氧、微生物、高能辐射和机械疲劳等所引起的破坏作用。按所发挥的作用，稳定剂分以下三类。

（1）抗氧剂

抗氧剂是一类化学物质，在聚合物中添加入少量抗氧剂（通常小于2%），就能抑制或延缓聚合物在正常或较高温度下的氧化。易氧化而添加抗氧剂的聚合物有：聚乙烯、聚丙烯、聚氯乙烯、聚酰胺、聚苯乙烯、丙烯腈－丁二烯－苯乙烯等。

在常用抗氧剂中，主体是酚类和胺类，其耗用量约占总消耗量的90%。

（2）光稳定剂

凡是能抑制光老化的物质都称之为光稳定剂。各类高分子材料，特别是无色透明制品在使用过程中由于日光照射（主要是紫外线）的影响，会发生氧化反应导致聚合物降解，造成制品外观和物理性能变差。在聚合物树脂中加入少量光稳定剂（通常为0.01%～0.5%）能有效延长制品的使用寿命。

按作用机理大致可分为四类：

①光屏蔽剂：如氧化锌、炭黑、无机染料等；

②紫外线吸收剂：如二苯甲酮、苯并三唑类等；

③猝灭剂：如镍的有机络合物等；

④自由基捕获剂：如哌啶衍生物等。

此外，光稳定剂的毒性问题应当予以考虑。

（3）热稳定剂

为防止塑料在加工和使用过程中由于受热而引起降解所加入的助剂称为热稳定剂。目前研究和应用主要集中于聚氯乙烯及其他含氯聚合物的热稳定剂，广泛使用的热稳定剂包括以下四类。

①盐基性铅盐类：带有PbO（盐基）的无机酸或有机酸的盐类，此类热稳定剂长期耐热性能良好，缺点是使制品不透明，有毒性，易受硫化污染等，主要用于不透明制品，通常与金属皂类并用，改善润滑性。

②金属皂类：主要是硬脂酸和月桂酸的镉、钡、铅、钙、镁等二价金属盐，金属皂类有良好的热稳定性，并具有润滑作用，但铅、镉存在毒性，有硫化污染，使用量逐渐减少，金属皂类不单独使用，而是几种皂或与其他稳定剂并用，主要用于各种软质透明或半透明制品。

③有机锡化合物：一般为带有两个烷基的有机酸或硫醇的锡盐，该类稳定剂属高效热稳定剂，且具有很好的透明性，加工性能优良，能耐硫化污染，缺点是需要较多的润滑剂，是聚氯乙烯主要的热稳定剂之一。

④辅助稳定剂：主要为环氧化合物和有机亚磷酸酯，此类稳定剂单独使用稳定性很差，但与其他稳定剂并用时，可产生很好的协同效应，能减少稳定剂的用量，广泛用于软质聚氯乙烯透明制品。

食品包装应优先选用有机锡等毒性相对较低的稳定剂。

3. 润滑剂

润滑剂的作用是改善塑料熔体的流动性，减少或避免熔体对设备的摩擦和粘附以及改善制品表面光洁度等。

润滑剂习惯上分内润滑剂和外润滑剂两种，内润滑剂在聚合物中具有有限的相容性，外润滑剂与聚合物仅有很低的相容性，仅存在于塑料熔体表层，一些润滑剂兼有内润滑和外润滑两种作用，如硬脂酸钙（$C_{17}H_{35}COOCaOCOC_{17}H_{35}$）等。

目前常用的润滑剂包括液体石蜡、聚乙烯蜡（相对分子质量 1500 ~ 2500 的聚乙烯）、硬脂酸及硬脂酸盐。

润滑剂的用量通常在 1% 以下。

4. 着色剂

聚合物树脂本身大多是无色的，凡使聚合物树脂着色的物质都称为着色剂或色料。

着色剂分为染料和颜料两类，颜料以微粒状态着色，染料呈分子状态着色，塑料产品大多采用颜料着色，颜料又分为无机颜料和有机颜料两种。

此外，还有赋予塑料特殊光学效应的颜料，如金属颜料、珠光颜料、磷光颜料、荧光颜料等。

5. 填充剂与增强剂

填充剂又称填料，主要作用是增加制品体积，降低成本，部分填充剂还有改善塑料成型加工性能、提高制品尺寸稳定性、耐热性、耐气候性等作用。增强剂的主要作用是使聚合物机械强度得到显著提高。

填充剂种类较多，按化学成分不同分为无机类和有机类两种；按来源不同可分为矿物填充剂、植物填充剂和合成填充剂；按外观可分为粉状、粒状、纤维状、中空微球等。

目前常用的填充剂包括碳酸钙、陶土、硫酸钡、石膏粉、滑石粉、石棉粉等，食品包装中主要使用碳酸钙及滑石粉等。

在塑料包装制品中加入填充剂或增强剂后带来一些问题，如粉状填充剂常使塑料抗张强度、抗撕裂强度和耐低温性能下降，加入量大时使加工性能变差，制品表面光泽度降低，更为普遍是在检测中出现蒸发残渣项目明显超标，故应合理的选用品种、规格和加入量，一般应在塑料组成的40%以下。

6. 其他助剂

根据加工或使用要求，在塑料中还可加入抗静电剂、助燃剂、发泡剂、防雾剂、爽滑剂、化学交联剂等。

塑料的各类助剂与聚合物树脂应有良好的相容性和稳定性，同时不发生相互影响。

除少数聚合物树脂本身存在单体残留（如聚氯乙烯）等安全问题外，食品包装用塑料制品的毒害成分大多来自添加的各类助剂，因此，对于用于食品包装的各类助剂还应具有无味、无臭、无毒、不溶出等特性，以免影响食品的风味、品质和食用安全性。

二、常用塑料概述

（一）聚乙烯（PE）

聚乙烯是全球产量最大的塑料品种，也是用量最大的塑料包装材料，其消耗量约占塑料包装材料的30%。

聚乙烯是由乙烯单体聚合得到的高分子化合物的总称，分子式为：

$$\left[CH_2—CH_2 \right]_n$$

聚乙烯为乳白色半透明或不透明的蜡状固体，无臭、无毒。大分子链呈线性结构，柔顺性好，易结晶，是一种韧性材料。

根据聚合方法不同，聚乙烯可分为高压法、中压法和低压法三种，其主要产品有：低密度聚乙烯（LDPE）、中密度聚乙烯（MDPE）、高密度聚乙烯（HDPE）、线性低密度聚乙烯（LLDPE）、超高分子量聚乙烯（UHMW－PE）。不同品种聚乙烯在性能上存在共性，也有特性。

1. 低密度聚乙烯（LDPE）

通常采用高压法生产，故又称高压聚乙烯。LDPE 支链多、结晶度低、密度小（0.910～0.925），具有较好的透明性、柔软性及延伸率，但其机械强度较低，耐热温度不高，阻隔性能、耐化学药品性能不及高密度聚乙烯，遇油脂容易溶胀，使制品发黏，故其不适合包装油脂类食品及风味食品。因LDPE加工性能好，且成本较低，在食品包装中被广泛用于制成薄膜包装要求不高的食品，如保鲜包装、冷冻包装。由于其热封温度低，被广泛用于复合包装材料的内层。

2. 中密度聚乙烯（MDPE）

密度0.926～0.940的聚乙烯，制造方法可采用高、低密度聚乙烯混合而成，也可采用低压法由乙烯与丙烯、丁烯等第二单体共聚，或采用高压法由乙烯与醋酸乙烯、丙烯酸等第二单体共聚，MDPE大分子中支链数较LDPE少，结晶度为70%～75%，材料坚硬，强度较高，具有良好的抗应力开裂性，适合制造包装瓶、桶等包装容器。

3. 高密度聚乙烯（HDPE）

主要采用低压法生产，又称低压聚乙烯。HDPE 是乙烯以齐格勒—纳塔型催化剂于 80℃ ~90℃，反应压力为 0.49MPa ~1.47MPa 条件下聚合制得。支链少，主链呈线性结构，结晶度高达 85% ~95%，密度达到 0.941 ~0.965。HDPE 具有较高的机械强度、硬度和耐热性，最高使用温度达到 120℃，但其透明性、柔韧性及加工性能相对较差。HDPE 适合制成瓶、罐、桶、箱等包装容器，以及对强度和耐热性能要求较高的包装薄膜。

4. 线性低密度聚乙烯（LLDPE）

由乙烯与 α - 烯烃（如丁烯、辛烯等）低压共聚制得，合成方法与 HDPE 基本相同，由于 LLDPE 分子结构接近于 HDPE 的线性结构，而密度（0.920 ~0.930）又与 LDPE 相近，故称线性低密度聚乙烯。LLDPE 兼有 LDPE 和 HDPE 的性能：机械强度、抗冲击性能优于 LDPE，与 HDPE 相近；透明度、硬度和加工性能在 LDPE 和 HDPE 之间；具有很好的热封性能；LLDPE 的伸长率和耐穿刺性能是聚乙烯中最好的。LLDPE 主要用于制作包装薄膜，其厚度可比 LDPE 减薄 20%。

5. 超高分子量聚乙烯（UHMW - PE）

UHMW - PE 是指相对分子质量在 70 万以上的高密度聚乙烯。合成方法与普通 HDPE 相似，密度在 0.930 ~0.964 之间，结晶度 80% ~85%。机械强度远高于 HDPE，具有很好的抗应力开裂性、抗高温蠕变性、耐磨性和抗疲劳性，但 UHMW - PE 熔体黏度很大，加工困难。主要用于制造大型包装容器，如桶、箱及特种薄膜等。

（二）聚丙烯（PP）

聚丙烯由丙烯单体聚合而成，分子结构式为：

$$\left[CH_2 - \underset{}{\overset{\displaystyle CH_3}{\overset{|}{CH}}} \right]_n$$

聚丙烯为白色蜡状固体，无味、无毒，外观与 PE 相似，但比 PE 更透明光亮。原料丙烯制造方法与乙烯基本相同，聚合工艺与 LDPE 相似。PP 大分子为线型结构，大分子的侧基 - CH3 无极性，它在主链上的分布影响分子的结晶性，侧基规则分布的大分子易于结晶，反之则不易于结晶，根据侧基分布的不同，分为等规立构聚丙烯（i - PP）、间规立构聚丙烯（m - PP）、无规立构聚丙烯（α - PP）三种。目前使用的 PP 产品大多为等规聚丙烯。

1. PP 的性能特点

（1）结晶度高、质轻、透明度好、光泽度高；

（2）具有优良的防潮性，但透气性一般（优于 PE）；

（3）耐热性好，可在100℃～120℃下长期使用，适合高温蒸煮；
（4）机械性能好，强度、硬度、刚性均优于PE，具有极好的耐弯曲疲劳强度；
（5）化学稳定性好，耐80℃以下的酸、碱、盐溶液及大多数有机溶剂；
（6）耐老化性差；
（7）卫生安全性高于PE。

2. PP在食品包装中的应用

（1）制成薄膜材料包装食品，可代替玻璃纸，耐水、阻湿、透明性、耐撕裂性好，装潢印刷比玻璃纸差，但成本可低40%左右；

（2）经拉伸定向处理，制得双向拉伸聚丙烯（BOPP）薄膜，其各种性能相对于未拉伸聚丙烯（CPP）薄膜都有明显提高，强度提高8倍，吸油率为其20%，适宜包装含油食品及作复合包装的外层材料；

（3）制成收缩薄膜，用于食品热收缩包装；
（4）经拉丝、圆织等工序制得各类编织袋；
（5）制成PP瓶、罐等食品包装容器。

（三）聚苯乙烯（PS）

PS是苯乙烯单体的聚合物，分子结构式为：

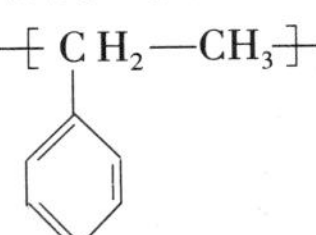

聚苯乙烯大分子主链上带有苯环侧基，所以大分子的柔顺性很低，由于大分子结构不规整，所以不易结晶，因此它是线型、无定型、弱极性高分子聚合物。

1. PS的性能特点

（1）极好的透明性，透光率达88%～92%，光泽性好，着色性和印刷性好；
（2）加工性能好，成型收缩率低，吸水率低；
（3）阻气、阻湿性能差；
（4）耐化学性能一般；
（5）性脆，耐冲击强度低，表面硬度小，易划痕磨毛；
（6）耐热性较差，连续使用温度为60℃～80℃；
（7）气密、防潮性不佳，耐油性差。

2. PS在食品包装中的应用

（1）制成透明塑料托、水果盘、刀、叉等食品用工具；
（2）制成PS薄膜用于食品收缩包装，制成PS片材用于热成型成半刚性容器；
（3）PS发泡制品用于保温和缓冲材料，如发泡餐盒等。

3. PS 的卫生安全性

苯乙烯树脂中残留苯乙烯单体及其他一些挥发性物质，单体有一定毒性，食品包装用 PS 制品应严格控制单体含量。

（四）聚氯乙烯（PVC）

聚氯乙烯塑料是由 PVC 树脂为主要原料，添加增塑剂、稳定剂等添加剂制得。PVC 分子结构式为：

$$\left[CH_2 - \underset{\underset{Cl}{|}}{CH} \right]_n$$

纯 PVC 是无色、透明、坚韧的树脂。大分子中 C－Cl 键有较强的极性，分子间作用力大，柔顺性差，不易结晶，介电常数和介电损耗较聚烯烃高。

PVC 树脂加工性能、耐气候性、塑性等都较差，故为了满足加工及制品性能要求，PVC 树脂中通常要加入多种助剂，以制得具有各种性能的 PVC 塑料制品，PVC 价格便宜，用途广泛。

1. PVC 的性能特点

PVC 具有较高的黏流化温度，成型加工困难，需加入增塑剂以改善成型加工性能。根据 PVC 中增塑剂加入量的多少，可分为硬质 PVC（增塑剂添加量小于 5%）和软质 PVC（增塑剂添加量在 30% ~40%）两类。硬质 PVC 机械性能优良，但低温下性脆，随增塑剂用量增加，PVC 可塑性、柔软性、伸长率、耐寒性、吸水性及成型收视率增大，而其密度、硬度、脆性、机械强度、耐热性、气密性及耐化学药品性等降低。

2. PVC 在食品包装中的应用

（1）制成 PVC 弹性拉伸薄膜或热收缩薄膜，用于生鲜果蔬等食品包装，如 PVC 保鲜膜等；

（2）PVC 片材经热成型制得薄壁容器；

（3）制成硬质包装容器、透明泡罩包装等。

3. PVC 的卫生安全性

（1）氯乙烯单体有毒，需控制单体残留，成型品要求氯乙烯单体≤1mg/kg。

（2）PVC 制品或多或少都含有一定的增塑剂，软质制品含量更高，需严格按照 GB 9685—2008 的要求添加，禁止超量、超范围添加。

（3）多项研究表明，在油脂及高温情况下会加速 PVC 制品中增塑剂、稳定剂、抗氧剂等助剂的溢出，因此，使用 PVC 制品包装食品时应特别注意使用环境。

（五）聚偏二氯乙烯（PVDC）

聚偏二氯乙烯商品名纱纶（Saran），是以偏二氯乙烯为主要成分，加入其他含不饱和双键的第二单体共聚而成的聚合物，PVDC 分子结构式为：

$$\left[CH_2 - \underset{Cl}{\overset{Cl}{\underset{|}{\overset{|}{C}}}} \right]_n$$

由于纯 PVDC 软化温度高（熔点 185℃ ~200℃），与热分解温度（210℃ ~225℃）差距小，并且其与一般增塑剂不相溶，故难以加工应用，均聚物一直无法工业化，市场上使用的聚偏二氯乙烯多为偏二氯乙烯（VDC）与氯乙烯（VC）的共聚物，其中 VDC 占 85% 以上，分子结构式为：

$$\left[(CH_2 - \underset{Cl}{\underset{|}{CH}})_x - (CH_2 - \underset{Cl}{\overset{Cl}{\underset{|}{\overset{|}{C}}}})_y \right]_n$$

PVDC 是一种略带黄绿色的强韧、透明材料，由于其在分子链中含有大量的极性氯原子，使分子间的吸引力大大增强，故相对密度高达 1.6 ~1.7。

1. PVDC 的性能特点

（1）对氧气、水蒸气等具有高阻隔性，且受温度影响不明显；

（2）防潮性好，保香性佳；

（3）耐高温及低温，适合高温蒸煮和冷藏食品；

（4）化学稳定性好，耐酸、碱及一般有机溶剂；

（5）阻燃性好；

（6）收缩温度低，收缩率高，非常适合用于制造收缩膜；

（7）缺点是：挺力差、抗老化性差。

2. PVDC 在食品包装中的应用

（1）制成 PVDC 收缩薄膜，包装香肠等肉制品；

（2）作为复合包装的阻隔层；

（3）作为涂层，涂覆于其他包装材料或容器的表面（K 涂层）。

3. PVDC 的卫生安全性

食品用 PVDC 制品应严格控制偏氯乙烯单体及氯乙烯单体的残留量，以食品包装中常见的 PVDC 片状肠衣膜为例，标准要求偏氯乙烯单体≤5mg/kg、氯乙烯单体≤0.5mg/kg。

聚偏二氯乙烯树脂中含有增塑剂及稳定剂等助剂，用于食品包装也应当重视其安全性能，注意助剂的选择。

（六）聚酰胺（PA）

聚酰胺商品名尼龙（Nylon，简称 NY），是一类主链上含有许多重复酰胺基团 $\left[\overset{O}{\overset{\|}{C}} - \overset{H}{\overset{|}{N}} \right]$ 的聚合物的总称。聚酰胺可由二元胺和二元酸通过缩聚反应制得，也

可由内酰胺通过自聚制得，品种多达几十种，常见的如尼龙 -6、尼龙 -66、尼龙 -610、尼龙 -1010 等，其中又以尼龙 -6、尼龙 -66 所占市场份额最大。

尼龙的通式有两种：

$$-[NH(CH_2)_m—NHCO—(CH_2)_{n-2}—CO]_x- \quad 尼龙\ mn$$

$$-[NH(CH_2)_{n-1}—CO]_x- \quad 尼龙\ n$$

从化学结构看，聚酰胺大分子是由酰胺基和亚甲基组成的线性大分子，酰胺基是一个极性吸水基团，亚甲基是一个非极性疏水基团，赋予大分子以柔性，尼龙大分子结构规整、易结晶。

1. PA 的性能特点

（1）机械强度较高、韧性较好，抗拉强度和抗冲击强度明显优于一般塑料，且抗冲击强度随含水量的增高而增大；

（2）耐磨性较好，摩擦系数低，不易积累静电；

（3）耐油性好，耐烃、醇、酯等有机溶剂和弱碱；

（4）熔点高，大多在 200℃以上，由于高温稳定性差，故易降解老化，使用温度一般低于 100℃，耐低温性能好，可在 -40℃环境中使用；

（5）不甚透明、燃烧时有羊毛烧焦气味；

（6）无味、无毒，卫生安全性较好；

（7）缺点是：吸水性强，透湿率大，吸水后出现溶胀，气密性下降，阻隔性能下降，影响尺寸稳定性。

2. PA 在食品包装中的应用

在食品包装中 PA 常用于制造尼龙薄膜，尤其适用于油腻食品的包装。为改善其吸湿后阻隔性下降的不足，常用尼龙薄膜与 LDPE、CPP、铝箔、镀铝膜等其他材质的薄膜复合作为复合材料使用。

（七）聚乙烯醇（PVA、PVAL 或 PVOH）

与其他塑料采用单体聚合的方式不同，PVA 不是由单体聚乙烯醇聚合而成，因为游离态的乙烯醇不稳定，易异构化为乙醛，因此 PVA 是通过聚醋酸乙烯酯在其碱性醇液中水解制得。PVA 的分子结构式为：

$$-[CH_2—\underset{\displaystyle OH}{\underset{|}{CH}}]_n-$$

PVA 树脂一般为白色或奶黄色粉末，其性质与母体聚醋酸乙烯酯的结构和水解程度有关，PVA 是高极性、高结晶性高分子化合物，相对密度为 1.27 ~ 1.34。

1. PVA 的性能特点

（1）具有极好的气密性和保香性，对气体、有机化学试剂蒸汽的透过率极低，在干燥状态下甚至好于 PVDC，是一种高阻隔材料；

（2）较好的机械性能和耐应力开裂性，抗拉强度好、延展率高；

（3）耐化学药品性及耐油性好；

（4）耐高温性能好，耐低温性一般；

（5）印刷性能好，透明性及光泽度均较好且不易积累静电；

（6）缺点是：吸水性强，可达 30% ~50%，吸水后其气密性、保香性及机械强度明显下降，透湿率大，为 PE 的 5 ~10 倍。

2. PVA 在食品包装中的应用

（1）PVA 常以薄膜的形式用于食品包装，适合包装要求较高的油脂食品及风味类食品，但因其高吸湿性的缺点，常与其他材料复合，用作复合包装的阻隔层，发挥其阻气、保香性能优异的特点。

（2）作为开发最成功的绿色、环保材料之一，水溶性 PVA 膜在世界范围得到越来越广泛的应用，除食品包装外，还广泛用于农药、化肥、染料、化学试剂、消毒药品、矿物添加剂、混凝土添加剂等。

（八）聚酯（PET）

聚酯是一大类主链上含有酯基的聚合物的总称，用不同类型的二元酸和二元醇可以合成多种聚酯。包装工业中用的最多的是聚对苯二甲酸乙二醇酯（PET）和聚对苯二甲酸丁二醇酯（PBT）两种，其中 PET 即通常所说的聚酯，俗称涤纶，分子结构式为：

$$\left[-\underset{\underset{O}{\|}}{C}-\mathrm{C_6H_4}-\underset{\underset{O}{\|}}{C}-OCH_2CH_2-O-\right]_n$$

PET 原料由对苯二甲酸与乙二醇经酯化反应制得，聚合方式有均聚和共聚两种。PET 是一种无色透明、非常坚韧的高结晶性聚合物，相对密度为 1.30 ~1.38，熔点 255℃ ~265℃，其机械强度、韧性和透明度均优良。

1. PET 的性能特点

（1）具有高强韧性，其薄膜抗拉强度约为聚乙烯的 5 ~10 倍，为尼龙和聚碳酸酯的 3 倍，并具有良好的刚性、硬度、耐磨性和耐蠕变性；

（2）透明性好、光泽度高、适印性能良好；

（3）耐高、低温性能良好，温度适用范围 -70℃ ~150℃，且高低温环境条件下具有良好的尺寸稳定性和物理机械性能；

（4）化学稳定性良好，耐弱酸、弱碱及一般有机溶剂；

（5）良好的阻气、阻水、阻油、保香性能；

（6）缺点是：对热水及碱液敏感，在热水中蒸煮易降解，强酸和卤代烃等对其有侵蚀作用，易带静电，加工性能一般。

2. PET 在食品包装中的应用

（1）PET 常以薄膜型式与其他材料复合后使用，适用于蒸煮食品、冷冻食品、高油脂类食品的包装；

（2）制成 PET 瓶、PET 托盘等塑料容器，广泛用于矿泉水、饮料、食用油等食品的包装。

（3）PET 的卫生安全性。PET 本身并无毒性，其产品的不安全性主要来自于以下几个方面：

①恶劣环境条件：PET 具有良好的化学稳定性，但遇到浓酸浓碱及某些氯化烃时表现出不稳定，此外，酮类、醚类、酯类、卤化烃类化合物会破坏 PET 的分子结构。

②乙醛（CH_3CHO）：PET 易吸湿，储存及制造过程均需干燥，其未处理彻底的残留量可致 PET 瓶释放乙醛，此外，高温条件下 PET 发生热降解反应亦会分解出乙醛。PET 瓶包装饮料时，若乙醛浓度偏高，直观变化是影响口感。乙醛是一种具有刺激性和遗传毒性的致癌物，一般毒性主要表现为眼和上呼吸道刺激症状，吸入高浓度的乙醛则会引起窒息，甚至呼吸麻痹而死亡，浓度较低时，对心血管系统也有影响，表现为心动过速、心肌收缩力增强和高血压。

③重金属：与其他塑料一样，PET 合成时会使用相关助剂改善材料性能，例如，目前国内普遍采用锑化合物作催化剂、助燃剂，其中以三氧化二锑（Sb_2O_3）使用最为广泛，其对人体的危害主要为破坏物质代谢，损害肝脏、心脏及神经系统，锑引起中毒性肝损害较为常见；部分助剂含铅成分，铅中毒会影响人体多个脏器，对造血、肾脏、内分泌、神经等多个系统产生危害。

④PET 塑料容器并不能耐高温，一般认为在 70℃ 以下使用是安全的，此外，PET 塑料瓶正常情况下都是一次性使用的，不能回收、重复灌装使用，因此不建议消费者使用 PET 塑料容器灌装热水或多次重复使用同一只 PET 塑料容器。

（九）聚碳酸酯（PC）

聚碳酸酯是主链中含有碳酸酯基的一类聚合物，根据 R 基种类不同，可分为脂肪族、脂环族、芳香族、脂肪—芳香族聚碳酸酯，目前我国应用最广的是双酚 A 型芳香族聚碳酸酯，工业化生产方法有酯交换法和光气法两种，其分子结构式为：

$$H\!-\!\!\left[O-\underset{\underset{O}{\|}}{C}-O-\bigcirc\!\!\!\!\!\!\!\!-\overset{\overset{CH_3}{|}}{\underset{\underset{CH_3}{|}}{C}}-\bigcirc\!\!\!\!\!\!\!\!\right]_n\!-O-H$$

从分子结构式可以看出，PC 具有规整的结构，大分子能够结晶，但实际上 PC 的结晶度很低，基本属于无定形聚合物。

PC 是一种无色透明或淡黄色透明的的材料，外观类似有机玻璃；性能类似聚酯，强硬且坚韧，是一种理想的蒸煮或冷冻食品包装材料。

1. PC 的性能特点

（1）极好的透明度和光泽性，透明度达 88% 以上，折光率约为 1.58；

（2）机械强度好，冲击韧性突出，是热塑性塑料中最高的；

（3）良好的气密性和防潮性；

（4）优良的耐热性和耐寒性，热变形温度达130℃，脆化温度为-100℃，

（5）适应性能好，易金属蒸镀；

（6）缺点是：制品易产生内应力，出现应力开裂；耐疲劳强度较差；不耐碱、胺、酮、酯、芳香烃，在许多有机溶剂或蒸汽中溶胀；其薄膜易在热封部位强度降低并起泡。

2. PC在食品包装中的应用

（1）制成PC薄膜；

（2）经注塑或吹塑等工艺制成瓶、罐、盒等各类食品包装容器，如：PC口杯和PC奶瓶、PC饮水桶等。

（3）PC的卫生安全性。近年来，PC材质的婴儿奶瓶因为含有双酚A而备受争议，理论上，只要在制作PC的过程中，双酚A百分百转化成塑料结构，便表示制品完全没有双酚A，更谈不上释出。但是，若有少量双酚A没有转化成PC的塑料结构，则存在释出而进入食物或饮品中的可能。

双酚A属低毒性化合物，是一种典型的环境内分泌干扰物，可能会发挥类似雌激素的作用，扰乱人体新陈代谢，对婴幼儿大脑和性器官造成损伤，引发某些疾病，如可能诱发雌性早熟、精子数下降、肥胖、生殖健康风险等。因而，正在成长发育的婴童更应远离双酚A。

目前欧美多个国家和地区已全面禁止含有双酚A的塑料制品用于制造婴儿奶瓶，我国也于2011年6月1日起禁止双酚A用于婴儿食品容器生产和进口；2011年9月1日起，禁止销售含双酚A的婴幼儿食品容器。

（十）乙烯—醋酸乙烯共聚物（EVA）

EVA由乙烯和醋酸乙烯共聚制得，其分子结构式为：

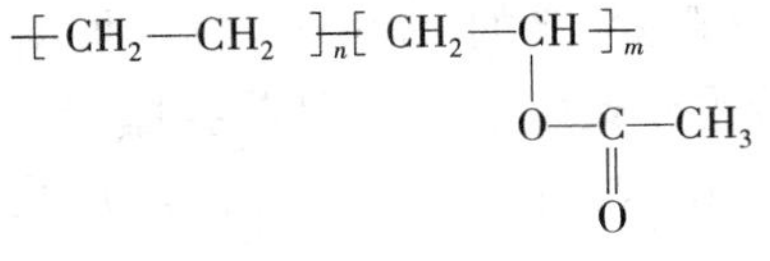

$$\left[CH_2-CH_2 \right]_n \left[CH_2-\underset{\underset{\overset{\|}{O}}{O-C-CH_3}}{\underset{|}{CH}} \right]_m$$

1. EVA的性能特点

（1）EVA的性能取决于VA的分子量及在共聚物种的含量；

（2）VA含量低，则接近于PE的性能；

（3）VA含量小于10%，刚性较好，成型加工性、耐冲击性好；

（4）含量大于30%时，具有橡胶弹性；

（5）大于60%时，便成为热熔粘合剂；

（6）缺点是：阻透性LDPE差，抗老化性好，透明光泽，加工性好，可热封，抗霉菌生长，卫生安全。

2. EVA 在食品包装中的应用

（1）作为复合包装的内层材料；

（2）含 VA 量少的 EVA 薄膜可作呼吸膜包装新鲜果蔬；

（3）VA 含量 10% ~30% 的 EVA 可用作食品弹性裹包或收缩包装。

（十一）乙烯—乙烯醇共聚物（EVOH）

EVOH 是由母体聚合物 EVA 经高分子反应制得，是一种高阻隔性材料，日本用 EVAL 表示该物质，其分子结构式为：

$$\left[CH_2 - CH_2 \right]_n \left[CH_2 - \underset{\displaystyle OH}{\underset{|}{CH}} \right]_m$$

1. EVOH 的性能特点

（1）EVOH 与其组分密切相关；

（2）对一般气体，如氧气、二氧化碳、氮气等具有高阻隔性；

（3）极好的保香、阻异味性能；

（4）优异的耐油和耐有机溶剂性能；

（5）缺点是：分子结构中含较多羟基，吸水，对湿度敏感，当相对湿度大于 80% 时，其对气体的阻隔性能大大下降；此外，价格较高。

2. EVOH 在食品包装中的应用

与阻湿性能好的聚烯烃类薄膜复合，作为复合材料的中间阻隔层。

（十二）离子聚合物塑料

离子聚合物是一种以离子键交联大分子的高分子化合物，目前使用的是乙烯和甲基丙烯酸共聚物引入钠或锌离子进行交联而成的产品，商品名为萨林。离子键交联大分子的结合形式与热固性树脂的分子交联不同，金属离子形成的交联键在加热时可离解，在低温时又交联，所以它是一种热塑性塑料。

1. 离子聚合物塑料性能特点

（1）阻气性好，阻湿性低于 PE，且吸水；

（2）耐酸碱和油脂，抗拉强度高，韧性强弹性高；

（3）透明透光，耐低温，成型加工性好；

（4）热封温度低、范围宽，印刷适应性好；

（5）无臭无味无毒。

2. 离子聚合物塑料在食品包装中的应用

离子聚合物薄膜适合用于形状复杂或带棱角的包装，特别适于包装高油脂食品。它可作普通裹包、弹性裹包和收缩包装，也可作复合材料的热封层。

三、塑料材质及其典型产品

塑料材质及其典型产品见表3－5。

表3－5　塑料材质及其典型产品

塑料材质	典型产品
聚乙烯	聚乙烯保鲜膜、商品零售包装袋、聚乙烯吹塑薄膜、夹链自封袋、复合膜袋（内层LDPE）、聚乙烯吹塑桶、软塑折叠包装容器、聚乙烯瓶、聚乙烯瓶盖
聚丙烯	双向拉伸聚丙烯薄膜、聚丙烯吹塑薄膜、聚丙烯镀铝膜、复合膜袋（内层CPP）、聚丙烯片材、塑料编织袋、聚丙烯瓶、聚丙烯瓶盖
聚苯乙烯	BOPS片材、聚苯乙烯瓶、聚苯乙烯盖、聚苯乙烯盒
聚氯乙烯	聚氯乙烯硬片（膜）、聚氯乙烯保鲜膜
聚偏二氯乙烯	食品包装用聚偏二氯乙烯（PVDC）片状肠衣膜、聚偏二氯乙烯保鲜膜
聚乙烯醇	聚乙烯醇薄膜
聚酰胺（尼龙）	尼龙薄膜、复合膜袋
聚对苯二甲酸乙二醇酯	包装用双向拉伸聚酯薄膜、聚酯镀铝膜、复合膜袋、聚对苯二甲酸乙二醇酯（PET）碳酸饮料瓶、聚酯（PET）无汽饮料瓶、热罐装用聚对苯二甲酸乙二醇酯（PET）瓶、PET瓶坯、PET饮水桶、PET奶瓶
聚碳酸酯	聚碳酸酯（PC）饮用水罐、PC奶瓶、PC水杯（壶）
三聚氰胺－甲醛	密胺塑料餐具
丙烯腈－丁二烯－苯乙烯共聚物	塑料器皿

第二节　食品用塑料包装材料和制品标准及法规

一、我国食品用塑料包装材料和制品标准及法规

我国食品包装材料及制品卫生监管工作可追溯至20世纪60年代，1972年国务院批准、国家计委和卫生部等11个部委颁布的《关于防止食品污染的决定》中，食品包装材料及制品被列入引起食品污染的原因之一。1982年颁布的《中华人民共和国食品卫生法（试行）》和1995年颁布的《中华人民共和国食品卫生法》都将食品包装材料及制品的卫生管理纳入监管范围。1984年，卫生部制定了一系列食品包装材料及制品的卫生标准，此后我国又相继制定、修订了许多有关食品包装的标准及法规，然而由于历史和科学技术的原因，我国对食品包装的管理相对滞后，尤其是近年来，随着包装产业的快速发展，市场上不断涌现新材料、新产品，我国的食品包装材料及制品标准及法规修缮之路任重而道远。

我国食品用塑料包装的产品标准自2008年以来有了大幅度的更新，且变更频率逐年加快，但是卫生标准基本没有重新制修订，其中，主要的几种食品用塑料包装材料树脂及成型品的卫生标准仍为1988年颁布及实施，此外，我国对于色母等食品用塑料常用助剂的标准制定相对滞后。

食品用塑料包装材料及制品产品标准见表3－6，食品用塑料成型品卫生标准见表3－7，食品用塑料包装及容器树脂原料卫生标准见表3－8，食品用塑料包装及容器添加剂卫生标准见表3－9。

（一）产品标准

表3－6　食品用塑料包装材料及制品产品标准

标准代号	标准名称
BB/T 0014—1999	夹链自封袋
QB/T 1125—2000	未拉伸聚乙烯、聚丙烯薄膜
QB 1128—1991	单向拉伸高密度聚乙烯薄膜
QB 1231—1991	液体包装用聚乙烯吹塑薄膜
QB 1257—1991	软聚氯乙烯吹塑薄膜
QB 1956—1994	聚丙烯吹塑薄膜
BB/T 0039—2006	商品零售包装袋
GB/T 16958—2008	包装用双向拉伸聚酯薄膜
GB/T 17030—2008	食品包装用聚偏二氯乙烯（PVDC）片状肠衣膜
GB/T 20218—2006	双向拉伸聚酰胺（尼龙）薄膜
BB/T 0002—2008	双向拉伸聚丙烯珠光薄膜
GB 10457—2009	食品用塑料自粘保鲜膜
GB/T 4456—2008	包装用聚乙烯吹塑薄膜
BB/T 0030—2004	包装用镀铝薄膜
GB/T 10003—2008	普通用途双向拉伸聚丙烯（BOPP）薄膜
QB/T 1871—1993	双向拉伸尼龙（BOPA）/低密度聚乙烯（LDPE）复合膜、袋
QB 2197—1996	榨菜包装用复合膜、袋
GB 18454—2001	液体食品无菌包装用复合袋
GB/T 10004—2008	包装用塑料复合膜、袋干法复合、挤出复合
GB/T 18706—2008	液体食品保鲜包装用纸基复合材料
GB/T 18192—2008	液体食品无菌包装用纸基复合材料
GB 19741—2005	液体食品包装用塑料复合膜、袋
QB/T 2471—2000	聚丙烯（PP）挤出片材
GB/T 16719—2008	双向拉伸聚苯乙烯（BOPS）片材

续表

标准代号	标准名称
GB/T 15267—1994	食品包装用聚氯乙烯硬片、膜
GB/T 8946—1998	塑料编织袋
GB/T 8947—1998	复合塑料编织袋
BB/T 0013—1999	软塑折叠包装容器
QB/T 1868—2004	聚对苯二甲酸乙二醇酯（PET）碳酸饮料瓶
QB 2357—1998	聚酯（PET 无汽饮料瓶）
QB 2460—1999	聚碳酸酯（PC）饮用水罐
QB/T 2665—2004	热灌装用聚对苯二甲酸乙二醇酯（PET）瓶
GB/T 17876—2010	包装容器 塑料防盗瓶盖
BB/T 0048—2007	组合式防伪瓶盖
GB 13508—1992	聚乙烯吹塑桶
QB/T 2933—2008	双层口杯
QB/T 1870—1993	塑料菜板
QB 1999—1994	密胺塑料餐具
GB 18006. 1—2009	塑料一次性餐饮具通用技术条件

（二）成型品卫生标准

表 3－7　食品用塑料成型品卫生标准

标准代号	标准名称
GB 9681—1988	食品包装用聚氯乙烯成型品卫生标准
GB 9683—1988	复合食品包装袋卫生标准
GB 9687—1988	食品包装用聚乙烯成型品卫生标准
GB 9688—1988	食品包装用聚丙烯成型品卫生标准
GB 9689—1988	食品包装用聚苯乙烯成型品卫生标准
GB 9690—2009	食品容器、包装材料用三聚氰胺－甲醛成型品卫生标准
GB 13113—1991	食品容器及包装材料用聚对苯二甲酸乙二醇酯成型品卫生标准
GB 16332—1996	食品包装材料用尼龙成型品卫生标准
GB 9690—2009	食品容器、包装材料用三聚氰胺－甲醛成型品卫生标准
GB 14942—1994	食品容器、包装材料用聚碳酸酯成型品卫生标准
GB 17326—1998	食品容器、包装材料用橡胶改性的丙烯腈－丁二烯－苯乙烯成型品卫生标准
GB 4806. 1—1994	食品用橡胶制品卫生标准
GB 4806. 2—1994	橡胶奶嘴卫生标准
GB 17327—1998	食品容器、包装材料用丙烯腈－苯乙烯成型品卫生标准

（三）树脂原料卫生标准

表 3-8 食品用塑料包装及容器树脂原料卫生标准

标准代号	标准名称
GB 9693—1988	食品包装用聚丙烯树脂卫生标准
GB 9692—1988	食品包装用聚苯乙烯树脂卫生标准
GB 9691—1988	食品包装用聚乙烯树脂卫生标准
GB 4803—1994	食品容器、包装材料用聚氯乙烯树脂卫生标准
GB 16331—1996	食品包装材料用尼龙 6 树脂卫生标准
GB 15204—1994	食品容器、包装材料同偏氯乙烯-氯乙烯共聚树脂卫生标准
GB 13114—1991	食品容器及包装材料用聚对苯二甲酸乙二醇脂树脂卫生标准
GB 13115—1991	食品容器及包装材料用不饱和聚酯树脂及其玻璃钢制品卫生标准
GB 13116—1991	食品容器及包装材料用聚碳酸树脂卫生标准
GB 14944—1994	食品包装用聚氯乙烯瓶盖垫片及粒料卫生标准

（四）添加剂使用卫生标准

表 3-9 食品用塑料包装及容器添加剂卫生标准

标准代号	标准名称
GB 9685—2008	食品容器、包装材料用添加剂使用卫生标准

二、欧盟与食品接触的塑料材料和制品的法规及指令

目前，欧盟已经颁布了数十部食品接触材料与制品相关的法规和指令，其中，管理最为成功的是对与食品接触的塑料包装材料的管理。

在欧盟众多的指令中，接触食品用塑料物质的指令（2002/72/EC）及其 7 次修正案是食品包装材料中最主要的法规，该指令规定与食品接触的塑料包装材料向食品迁移物质的总量不得超过一定限制，限制包括两部分内容，一是食品包装材料向食品中的迁移物质的总量（OML）的限制，二是对指定物质的特定迁移量（SML）的限制。该指令中对于迁移物质总量有明确规定：塑料包装材料向食品中的迁移物质的总量不得超过 10mg/dm^2，容量超过 500mL 的容器、食品接触表面积不易估算的容器、盖子、垫片、塞子等物品，迁移总量不得超过 60mg/kg（食物）。该指令适用于单层和多层结构的仅由塑料组成的制品，而由塑料与其他材料构成的多层制品并未包含在该指令中，此时可采用相关国家法规，一般而言，欧盟成员国要求制品的各层材料都应符合相关要求，而最终产品应符合欧盟框架法规的总体要求。

与食品接触的塑料材料和制品相关的法规及指令见表3－10。

表3－10　欧盟通过的与食品接触的塑料材料和制品的法规及指令

编号	内容	颁布日期	备注
78/142/EEC	理事会关于使各成员国含有氯乙烯单体且拟与食品接触的材料和制品的法律趋于一致的指令	1978.01.30	单独物质指令
80/766/EEC	理事会关于对拟与食品接触的材料和制品中氯乙烯单体含量实施官方控制的共同体检测方法	1980.07.08	单独物质指令
81/432/EEC	理事会关于材料和制品释放到食品中的氯乙烯实施官方控制的共同体检测方法	1981.04.29	单独物质指令
82/711/EEC	理事会关于与食品接触的塑料材料和制品中的组份迁移检测的基本规定	1982.10.18	特定材料指令
85/572/EEC	理事会关于与食品接触的塑料材料和制品中的组份迁移检测使用的模拟物清单指令	1985.12.19	特定材料指令
86/388/EEC	83/229/EEC的第一修正案	1983.04.25	特定材料指令
90/128/EEC	委员会关于食品接触塑料材料与制品单体、起始物质、添加剂的列表	1990.02.23	特定材料指令
92/15/EEC	83/229/EEC的第二修正案	1992.03.11	特定材料指令
93/39/EEC	90/128/EEC的第一修正案	1992.05.14	特定材料指令
93/8/EEC	82/711/EEC的第一修正案	1993.03.15	特定材料指令
93/9/EEC	90/128/EEC的第二修正案	1993.03.15	特定材料指令
93/11/EEC	委员会关于人造或天然橡胶奶嘴和橡皮假奶嘴中释放N－亚硝胺和N－亚硝可生成物（N－亚硝基类物质）的指令	1993.12.10	单独物质指令
95/3/EEC	90/128/EEC的第三修正案	1995.02.14	特定材料指令
96/11/EC	90/128/EEC的第四修正案	1996.03.05	特定材料指令
97/48/EEC	82/711/EEC的第二修正案	1997.07.29	特定材料指令
1999/91/EC	90/128/EEC的第五修正案	1999.11.23	特定材料指令
2001/62/EC	90/128/EEC的第六修正案	2001.08.09	特定材料指令
2002/17/EC	90/128/EEC的第七修正案	2002.02.21	特定材料指令
2002/72/EC	替代90/128/EEC	2002.08.06	特定材料指令
2004/1/EC	2002/72/EC的第一修正案	2004.01.06	特定材料指令
2004/19/EC	2002/72/EC的第二修正案	2004.03.01	特定材料指令
2005/79/EC	2002/72/EC的第三修正案	2005.12.18	特定材料指令
2007/19/EC	2002/72/EC的第三和85/572/EEC修正案	2007.04.02	特定材料指令
No. 372/2007	关于食品接触衬垫和盖子中增塑剂的迁移量法规	2007.04.02	特定材料指令

续表

编号	内容	颁布日期	备注
2008/39/EC	2002/72/EC 的第四修正案	2008. 03. 06	特定材料指令
No. 282/2008	拟与食品接触循环再利用塑料材料与制品法规和 No. 2023/2006 法规的修正案	2008. 03. 27	特定材料指令
No. 579/2008	No. 372/2007 修正案	2008. 06. 24	特定材料指令

第三节 食品用塑料包装材料及制品的检验方法

食品用塑料包装材料及制品的检验项目一般是由物理指标和卫生指标两部分组成。

一、食品用塑料包装材料及制品物理指标

食品用塑料包装材料及制品的物理指标测试内容较广泛，主要依据内容物的性质及需要确定。测试内容包括材料厚度、机械强度、光学性能、耐热耐寒性能、阻氧性能、透气性能、电性能、承载性能、耐压性能、跌落性能等。

（一）塑料包装材料及制品状态调节及试验标准环境（GB/T 2918—1998）

塑料包装材料及制品测试前，一般均需在标准环境中进行规定时间的状态调节，并在此环境中开展试验。标准环境的规定主要有两方面作用，一是统一规范实验室测试环境；二是使得各实验室出具的检测结果具有可比性，因此，实验环境的精确控制是十分必要的。

1. 原理

如果把试样暴露在规定的状态调节环境或温度中，那么试样与状态调节环境或温度之间即可达到可再现的温度和/或含湿量平衡的状态。

2. 标准环境

塑料包装材料及制品测试应使用表 3－11 中条件作为标准环境，标准环境有“加严”和“一般”两种不同等级，对应于温度和相对湿度的不同容差（即容许偏差）水平，见表 3－12。

表 3－11　标准环境

标准环境代号	空气温度/℃	相对湿度/%	备注
23/50	23	50	应该使用这种标准环境，除非另有规定
27/65	27	65	对于热带地区如各方商定，可以使用

注：表 3－7 中的数值适用于大气压强在 86kPa 和 106kPa 之间的一般海拔高度及空气循环速度≤1m/s 的场合。

表 3－12　标准环境两种等级

等级	温度容许偏差/℃	相对湿度容许偏差/%	
		23/50	27/65
1（加严）	±1	±5	±5
2（一般）	±2	±10	±10

注：通常容差是配合成对的，即 1 级容差或 2 级容差都是相对于温度和相对湿度两者而言的。

3. 试验步骤

（1）状态调节

状态调节周期应按照材料的相关标准执行。当相应标准未规定状态调节周期时，应采用下列周期：

①对于标准环境 23/50 和 27/65，不少于 88h；

②对于 18℃～28℃的室温，不少于 4h。

（2）试验

除非另有规定，状态调节后的试样应在与状态调节相同的环境或温度下进行试验。在任何情况下，试验都应在将试样从状态调节环境内取出后立即进行。

部分塑料包装产品标准环境及处理时间见表 3－13。

表 3－13　部分塑料包装产品标准环境及处理时间

产品及标准	标准环境	处理时间
CPE、CPP 薄膜　QB/T 1125—2000	(23±2)℃	≥4h
单向拉伸高密度聚乙烯薄膜　QB 1128—1991	(23±2)℃，常湿	≥4h
液体包装用聚乙烯吹塑薄膜　QB 1231—1991	(23±2)℃，常湿	≥1h
软聚氯乙烯吹塑薄膜　QB 1257—1991	(23±2)℃，常湿	≥4h
聚丙烯吹塑薄膜　QB 1956—1994	按 GB/T 2918 标准环境正常偏差范围	≥4h
商品零售包装袋　BB/T 0039—2006	(23±2)℃，(50±2)% RH	≥4h
包装用双向拉伸聚酯薄膜　GB/T 16958—2008	(23±2)℃，(50±10)% RH	≥8h
食品包装用 PVDC 片状肠衣膜 GB/T 17030—2008	按 GB/T 2918 标准环境正常偏差范围	≥4h
双向拉伸聚酰胺（尼龙）薄膜 GB/T 20218—2006	(23±2)℃，(50±10)% RH	≥4h
双向拉伸聚丙烯珠光薄膜　BB/T 0002—2008	(23±2)℃，(50±10)% RH	≥4h
食品用塑料自粘保鲜膜　GB 10457—2009	(23±2)℃	≥4h
包装用聚乙烯吹塑薄膜　GB/T 4456—2008	(23±2)℃	≥4h
包装用镀铝薄膜　BB/T 0030—2004	(23±2)℃，(50±10)% RH	≥4h
普通用途 BOPP 薄膜　GB/T 10003—2008	(23±2)℃，(50±10)% RH	≥4h

续表

产品及标准	标准环境	处理时间
BOPA/ LDPE 复合膜、袋 QB/T 1871—1993	(23 ±2)℃，(45 ~75)% RH	≥2h
榨菜包装用复合膜、袋 QB 2197—1996	(23 ±2)℃，(45 ~75)% RH	≥2h
包装用塑料复合膜、袋干法复合、挤出复合 GB/T 10004—2008	(23 ±2)℃，(50 ±10)% RH	≥4h
聚丙烯（PP）挤出片材 QB/T 2471—2000	(23 ±2)℃	≥8h
双向拉伸聚苯乙烯（BOPS）片材 GB/T 16719—2008	按 GB/T 2918 标准环境正常偏差范围	≥4h
食品包装用 PVC 硬片、膜 GB/T 15267—1994	按 GB/T 2918 标准环境正常偏差范围	≥4h

（二）厚度（GB/T 6672—2001）

1. 原理

采用机械测量法，测定塑料薄膜或薄片的样品厚度。

2. 仪器

（1）仪器的类型

厚度测量仪器测量面有平面型和凸面型（球型）两种，平面型测量面利于对被测试样均匀施力，而球凸面型测量面方便上测量点与下测量面平行，缺点是施加负荷无法精确控制，机械式测厚仪多数选择平面/平面型测量面。

厚度测量仪器应有一个表面为平面的下测量面，一个表面为平面或凸面的上测量面，所有测量面均应抛光。上下测量面为平面/平面时，每一测量面直径为 2.5mm ~ 10mm，下测量面应可调节，两平面不平行度小于 5μm，测量面对试样施加的负荷为 0.5N ~ 1.0N；上下测量面为凸面/平面时，上测量面曲率半径为 15mm ~ 50mm，下测量面直径不小于 5mm，测量面对试样施加的负荷为0.1N ~ 0.5N。

（2）仪器的选择

塑料包装材料及容器厚度测量应选择与产品厚度相适合的测量仪器，常用的测量仪器有游标卡尺、螺旋千分尺及测厚仪等，测厚仪见图 3 -2。

选择测量仪器时首先应注意检查仪器精度，精度应符合以下要求：100μm 内（包括 100μm），精度为 1μm；100μm ~ 250μm（包括 250μm），精度为 2μm；250μm 以上，精度为 3μm。

图 3－2　测厚仪

3. 试验步骤

（1）距样品纵向端部约 1m 处，沿横向整个宽度截取试样，试验宽 100mm，试样应无折皱及其他缺陷。

（2）试样在（23±2）℃条件下状态调节至少 1h，对于湿敏产品，状态调节环境及时间按被测材料的规范进行。

（3）检查试样及测量仪器的各测量面，应无油污、灰尘及其他污染。

（4）检查测量仪器零点，每组试样测量前应重新检查其零点。

（5）按等分试样长度的方法确定测量厚度的测量点，具体为：试样长度≤300mm，测 10 点；试样长度 300mm～1500mm，测 20 点；试样长度≥1500mm，至少 30 点。对未裁边的样品，应在距边 50mm 开始测量。

4. 计算

（1）厚度极限偏差按下式计算

$$\Delta t_1 = t_{max}(\text{或 } t_{min}) - t_0$$

$$\Delta t_2 = \frac{t_{max}(\text{或 } t_{min}) - t_0}{t_0} \times 100$$

式中：Δt_1 ——厚度极限偏差，mm；

Δt_2 ——厚度极限偏差，%；

t_{max} ——实测最大厚度，mm；

t_{min} ——实测最小厚度，mm；

t_0 ——公称厚度，mm。

（2）厚度平均偏差按下式计算

$$\Delta t_1 = \bar{t} - t_0$$

$$\Delta t_2 = \frac{\bar{t} - t_0}{t_0} \times 100$$

式中：Δt_1 ——厚度平均偏差，mm；

Δt_2——厚度平均偏差,%；

$\bar{t}$——平均厚度，mm；

t_0——公称厚度，mm。

5. 注意事项

计算厚度极限偏差及厚度平均偏差时需注意表示方法，绝对值偏差以 mm 表示；比值偏差以% 表示。

（三）拉伸性能（GB 1040—2006）

拉伸性能是塑料包装材料主要力学性能之一，包括如下一些指标：拉断力、拉伸负荷、拉伸强度、拉伸应力、拉伸屈服应力、拉伸断裂应力、拉伸应变、屈服拉伸应变、断裂拉伸应变、断裂伸长率、拉伸弹性模量、泊松比等，其中拉断力、拉伸强度、断裂伸长率使用最广泛。

拉断力：在拉伸断裂前，试样承受的最大拉力，单位：N。

拉伸强度：在拉伸试验过程中，试样承受的最大应力，单位：MPa。

断裂伸长率：拉伸断裂时标线长度增量与初始标线长度的百分比。

1. 原理

沿试样纵向主轴恒速拉伸，直到断裂或应力（负荷）或应变（伸长）达到某一预定值，测量在这一过程中试样承受的负荷及其伸长。

2. 仪器

拉力试验机，见图 3－3。

图 3－3 拉力试验机

拉力试验机的量程及精度应能满足试验要求，同时应具有适当的夹具，该夹具不应引起试样在夹口处断裂，施加任何负荷时，试验机上的夹具应能对准一条直线，以使试样的长轴与通过夹具中心线的拉伸方向重合，夹具内应内衬橡胶之类的弹性材料。

3. 试样

（1）试样尺寸

应优先选用宽度为 10mm ~ 25mm、长度不小于 150mm 的长条形试样（即 2 型试样，见图 3 - 4），试样中部有间隔 50mm 的两条标线。

若某些包装材料断裂时有很高的伸长量，可能超过试验机行程限度，可允许把夹具间的初始距离减少到 50mm。

断裂应变很高的薄膜和薄片推荐使用 5 型哑铃状试样，见图 3 - 5。

目前，还有部分塑料薄膜产品标准中，拉伸性能采用 I 型试样，见图 3 - 6，该试样在 GB 1040. 3—2006（代替 GB/T 13022—1991）中被废除。

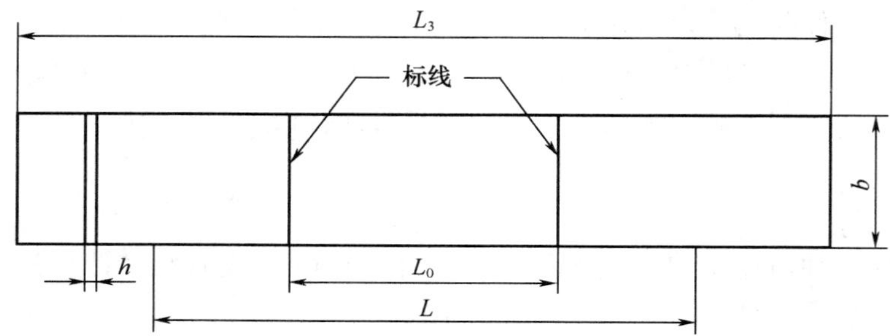

图 3 - 4　2 型试样

b —宽度：10mm ~ 25mm；h —厚度：≤1mm；L_0 —标距长度：50mm ± 0. 5mm；

L —夹具的初始距离：100 mm ± 5mm；L_3 —总长度：≥150mm

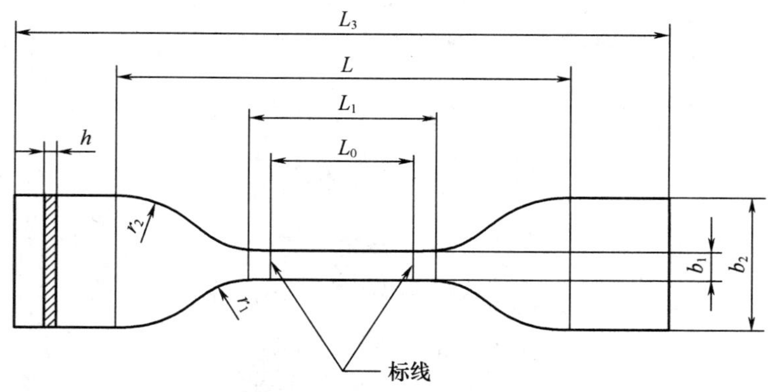

图 3 - 5　5 型试样

b_1 —窄平行部分宽度：6mm ± 0. 4mm；b_2 —端部宽度：25mm ± 1mm；h —厚度：≤1mm；

L_0 —标距长度：25mm ± 0. 25mm；L_1 —窄平行部分长度：33mm ± 2mm；L —夹具的初始距离：

80 mm ± 5mm；L_3 —总长：≥115mm；r_1 ——小半径：14mm ± 1mm；r_2 —大半径：25mm ± 2mm

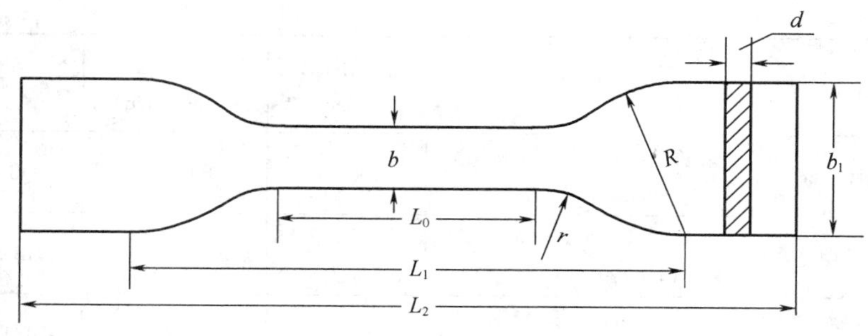

图 3－6　Ⅰ型试样

L_2 —总长：120mm；L_1 —夹具间初始距离：86mm ±5mm；L_0 —标线间距离：40mm ±0. 5mm；
d —厚度：mm；R —大半径：25mm ±2mm；r —小半径：14mm ±1mm；b —平行部分宽度：10mm ±0. 5mm；
b_1 —端部宽度：25mm ±0. 5mm

常用塑料包装材料拉伸性能试样尺寸等要求见表 3－14。

表 3－14　常用塑料包装材料拉伸性能试样尺寸等要求

产品名称	试样尺寸	夹具间距 /mm	空载速度 /（mm/min）	标准代号
CPE、CPP 薄膜	长 150mm，宽 15mm 长条形	50（标距）	500 ±50	QB/T 1125—2000
液体包装用聚乙烯吹塑薄膜	Ⅰ型试样		250 ±50	QB 1231—1991
软聚氯乙烯吹塑薄膜	Ⅰ型试样		250 ±50	QB 1257—1991
聚丙烯吹塑薄膜	Ⅰ型试样		250 ±25	QB 1956—1994
食品包装用 PVDC 片状肠衣膜	长 ≥150mm，宽（15 ±0. 1）mm 长条形	100 ±1	250 ±25	GB/T 17030—2008
双向拉伸聚酰胺（尼龙）薄膜	长 150mm，宽（15 ±0. 1）mm 长条形	100	250 ±25	GB/T 20218—2006
双向拉伸聚丙烯珠光薄膜	长 150mm，宽（15 ±0. 1）mm 长条形	100	250 ±10	BB/T 0002—2008
食品用塑料自粘保鲜膜	宽 10mm 长条形	50（标距）	500 ±50	GB 10457—2009
包装用聚乙烯吹塑薄膜	宽 10mm 长条形		500 ±50	GB/T 4456—2008
VMPET 薄膜 BOPET 薄膜	长 ≥150mm，宽（15 ±0. 1）mm 长条形	100	100 ±10	BB/T 0030—2004 GB/T 16958—2008
VMBOPP 薄膜 BOPP 薄膜	长 ≥150mm，宽（15 ±0. 1）mm 长条形	100	250 ±25	BB/T 0030—2004 GB/T 10003—2008
BOPA/ LDPE 复合膜、袋	长 150mm，宽 15mm 长条形	100 ±1	100 ±10	QB/T 1871—1993

续表

产品名称	试样尺寸	夹具间距/mm	空载速度/（mm/min）	标准代号
榨菜包装用复合膜、袋	长（150±1）mm，宽（15mm±0.1）	100±1	100±10	QB 2197—1996
液体食品无菌包装用复合袋	长（150±2）mm，宽（15mm±0.5）	50（标距）	100±20	GB 18454—2001
包装用塑料复合膜、袋干法复合、挤出复合	长 150mm，宽 15mm 长条形		200	GB/T 10004—2008
液体食品保鲜包装用纸基复合材料	宽 15mm 长条形	100	100±10	GB/T 18706—2008
液体食品无菌包装用纸基复合材料	宽 15mm 长条形	100	100±10	GB/T 18192—2008
聚丙烯（PP）挤出片材	2 型试样（长条形）		50±5	QB/T 2471—2000
双向拉伸聚苯乙烯（BOPS）片材	宽（15±0.1）mm 长条形	100±0.5	50±5	GB/T 16719—2008
食品包装用 PVC 硬片、膜	Ⅰ型试样		50±5	GB/T 15267—1994

（2）制备方法

可使用切割或冲切方法制备 2 型试样，以使试样边缘光滑且无缺口。制备后使用低倍数放大镜检查有无缺陷（对测试结果有影响），并舍弃边缘有缺陷的试样。应使用剃刀刀片、手术刀或其他专业工具切割试样，使试样宽度合适、边缘光滑、两边平行且无可见缺陷。

其他类型试样则应使用冲刀冲切制备，并应使用合适的衬垫材料，以保证冲切的试样边缘整齐。

（3）各向异性

薄膜（片）的某些性能可能随薄膜平面内的方向不同而变换（各向异性），在这种情况下，应制备其主轴分别平行和垂直于薄膜取向，即纵向和横向两组试样。

4. 试验步骤

（1）应在与试样状态调节相同环境下进行试验。

（2）在每条试样中部距离标距每端 5mm 以内测量宽度 b 和厚度 h，用于计算试样断裂面横截面积。

（3）夹样：将试样放到夹具中，务必使试样纵轴与试验机轴线成一条直线。当使用夹具对中销时，为得到准确对中，应在紧固夹具前稍微紧绷试样，然后平稳牢固地夹紧夹具，防止试样滑移。

（4）应保证试样在试验前处于基本不受力状态，即在夹样时避免产生预应力，以免影响测试结果。

（5）如使用引伸计，需将校准过的引伸计安装到试样标距上并调整至标距位置，引伸计不应承受负荷。

（6）设定试验速度、样品宽度、样品厚度等参数。

（7）测试。

（8）记录数据：记录实验过程中试样承受的负荷及与之对应的标线间距离的增量等结果。

注：若试样断裂在标线外的部位时，该试样作废，另取试样重做。

5. 计算

（1）应力（拉伸强度）计算

根据试样的横截面积按下式计算应力值：

$$\sigma = \frac{F}{b \times d}$$

式中：σ——拉伸应力，MPa；

F——所测的对应负荷，N；

b——试样宽度，mm；

d——试样厚度，mm。

（2）应变（断裂伸长率）计算

①根据标距由下式计算应变值（适用于屈服点以前的应变值）：

$$\varepsilon = \frac{\Delta L_0}{L_0}$$

$$\varepsilon(\%) = \frac{\Delta L_0}{L_0} \times 100$$

式中：ε_t——应变，用比值或百分数表示；

L_0——试样标距，mm；

ΔL_0——试样标距间长度增量，mm。

②根据夹具间初始距离由下式计算应变值（可用于屈服点后的应变值）：

$$\varepsilon_t = \frac{\Delta L}{L}$$

$$\varepsilon_t(\%) = \frac{\Delta L}{L} \times 100$$

式中：ε_t——拉伸标称应变，用比值或百分数表示；

L——夹具间初始距离，mm；

ΔL——夹具间距离的增量，mm。

（四）剥离试验（GB 8808—1988）

食品包装中复合材料使用非常广泛，常用的复合材料有塑料与塑料复合或塑料与其他基材，如铝箔、纸、织物等软质材料复合。复合产品在复杂环境中受温度、湿度及存放或使用环境的影响，容易发生复合层脱离，因此要求复合产品具有较好的复合牢度，剥离试验是考核复合材料复合牢度的重要指标。

1. 原理

将规定宽度的试样，在一定的速度下，进行 T 型剥离，测定复合层与基材的平均剥离力。

2. 仪器

带有图形记录装置的拉伸试验机，或能满足本试验要求的其他装置。

3. 试样

（1）试样尺寸

A 法：宽度（15.0 ±0.1）mm，长度 200mm，用于复合薄膜等。

B 法：宽度（30.0 ±0.2）mm，长度 150mm，用于人造革、编织复合袋等。

（2）试样制备

将样品宽度方向的两端除去 50mm，沿样品宽度方向均匀裁取纵、横试样各 5 条。复合方向为纵向。

沿试样长度方向将复合层与基材预先剥开 50mm，被剥开部分不得有明显损伤。若试样不易剥开，可将试样一端约 20mm 浸入适当的溶剂中处理，待溶剂完全挥发，再进行剥离力的试验。若复合层经过这种处理，仍不能与基材分离，则试验不可进行。

4. 试验步骤

（1）状态调节及试验环境：试样应在温度（23 ±2）℃、相对湿度 45% ~55% 的环境中放置 4h 以上，然后在上述环境中进行试验。

（2）设定试验参数：A 法试验速度（300 ±50）mm/min；B 法试验速度（200 ±50）mm/min。

（3）将试样剥开部分的两端分别夹在试验机上、下夹具上，使试样剥开部分的纵轴与上、下夹具中心连线重合，并松紧适宜。试验时，未剥开部分与拉伸方向呈 T 型，记录试样剥离过程中的剥离力曲线。试样夹持示意图见图 3 -7。

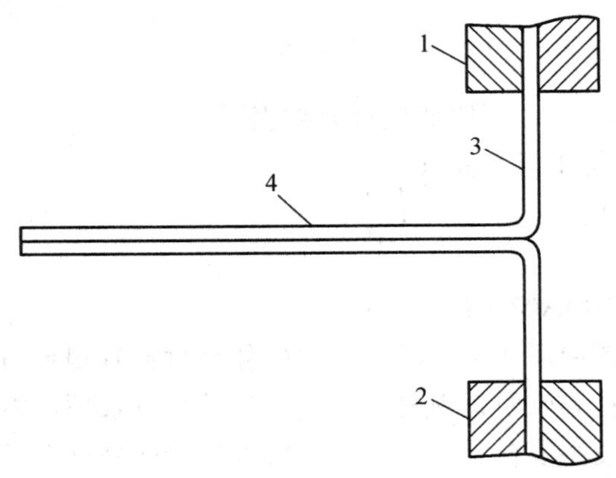

图 3 -7 试样夹持示意图

1—上夹具；2—下夹具；3—试样剥开部分；4—未剥离试样

5. 计算

与其他试验项目不同，剥离试验不是以试验峰值为最终结果，从剥离力曲线看，不少样品试验开始与结束阶段波动较大，根据试验所得曲线形状，可参考图 3－8 中三种经典曲线，采取其中相近的一种取值方法。

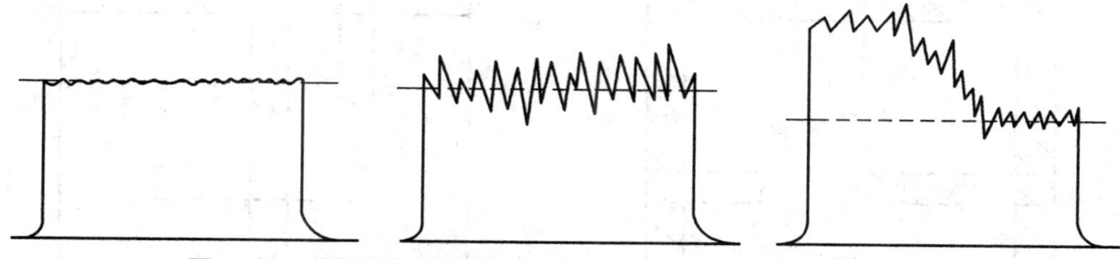

图 3－8　剥离力典型曲线的取值（虚线示值为该试样的平均值）

必要时，可按下式计算标准偏差：

$$s = \sqrt{\frac{\sum (X_i - \bar{X})^2}{n - 1}}$$

式中：X_i ——单个测定值；

$\bar{X}$ ——一组测定的算术平均值；

n ——测定值个数。

6. 注意事项

（1）若试样按标准规定的制备方法仍不能与基材分离，则试验不可进行，说明复合材料的剥离力大于自身的撕裂力，单项判定合格。

（2）温度对油墨的附着力及黏合剂的黏合强度有显著影响，因此，实验室测得的剥离强度是在标准温度下的测量结果，实际运用中复合效果的考核应充分考虑实际环境这一因素。

（五）热合强度（GB/T 2358—1998）

热合强度也称封口强度，是考核塑料包装袋热封效果的重要指标，反映了包装袋封口所能承受内容物的重量。

1. 仪器

（1）拉力试验机：实测示值应在表盘满刻度的 15%～85% 之间，读数示值误差应在 ±1% 以内。

（2）游标卡尺：精确度为 0.02mm。

（3）直尺：精确度为 1mm。

2. 试样

（1）取样位置

以两种主要热合形式的包装袋：四边封袋及工型封袋为例，分别在塑料薄膜包装袋的侧面、背面、顶部和底部，与热合部位成垂直方向上任取试样，各自作为包装袋侧面、背面、顶部和底部的热合试样。取样位置见图 3-9。

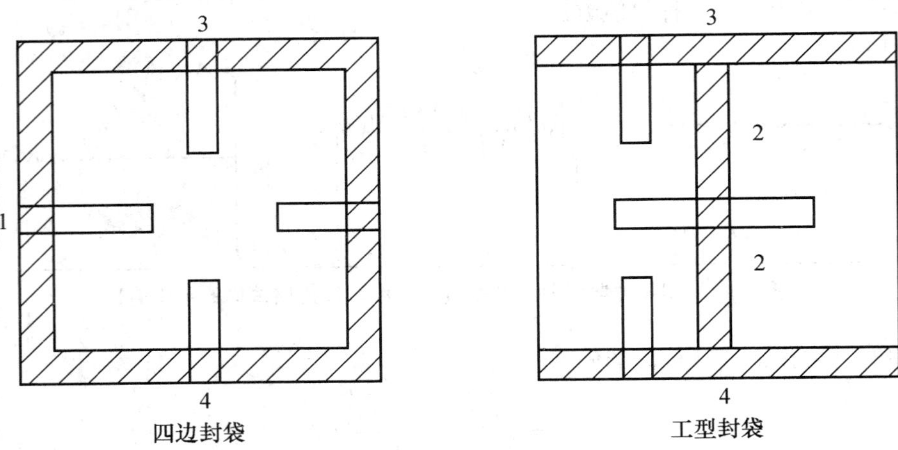

图 3-9　热合强度取样位置图

1—侧边热合；2—背面热合；3—顶部热合；4—底部热合

（2）试样尺寸

试样宽度（15±0.1）mm，展开长度（100±1）mm，若展开长度不足（100±1）mm 时，可用胶粘带粘接与袋相同材料，使试样展开长度满足（100±1）mm 要求。

（3）试样数量

从每个热合部位裁取试样 10 条，至少从 3 个塑料薄膜包装袋上裁取。

3. 试验步骤

（1）状态调节及试验环境：按 GB/T 2918—1998 中规定的标准环境和正常偏差范围调节不少于 4h，并在此条件下进行试验。

（2）设定试验参数：夹具间距离 50mm，试验速度为（300±20）mm/min。

（3）将试样以热合部位为中心展开呈 180°，分别将试样的两端夹在试验机的上下夹具上，使试样纵轴与上下夹具中心线相重合，并且松紧适宜，防止试样滑脱或断裂在夹具内。

（4）开始试验，记录试样断裂时的最大载荷，若试样断在夹具内，则此试样作废，另取试样重做。

4. 计算

试验结果以 10 个试样的算术平均值作为该部位的热合强度，单位以 N/15mm 表示，取三位有效数字。

5. 注意事项

包装袋一般有多个热合部位，若其中一个部位的热合强度不合格，则该样品热合强度不合格，不应按各部位热合强度的平均值判定。

（六）撕裂性能

撕裂性能一般用来考核塑料薄膜和薄片及其他类似塑料材料抗撕裂力的大小。

在商品市场上，食品用塑料包装产品广泛运用了易撕口。实践证明，按包装袋封口边缘预先切好的易撕口开启非常方便，无需辅助工具，即使儿童亦能轻松完成。在实际测试工作中，通过测定材料的撕裂性能来考核将塑料包装袋易撕口撕开所需力的大小。

常用的撕裂性能测试方法有直角撕裂、埃莱门多夫法和裤型撕裂法三种，前两种方法的运用相对普遍。

1. 直角撕裂（QB/T 1130—1991）

食品包装袋边缘的易撕口一般为直角切口，直角撕裂在包装测试中运用更为广泛。

本方法适用于塑料薄膜、薄片及其他类似的塑料材料直角撕裂性能的测定。

（1）原理

对标准试样施加拉伸负荷，使试样在直角口处撕裂，测定试样的撕裂负荷或撕裂强度。

（2）仪器

①符合 GB 1040 要求并能满足试验速度要求的拉伸试验机。

②符合 GB/T 6672 要求的厚度测量仪器。

（3）试样

①形状及尺寸

直角撕裂试样的形状和尺寸见图 3－10。

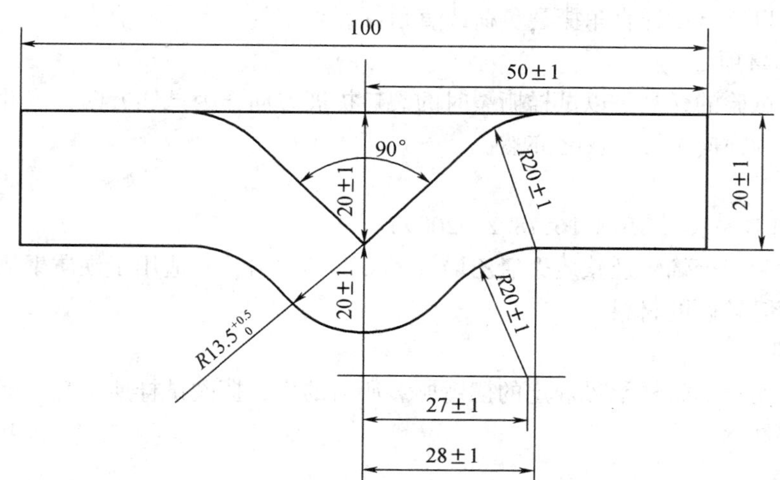

图 3－10 直角撕裂试样形状及尺寸

②试样方向及数量

纵向、横向试样各不少于5片。

③叠合测试

在受到拉伸试验机量程限制的情况下，允许采用叠合试样组进行试验，此时试样不少于3组，每组5片。

单片试样和叠合试样组的测试结果不可比较。

叠合试样组不适用于泡沫片。

④试样直角口处应无裂缝及伤痕。

（4）试验步骤

①状态调节及试验环境：按GB/T 2918—1998规定的标准环境正常偏差范围进行，状态调节时间至少4h，并在同样条件下进行试。

②按GB/T 6672—2001测量试样或叠合试样组直角口处的厚度作为试样厚度。

③将试样夹在试验机夹具上，夹入部分不大于22mm，并使其受力方向与试样方向垂直。

④设定试验参数：试验速度为（200±20）mm/min。

⑤测试并记录试验过程中的最大负荷值。

（5）计算

以试样撕裂过程中的最大负荷值作为直角撕裂负荷。

直角撕裂强度按下式计算。

$$\delta_{tr} = \frac{P}{d}$$

式中：δ_{tr}——直角撕裂强度，kN/m；

P——撕裂负荷，N；

d——试样厚度，mm。

试验结果以所有试样直角撕裂负荷或直角撕裂强度的算术平均值表示。

（6）注意事项

直角撕裂试验的样品是以试样撕裂时的裂口扩展方向作为试样方向，因此通常意义上的纵向试样即为横向试样，反之亦然。

2. 埃莱门多夫法（GB/T 16578.2—2009）

本方法适用于聚烯烃及软质聚氯乙烯（PVC）等材料，不适用于硬质聚氯乙烯、聚酰胺和聚酯薄膜等较硬的材料。

（1）原理

具有规定切口的试样承受规定的摆锤撕裂所需的力，撕裂试样所消耗的能量用于计算试样的耐撕裂性。

（2）仪器

埃莱门多夫型撕裂试验机，示意图见图3-11。

该试验仪一般应由调零装置、回零装置、薄膜夹具、扇形摆释放装置、指针、标尺等

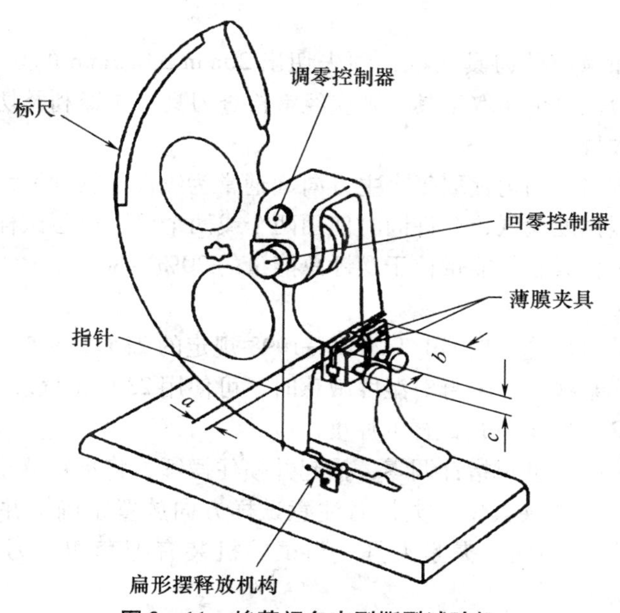

图 3 - 11　埃莱门多夫型撕裂试验机

部分组成。

（3）试样

①形状及尺寸

本方法测试试样有恒定半径试样及矩形试样两种，分别见图 3 - 12 及图 3 - 13。优选试样或仲裁试样为恒定半径试样，因为该试样相对于矩形试样具有更好的重复性；矩形试样则在一般性试验中使用更为普遍，因为样品制备更为方便。

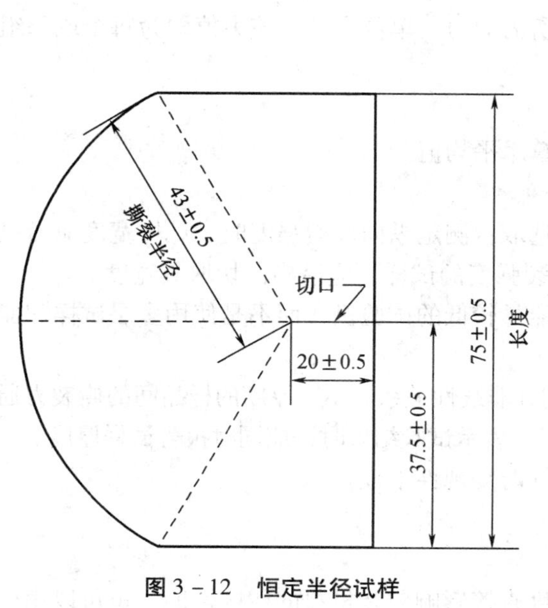

图 3 - 12　恒定半径试样

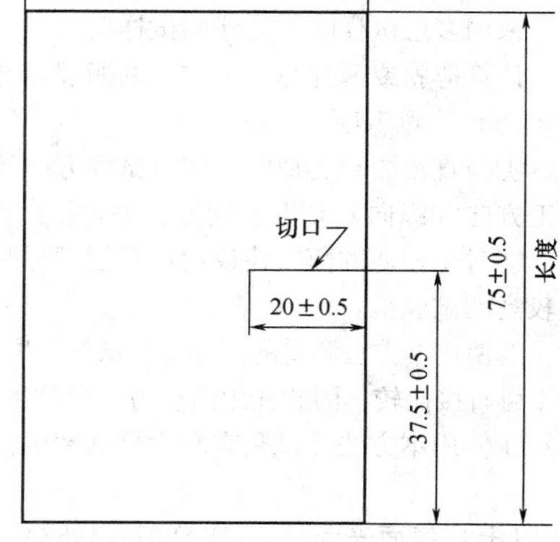

图 3 - 13　矩形试样

②试样制备

试样可用样板和锋利的刀具切取，预先切出 20mm ± 0.5mm 的切口，应保证切口光滑、无刻痕。若试验机自带切取工具，则应经常检查刀具是否锋利及切口尺寸是否正确。

③试样方向及数量

沿样品的宽度方向，均匀裁取每个主方向（通常为纵向及横向）5 个试样。

若单层试样撕裂强度偏低，允许同时使用两个或两个以上单层试样为一组试样，以使试验中摆锤在撕裂过程吸收的能量位于摆锤总能量的 20% ~80% 。

（4）试验步骤

①状态调节及试验环境：按 GB/T 2918—1998 规定的 23℃，50% RH 的环境条件中进行状态调节和试验。某些材料本身对湿度敏感时，可使用 23℃环境条件。

②按 GB/T 6672—2001 测量试样的厚度。

③按设备使用说明书进行指针调零，抬起并锁住摆锤，将指针调至起始点。

④将试样（组）置于夹具中，夹样时注意试样方向放置正确，并保证切口在试验机固定夹具和可动夹具的中间，夹紧夹具。当试验机装有配套切口刀具时，使用此刀具切口。

⑤释放摆锤，记录刻度盘上撕裂试样（组）所消耗的力。注意摆锤在摆动过程中不应受到任何外力作用，应避免释放装置再次碰触摆锤。

⑥当使用恒定半径试样进行试验时，应废弃撕裂线偏离恒定半径区域的试样，并补充试样重新测试。

⑦当使用矩形试样进行试验时，应废弃撕裂线偏离切口线 10mm 以上的试样，应并补充试样重新测试。但当撕裂是沿着压花图案的纹路进行时除外。若调整后撕裂线始终都偏离 10mm 或以上时，改用恒定半径的试样试验。

（5）计算

由刻度盘读数确定撕裂每个或每组试样所需的力，单位牛顿。该力值即为每个或每组试样的耐撕裂性，单位牛顿。

采用多层试样时，应注明试样层数。

计算薄膜或薄片每个主方向的撕裂力的算术平均值。

（6）注意事项

①与直角撕裂类似，应注意试样方向的选取：测定纵向撕裂强度时，试样宽度应沿机加工方向（纵向）切取；同样，测定横向撕裂强度的试样，应沿横向切取其宽度。

②对于较薄的薄膜建议使用单层试样和能量较低的试验机，而不是使用多层试样和能量较高的试验机。

③使用本方法测得的撕裂力与试样厚度间并非线性关系。不同厚度的样品间的撕裂力通常不可直接比较，因此在用撕裂力（单位牛顿）表示试验结果时，应同时报告试样厚度。

④使用本方法测试具有较大延展率的试样时复现性不佳。

（七）镜面光泽（GB/T 8807—1988）

光泽度是一种光学平滑度的量度，光泽度直接影响包装材料的印刷性能，也可以用于检查材料表面的均匀程度。食品用塑料包装的外层材料一般要求具有一定的表面光泽度，而这种表面光泽度在实际测量中是以镜面光泽表示的。

1. 原理

镜面光泽是指在规定的入射角下，试样的镜面反射率（镜面反射光通量与入射光通量之比）与同一条件下基准面的镜面反射率之比，用百分数表示，可以省略百分号，以光泽单位表示。

塑料镜面光泽有20°角、45°角和60°角三种测量方法，其中20°角用于高光泽塑料、45°角主要用于低光泽塑料、60°角主要用于中光泽塑料。对于镜面光泽的比较，仅适用于采用同一方法的同种类型的塑料。

2. 仪器

（1）镜面光泽仪，其工作原理见图3－14。

精度：一光泽单位。

重复性：不大于一光泽单位。

再现性：不大于三光泽单位。

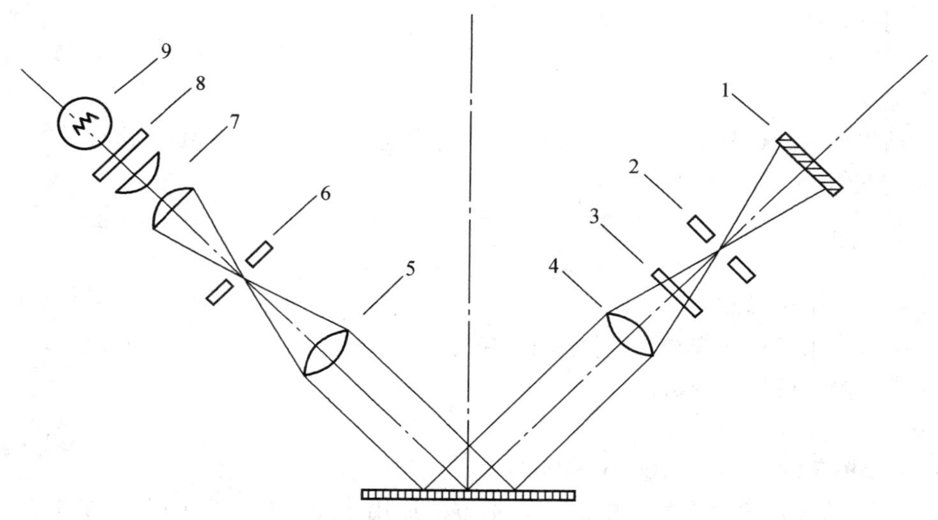

图3－14 镜面光泽仪光路示意图

1—接收器；2—接收器光阑；3—视见函数修正滤光片；4—接收透镜；5—入射透镜；6—光源光阑；7—聚光透镜；8—光源光谱修正滤光片；9—光源

（2）薄膜试样的固定装置

保证测试薄膜能保持平展且不伸长。

（3）透明试样用的背衬

选用乌黑的底板，最好是黑腔，必须放在透明试样的背后。

（4）标准板

标准板分一级工作标准板和二级工作标准板（部分设备简称为黑白板）。

一级工作标准板为高度抛光的平整黑玻璃板。对于20°角和60°角，采用折射率为1.567的黑玻璃板，光泽值规定为100；对于45°角，采用折射率为1.540的黑玻璃板，光泽值规定为55.9。

二级工作标准板选用坚硬、平整、表面均匀的陶瓷等。

3. 试样

（1）试样尺寸：100mm×100mm。

（2）试样数量：每组试样应不少于3个。

（3）试样制备及要求：试样应在不同部位裁取，表面应光滑平整，无脏物、划伤等缺陷。

4. 试验步骤

（1）状态调节及试验环境：按GB/T 2918—1998规定的常温、常湿进行。

（2）开机预热。

（3）仪器校正：依次对一级、二级工作标准板定标，若二级工作标准板的测量读数超过其标称值一个光泽单位，则必须调整通过后方能使用。

（4）测试

5. 计算

测量结果以一组试样的算术平均值表示，精确到0.1光泽单位。

标准偏差值 s 按下式计算：

$$s = \sqrt{\frac{\sum (X - \bar{X})^2}{n - 1}}$$

式中：X ——每个试样测定值；

$\bar{X}$ ——一组试样测定结果的算术平均值；

n ——测定的试样个数。

（八）摩擦系数（GB/T 10006—1988）

摩擦系数是塑料表面力学性能之一。本方法适用于厚度在0.2mm以下的非黏性塑料膜和薄片摩擦系数的测定。

摩擦力是指当两个相互接触的物体之间发生相对运动或相对运动趋势时，接触表面上产生的阻碍相对运动的机械作用力。摩擦力分为静摩擦力和动摩擦力两种，静摩擦力是指两接触表面在相对移动开始时的最大阻力，静摩擦力与垂直施加于两个接触表面的力（法向力）之比即为静摩擦系数；动摩擦力是指两接触表面以一定速度相对移动时的阻力，同样，动摩擦摩擦力与垂直施加于两个接触表面的力之比即为动摩擦系数。

1. 原理

两试验表面平放在一起，在一定的接触压力下，使两表面相对移动，记录所需的力。

2. 仪器

摩擦系数仪，见图3-15。

试验装置由水平试验台、滑块、测力系统和使水平试验台上两试验表面相对移动的驱动机构等组成，力由图形记录仪或等效的电子数据处理装置记录。

（1）水平试验台：表面应平滑，由非磁性材料制成。

（2）滑块：面积$40cm^2$的正方形，边长63cm。底面应覆盖弹性材料（如毡、泡沫橡胶等），弹性材料不得使试样产生压纹。包括试样在内的滑块总质量为（200±2）g，以保证法向力为（1.96±0.02）N。

（3）驱动机构：无振动，使两试验表面以（100±10）mm/min的速度相对移动。

（4）测力系统：总误差应小于±2%，变换时间$T99\%$应不超过0.5s，牵引方向应与摩擦滑动方向平行。

（5）调节弹性系数的弹簧：对于测量静摩擦力，测力系统的弹性系数应通过适当的弹簧调节到（2±1）N/cm，在滑黏情况下测量动摩擦力时，则应取消这个弹簧，直接连接滑块和负荷传感器。

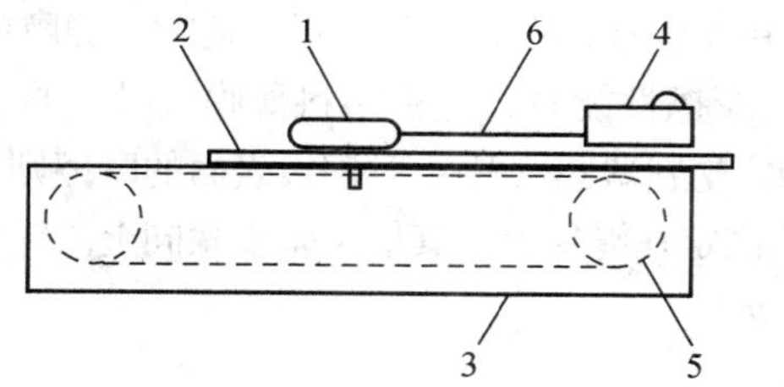

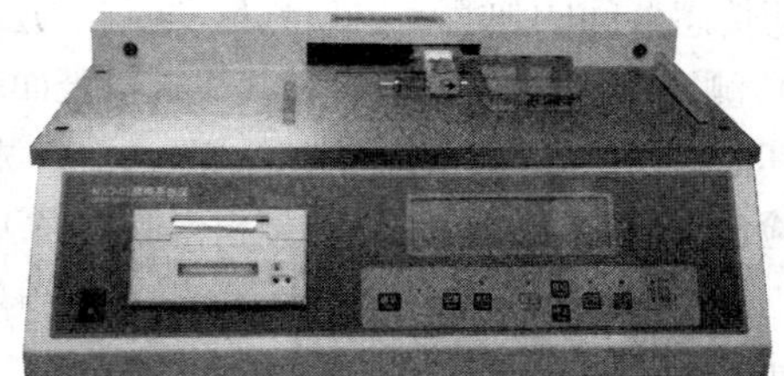

图3-15 摩擦系数仪

1—滑块；2—水平试验台；3—支持底座；4—测力系统；5—恒速驱动机构；6—调节弹性系数的弹簧

3. 试样

（1）试样尺寸：每次测量一般需要两片8cm×20cm的试样（与钢板间摩擦只需准备一片），若样品较厚或刚性较大，固定到滑块上必须用双面胶带时，一个试样的尺寸应与滑块底面尺寸（63mm×63mm）一样。

（2）试样裁取：试样应在样品整个宽度或圆周（管膜时）均匀裁取。

（3）试样的面和方向：若样品的正反面或不同方向的摩擦性质不同，应分别进行试验。通常，试样的长度方向（即试验方向）应平行干样品的纵向（机械加工方向）。

（4）对试样和试验表面的要求：试样应平整、无皱纹和可能改变摩擦性质的伤痕。试样边缘应圆滑；试样试验表面应无灰尘、指纹和任何可能改变表面性质的外来物质。

（5）试样数量：每次试验至少测量三对试样。

4. 试验步骤

（1）状态调节及试验环境：按 GB/T 2918—1998 规定的标准环境进行试样状态调节至少 16h，并在同样环境下进行试验。

（2）将一个试样的试验表面向上，平整地固定在水平试验台上，试样与试验台的长度方向应平行。

（3）将另一试样的试验表面向下，包住滑块，用胶带在滑块前沿和上表面固定试样。如试样较厚或刚性较大，有可能产生弯曲力矩使压力分布不匀时，应使用 63mm × 63mm 试样在滑块底面和试样非试验表面间用双面胶带固定试样。

（4）将固定有试样的滑块无冲击地放在第一个试样中央，并使两试样的试验方向与滑动方向平行且测力系统不受力。

（5）两试样接触后保持 15s，启动仪器使两试样相对移动（某些设备需先启动设备，15s 后发生位移）。

（6）力的第一个峰值为静摩擦力 F_s 。

（7）两试样相对移动 6cm 内的力的平均值（不包括静摩擦力）为动摩擦力 F_d 。

（8）若在静摩擦力之后出现力值振荡（滑黏情况），则不能测量动摩擦力，此时应取消滑块和负荷传感器间的弹簧，单独测量动摩擦力。由于惯性误差，这种测量不适用于静摩擦力。

（9）测定塑料薄膜（片）对其他材料表面的摩擦性能时，应将塑料薄膜（片）固定在滑块上，其他材料的试样固定在水平试验台上；测定塑料薄膜（片）对钢板表面的摩擦则不需在水平试验台上固定样品，只需将塑料薄膜（片）固定在滑块上。其他试验步骤同上。

5. 计算

（1）静摩擦系数

$$\mu_s = \frac{F_s}{F_p}$$

式中：μ_s ——静摩擦系数；

F_s ——静摩擦力，N；

F_p ——法向力，N。

（2）动摩擦系数

$$\mu_d = \frac{F_d}{F_p}$$

式中：μ_d ——动摩擦系数；

F_d ——动摩擦力，N；

F_p ——法向力，N。

（九）透光率及雾度（GB/T 2410—2008）

1. 原理

通过测得透过试样的光通量与射到试样上的光通量之比，即为透光率；通过测得透过试样而偏离入射光方向的散射光通量与投射光通量之比，即为雾度。

上述两指标均由百分数表示。

2. 试样

（1）要求：试样不能有影响材料性能的缺陷，也不能有对研究造成偏差的缺陷。

（2）形状和尺寸：应大到可以遮盖住积分球的入口窗，建议试样为直径50mm的圆片，或是50mm×50mm的方片。

（3）试验检查：试样两侧表面应平整且平行，无灰尘、油污、异物、划痕等，并无可见的内部缺陷和颗粒，要求测试这些缺陷对雾度的影响时除外。

（4）试样数量：每组三个试样。

3. 仪器

透明塑料透光率和雾度的测量仪器有两种：雾度计和分光光度计。

示意图见图3－16和图3－17。

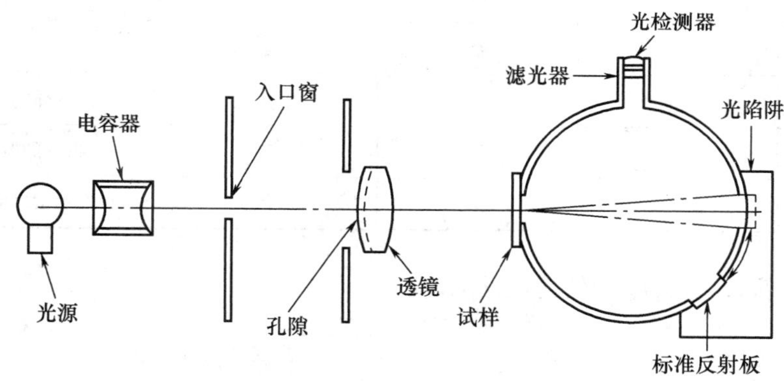

图3－16 雾度计示意图

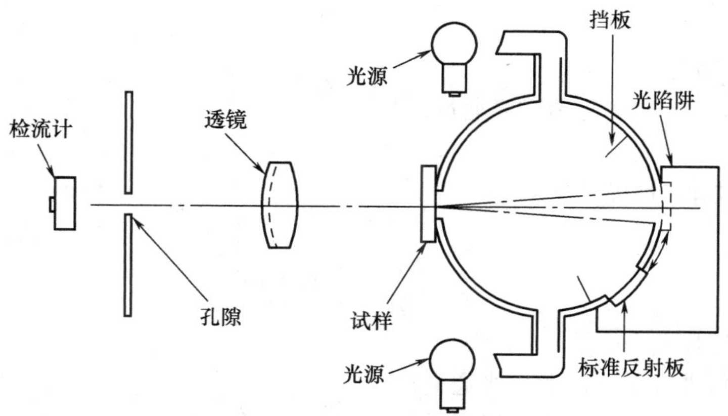

图3－17 分光光度计散射示意图

4. 试验步骤

（1）状态调节及试验环境

温度（23±2）℃，相对湿度（50±10）%，按 GB/T 2918—1998 进行状态调节不少于40h，并在此环境下试验。

（2）样品尺寸

测试试样的厚度，厚度小于 0. 1mm 时，至少精确到 0. 001mm；厚度大于 0. 1mm 时，至少精确到 0. 01mm。

（3）读取数据

调节零点旋钮，使积分球在暗色时检流计的指示为零。

当光线无阻挡时，调节仪器检流计的指示为 100，然后按表 3－15 操作，读取 T_1, T_2, T_3, T_4 。

表 3－15　读数步骤

检流计读数	试样是否在位置上	光陷阱是否在位置上	标准反射板是否在位置上	得到的量
T_1	否	否	是	入射光通量
T_2	是	否	是	通过试样的总投射光通量
T_3	否	是	否	仪器的散射光通量
T_4	是	是	否	仪器和试样的散射光通量

反复读取 T_1, T_2, T_3, T_4 的值使数据均匀。

5. 计算

（1）透光率

$$T_t = \frac{T_2}{T_1} \times 100$$

式中：T_t——透光率；

T_2——通过试样的总透射光通量；

T_1——入射光通量。

结果取平均值，精确到 0. 1%。

（2）雾度

$$H = \left(\frac{T_4}{T_2} - \frac{T_3}{T_1}\right) \times 100$$

式中：H——雾度；

T_4——仪器和试样的散射光通量；

T_3——通过试样的总投射光通量；

T_2——仪器的散射光通量；

T_1 ——入射光通量。

结果取三个试样的平均值，精确到0.1%。

（十）润湿张力（GB/T 14216—2008）

1. 原理

用一系列表面张力逐渐增加的混合溶液涂覆于薄膜表面，直至混合溶液恰好使薄膜表面润湿，此时该混合液的表面张力就近似地作为试样的表面润湿张力。

2. 仪器

（1）手动涂覆工具：一个可涂覆12μm液膜的线锭，或者是可以提供相同测试结果的棉签。

（2）棕色玻璃滴瓶。

（3）混合溶液。

测试的混合溶液是由试剂级的乙二醇乙醚（溶纤剂）、甲酰胺、甲醇和水的混合，常用的表面润湿张力测试混合溶液配方见表3-16。配好的溶液应储存于棕色玻璃瓶中，若保存得当，混合溶液随时间的变化很小。若经常使用，则需在3个月后重新配制。

表3-16 常用润湿张力混合液配方

润湿张力/（mN/m）	乙二醇乙醚/mL	甲酰胺/mL
34.0	73.5	26.5
35.0	65.0	35.0
36.0	57.5	42.5
37.0	51.5	48.5
38.0	46.0	54.0
39.0	41.0	59.0
40.0	36.5	63.5
41.0	32.5	67.5
42.0	28.5	71.5
43.0	25.3	74.7
44.0	22.0	78.0
45.0	19.7	80.3
46.0	17.0	83.0
48.0	13.0	87.0
50.0	9.3	90.7
52.0	6.3	93.7
54.0	3.5	96.5

3. 试验步骤

（1）状态调节及试验环境：试样在标准环境温度23℃ ±2℃，相对湿度50% ±5%中进行。

（2）将被测样品置于手动涂覆工具的平板上，在线锭前面，将几滴测试混合溶液置于薄膜上，然后用锭使之迅速分散；若使用棉签来分散混合溶液，液体应迅速涂膜/片至少6cm^2，混合溶液的用量应使之成为一液体薄膜而无积液存在。

（3）在灯光下观察混合溶液所形成的液体薄膜，并记录下液体薄膜从连续状态分散至小液滴的时间。如果液体薄膜持续时间超过2s，则用更大表面张力的混合溶液在新的样品上重复测试直至液体薄膜持续的时间接近2s。若持续时间少于2s，则用更低表面张力的混合溶液来试验使之接近2s。

（4）每次试验使用新的棉签，若使用线锭应在乙醇中浸泡后晾干，以免这些工具上的残液会通过蒸发而改变成分和表面张力。

（5）用试样表面润湿最接近2s的混合溶液至少测定3次，该混合溶液的表面张力即被作为试样的润湿张力。

4. 注意事项

目前，各方使用达因笔测试薄膜表面的润湿张力非常普遍，相比较而言，使用达因笔测试更为方便、快捷，使用达因笔测试时可按以下方法进行。

（1）选择达因笔：达因笔上都标有相应的润湿张力，选择所需润湿张力的达因笔开始测试。

（2）测试方法：将达因笔垂直于薄膜表面，适当加压，在薄膜表面轻轻画出一条直线。

（3）结果分析：

①画线平均分布，无任何珠点，说明测试样品表面张力高于达因笔上标注值。

②画线慢慢收缩，说明测试样品表面张力稍低于达因笔上标注值。

③画线立即收缩，并形成珠点，说明测试样品表面张力严重低于达因笔上标注值。

此外，薄膜的润湿张力还可以通过其他方法来测量，例如，通过量角法或量高法测定薄膜与水接触角度也可用于表征薄膜表面的润湿张力。

（十一）加热尺寸变化率（GB/T 12027—2004）

本方法适用于厚度小于1mm的热收缩或非热收缩的薄膜和薄片加热时纵向和横向尺寸变化测定。

1. 原理

试验包括：分别测定各试样纵向和横向上两个规定长度标记间的初始长度；

试样放在烘箱内高岭土床上按规定温度和时间加热；试样冷却后再次测量纵向和横向

的标记间长度并计算尺寸变化。

2. 仪器

（1）空气循环烘箱：烘箱的容量应能使试验组（包括高岭土床和试样）的总体积不超过其 10%，并能使试验组放在烘箱内架上时相互间和距烘箱壁至少 50mm。

烘箱内循环空气通过的速率每小时至少换气 6 次，烘箱的温度应能控制到保持试验组试验温度的 ±2℃（如试验温度低于 100℃为 ±1℃）。

（2）金属容器：包括厚度约 20mm 的高岭土床，其大小应能使试样平整地放在上面不变形，并能放入烘箱中。

（3）测温装置：测头应能浸埋在高岭土床内。

（4）量具：精度不大于 0.5mm 的量具。

（5）秒表。

3. 试样

（1）试样尺寸：120mm × 120mm。

（2）试样数量：3 块。

（3）取样位置：分别从薄膜或薄片的中部和两边各取一块试样，取样时应距薄膜或片边缘至少 50mm。

试样尺寸和标记长度见图 3 - 18。

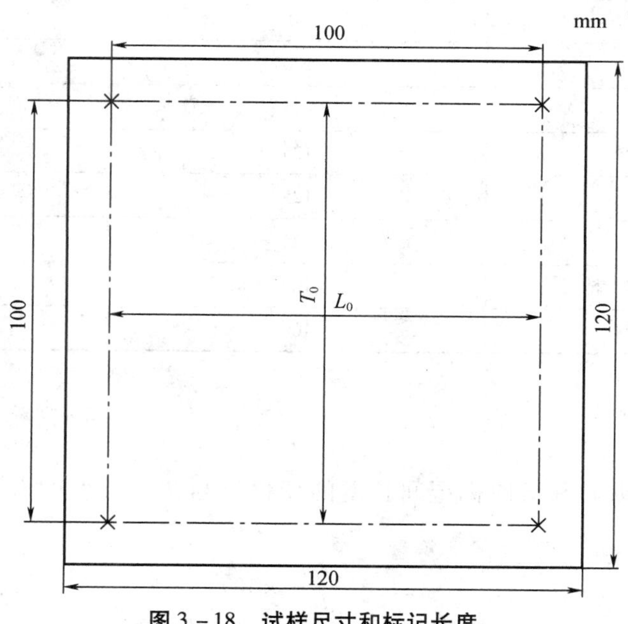

图 3 - 18　试样尺寸和标记长度

4. 试验步骤

（1）状态调节及试验环境：在试样制备和测量前，样品按 GB/T 2918—1998 规定的一种标准环境状态调节至少 2h。

（2）将包括高岭土床的金属容器放入烘箱中，控制温度使高岭土床达到规定温度。

（3）标记试样的纵向和横向，在试样中间分别标记纵向和横向的初始长度（L_0 和 T_0），精确至 0.5mm。

（4）试样平展放在高岭土床上，上面用薄薄一层高岭土盖上，在材料所要求的时间内保持规定的温度，加热时间和加热温度见表 3－17 和表 3－18。

（5）加热结束后从高岭土床中取出试样，在与试样状态调节同样的环境下保持至少 30min，再次测量标记间长度（L 和 T）。

表 3－17　加热时间

试样类型	加热时间
不在高温下加工的非热收缩薄膜或薄片	5min
热收缩或热成型薄膜或薄片	30min

表 3－18　加热温度

单位：℃

材料	非收缩	热收缩/热成型
未增塑聚氯乙烯	85	125
增塑聚氯乙烯	70	125
氯化聚氯乙烯	100	150
ABS		125
高密度聚乙烯	125	150
聚丙烯	125	175
乙酸纤维	125	150
聚甲基丙烯酸甲酯	160	160
低密度聚乙烯	100	150

5. 计算

计算每块试样纵向和横向标记间长度的变化值与初始长度的百分比，分别按下式计算。

$$\Delta L = \frac{L - L_0}{L_0} \times 100$$

$$\Delta T = \frac{T - T_0}{T_0} \times 100$$

式中：L_0，T_0——初始标记间长度，mm；

L,T ——加热后标记间长度，mm。

分别计算三块试样纵向和横向结果的算术平均值，精确至小数一位。

6. 注意事项

（1）ΔL 和 ΔT 可能为正或负，正值和负值分别表示薄膜或薄片的伸长或缩短。

（2）某些试样对湿度敏感，在测定加热尺寸变化率时需进行防潮处理，加热前后均需对样品进行湿度平衡，方可测量尺寸变化。

（十二）抗摆锤冲击（GB/T 8809—1988）

1. 原理

使摆锤式薄膜冲击试验机的半球形冲头在一定的速度下冲击并穿过塑料薄膜，测量冲头所消耗的能量。以此能量评价塑料薄膜的抗摆锤冲击能量。

2. 仪器

（1）摆锤式薄膜冲击试验机，示意图见图 3－19。

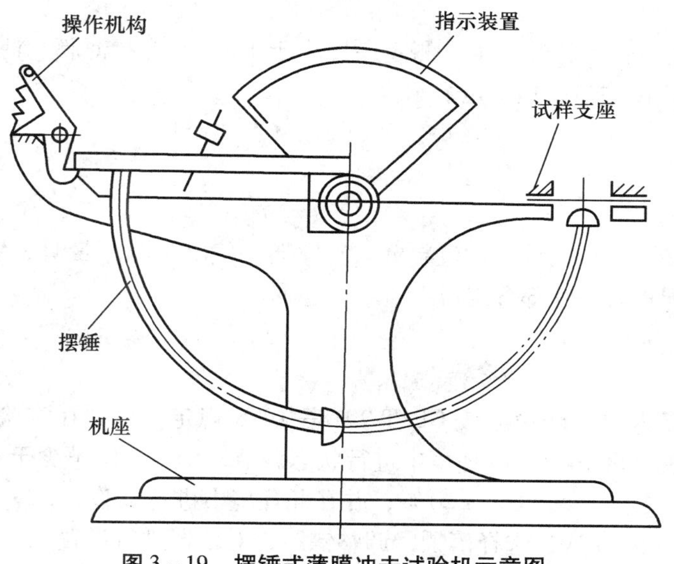

图 3－19 摆锤式薄膜冲击试验机示意图

（2）测厚仪：应符合 GB/T 6672—2001 的规定。

3. 试样

（1）试样尺寸：100mm×100mm 或直径 100mm。

（2）试样数量：10 个。

（3）试样裁取：在外观合格的薄膜宽度方向上均匀裁取。

4. 试验步骤

（1）状态调节及试验环境：试样在温度23℃ ±2℃，相对湿度45% ~55%的环境中放置至少4h，并在此环境中进行试验。

（2）按照GB/T 6672—2001测量试样厚度，在每个试样的中心测量一点，取10个试样测试结果的算术平均值作为样品厚度。

（3）根据试样所需的抗摆锤冲击能量选用冲头，使读数在满量程的10% ~90%之间。

（4）校准仪器，检查设备归零情况。

（5）夹样：将试样平展地放入夹持器中夹紧，试样不应有皱折或四周张力过大的现象，应使10个试样的受冲击面一致。

（6）将指针拨到最大刻度处，迅速放开摆的挂钩，使摆锤冲击试样，记录读数。

5. 计算

以10个试样抗摆锤冲击能量的算术平均值表示。

（十三）落镖冲击（GB/T 9639. 1—2008）

1. 原理

在给定高度的自由落镖冲击下，测定厚度小于1mm的塑料薄膜和薄片试样破损数量达50%时的能量，以冲击破损质量表示。

2. 仪器

落镖冲击仪。

一般由试样夹具、电磁铁、定位装置、支撑架、气缸、测厚量具、缓冲和防护装置、锁紧环、落镖、配重块等几部分组成。

3. 试验步骤

（1）状态调节及试验环境：按GB/T 2918—1998规定，试样在实验前应在温度（23 ±2）℃、相对湿度（50 ±5）%的环境中进行状态调节，调节时间不少于40h，仲裁时，温度为（23 ±1）℃、相对湿度（50 ±2）%，并在此环境中进行试验。

（2）确定A法或B法，选择落镖，调整镖距，对仪器进行设置。

（3）测量试样冲击区域的平均厚度，精确到1μm。

（4）选择的落体质量应接近于预计的冲击破损质量，将配重块装于落镖圆柄上，并装上锁紧环，固定。

（5）将第一个试样放置于下夹具上，保持试样均匀平整，无折痕，完全覆盖在橡胶圈垫上，与环形夹具的上夹具夹紧。

（6）给电磁铁通电，将落镖的圆柄垂直插入磁性连接器里，保持落镖处于静止状态。

（7）给磁铁断电，落镖垂直下落，冲击试样表面，若落镖由试样表面弹开，应及时捕捉，防止落镖反复冲击试样表面以及冲击损伤落镖的半径接触表面。

（8）检查试样是否有滑动现象，若有滑动，则改试验结果应舍弃。

（9）检查试样是否破损。在试样背面照明的条件下，试样穿透即为破损。

（10）换剩余试样，重复上述测试。

4. 注意事项

（1）落镖试验方法分 A 法和 B 法两种，两种试验条件对比见表 3 – 19。

表 3 – 19　落镖冲击试验 A 法与 B 法条件对比

对比参数	A 法	B 法
落镖头部直径	（38 ±1） mm	（50 ±1） mm
下落高度	（0. 66 ±0. 01） m	（1. 50 ±0. 01） m
适用冲击对象	冲击破损质量为 0. 05kg ~2kg 的材料	冲击破损质量为 0. 05kg ~2kg 的材料
镖头材料	由光滑、抛光的铝、酚醛树脂或其他硬度相似的低密度材料制成	由光滑、抛光的不锈钢或其他硬度相似的材料制成
配重块质量	5g，15g，30g，80g	15g，45g，90g

目前，食品用塑料包装落镖冲击试验以 A 法为主。

（2）两种试验方法测试数据不能用于直接比较，也不能比较不同的落体速度、落体碰撞表面直径、有效试样直径和试样厚度情况下得到的数据。在这些变量下测得的结果主要取决于样品的加工方法。

（3）材料质量对 A 法和 B 法的试验结果影响较大，因此，用该法测得的数据置信区间变化较大，取决于试样的质量、量规的均匀度、口型划痕和杂质等。

（十四）阻氧性能

1. 压差法（GB/T 1038—2000）

（1）原理

塑料薄膜或薄片将低压室和高压室分开，高压室充有约 10^5Pa 的试验气体，低压室的体积已知。试样密封后用真空泵将低压室内空气抽到接近零值。

用测压计测量低压室内的压力增量 ΔP，可确定试验气体由高压室透过膜（片）到低压室的以时间为函数的气体量，但应排除气体透过速度随时间而变化的初始阶段。

气体透过量和气体透过系数可由仪器所带的计算机按规定程序计算后输出，也可按测定值计算得到。

气体透过量：在恒定温度和单位压力差下，在稳定透过时，单位时间内透过试样单位面积的气体的体积。以标准温度和压力下的体积值表示，单位：$cm^3/(m^2 \cdot d \cdot Pa)$。

气体透过系数：在恒定温度和单位压力差下，在稳定透过时，单位时间内透过试样单位厚度、单位面积的气体的体积。以标准温度和压力下的体积值表示，单位：$cm^3 \cdot cm/$

$(cm^2 \cdot s \cdot Pa)$。

（2）仪器

透气仪，见图3－20。

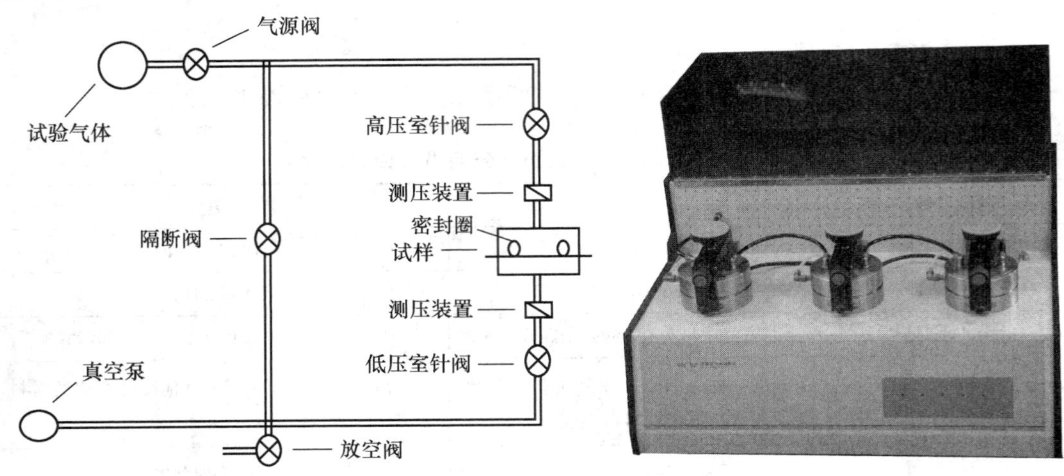

图3－20　透气仪

透气仪包括以下几部分：

①透气室：由上下两部分组成，当装入试样时，上部为高压室，用于存放试验气体；下部为低压室，用于贮存透过的气体并测定透气过程前后压差，以计算试样的气体透过量，上下两部分均装有试验气体的进出管。

低压室由一个中央带空穴的试验台和装在空穴中的穿孔圆盘组成。根据试样透气量的不同，穿孔圆盘下部空穴的体积也不同。试验时应在试样和穿孔圆盘之间嵌入一张滤纸以支撑试样。

②测压装置：高、低压室应分别有一个测压装置，低压室测压装置的准确度应不低于6Pa。

③真空泵：应能使低压室中的压力不大于10Pa。

（3）试样

试样应具有代表性，应没有痕迹或可见的缺陷。试样一般为圆形，其直径取决于所使用的仪器，每组试样至少为3个。

应在GB/T 2918中规定的23℃±2℃环境下，将试样放在干燥器中进行48h以上状态调节或按产品标准规定处理。

（4）试验步骤

①按GB/T 6672—2001测量试样厚度，至少测量5点，取算术平均值。

②在试验台上涂一层真空油脂，若油脂涂在空穴中的圆盘上，应仔细擦净；若滤纸边缘有油脂时，应更换滤纸。

③关闭透气室各针阀，开启真空泵。

④在试验台中的圆盘上放置滤纸后，放上经状态调节的试样，试样应保持平整，不得有皱褶。轻轻按压使试样与试验台上的真空油脂良好接触。开启低压室针阀，试样在真空

下应紧密贴合在滤纸上，在上盖的凹槽内放置O形圈，盖好上盖并紧固。

⑤打开高压室针阀及隔断阀，开始抽真空直至27Pa以下，并继续脱气3h以上，以排除试样所吸附的气体和水蒸气。

⑥关闭隔断阀，打开试验气瓶和气源开关向高压室充试验气体，高压室的气体压力应在（1.0～1.1）$\times 10^5$Pa范围内。压力过高时，应开启隔断阀排出。

⑦对携带运算器的仪器，应首先打开主机电源开关及计算机电源开关，通过键盘分别输入各试验台样品的名称、厚度、低压室体积参数和试验气体名称等，准备试验。

⑧关闭高、低压室排气针阀，开始透气试验。

⑨为剔除开始试验时的非线性阶段，应进行10min的预透气试验，随后开始正式透气试验，记录低压室的压力变化值ΔP和试验时间t。

⑩继续试验直到在相同的时间间隔内压差的变化保持恒定，达到稳定透过。至少取3个连续时间间隔的压差值，求其算术平均值，以此计算该试样的气体透过量及气体透过率。

（5）计算

气体透过量Q_g按下式计算：

$$Q_g = \frac{\Delta P}{\Delta t} \times \frac{V}{S} \times \frac{T_0}{p_0 T} \times \frac{24}{(p_1 - p_2)}$$

式中：Q_g——材料的气体透过量，$cm^3/m^2 \cdot d \cdot Pa$；

$\Delta P/\Delta t$——在稳定透过时，单位时间内低压室气体压力变化的算术平均值，Pa/h；

V——低压室体积，cm^3；

S——试样的试验面积，m^2；

T——试验温度，K；

$p_1 - p_2$——试样两侧的压差，Pa；

T_0, p_0——标准状态下的温度（273.15K）和压力（1.0133×10^5Pa）。

气体透过系数P_g按下式计算：

$$P_g = \frac{\Delta P}{\Delta t} \times \frac{V}{S} \times \frac{T_0}{p_0 T} \times \frac{D}{(p_1 - p_2)} = 1.1574 \times 10^{-9} Q_g \times D$$

式中：P_g——材料的气体透过率，$cm^3 \cdot cm/(cm^2 \cdot s \cdot Pa)$；

$\Delta P/\Delta t$——在稳定透过时，单位时间内低压室气体压力变化的算术平均值，Pa/s；

T——试验温度，K；

D——试样厚度，cm。

试验结果以每组试样的算术平均值表示。

2. 库仑计检测法（GB/T 19789—2005）

本标准修改采用ASTM D3985－1995《塑料薄膜和薄片氧气透过性试验方法——库仑

计检测法标准》。

（1）原理

试样将透气室分成两部分。试样的一侧通氧气，另一侧通氮气载气，透过试样的氧气随氮气载气一起进入库仑计中进行化学反应并产生电压，该电压与单位时间内通过库仑计的氧气数量成正比。

（2）试样

①试样应具有代表性，厚度均匀，无皱折、折缝、针孔及其他缺陷。试样应裁成与试验仪器相匹配的尺寸。

②用符合 GB/T 6672—2001 标准要求的测厚仪，在整个试样上至少测 5 点，记录最大值、最小值，并计算平均值。

③如果试样是不对称结构的，应当标记试样的两个表面，注明面向试验气体的表面。

（3）仪器

①氧气透过性测试仪，见图 3 - 21。

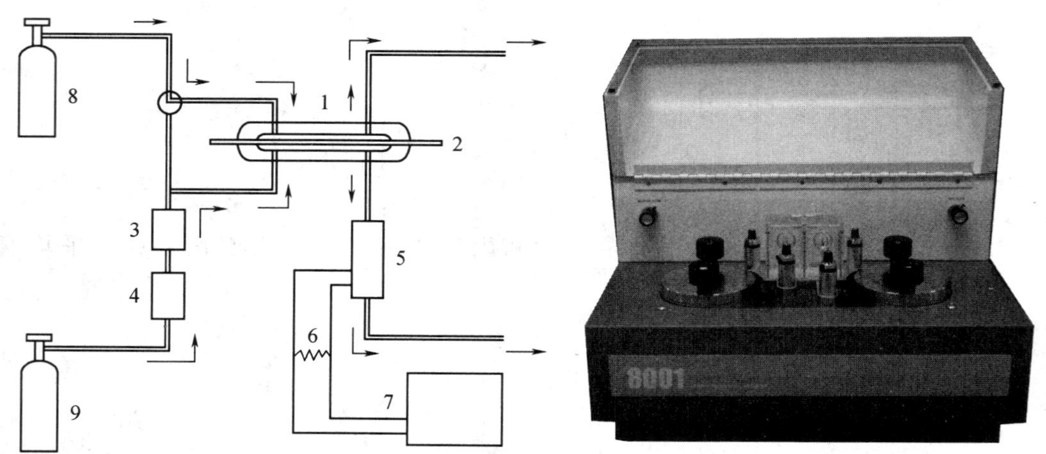

图 3 - 21　氧气透过性测试仪

1—透气室；2—试样；3—催化装置；4—流量计；5—库仑计；6—负载电阻器；7—记录仪；8—氧气钢瓶；9—氮气钢瓶

②氮气载气：由氮气和氢气混合物组成，其中氢气的体积百分比含量为 0.5% ~ 3.0%。载气应干燥，氧气的体积百分比含量不得高于 0.01%。

③氧气试验气体：应干燥，含量不低于 99.5%。

④密封脂：活塞用高黏度的有机硅油脂或高级的真空油脂，用来密封透气室内的试样。

（4）试验步骤

①打开透气室，沿透气室下半部分的凸边上涂一薄层密封油脂。从干燥器中取出样品，裁成合适尺寸的试样，将试样小心地放到油脂上，避免使试样皱折，盖上透气室盖，紧固密封好。

②打开透气室的氮气载气开关，打开氮气载气阀门，以 50mL/min ~ 60mL/min 的流速将透气室的上下两部分中的空气吹净，3min ~ 4min 后，将流速降低至 5mL/min ~ 15mL/min，维持此流速 30min。

③向系统通了 30 min 的氮气后，将阀门打到库仑计位置上，通过透气室两侧的氮气进入库仑计中，当记录仪上得到一个稳定的低数值电压时，此时的电压值即为零电压 E_0。

④ E_0 确定后，关掉开关，使氮气不能进入透气室的试验气体一侧（氧气侧），将试验气体（氧气）导入透气室的氧气侧。

⑤库仑计上输出的电压值应逐渐增加，最终达到一个恒定值，此值即为测试电压值，以 E_e 表示。

⑥记录透气室两侧的温度。

⑦每个样品至少测试 3 个试样。

（5）计算

①氧气透过率按下式计算：

$$R_{O_2} = (E_e - E_0)Q/(A \cdot R)$$

式中：R_{O_2} ——氧气透过率，cm^3/（$m^2 \cdot 24h$）；

E_e ——稳态时测试电压，mV；

E_0 ——试验前零电压，mV；

A ——试样面积，m^2；

Q ——仪器测试常数，$cm^3 \cdot \Omega$/（$mV \cdot 24h$）。

②氧气透过量按下式计算：

$$P_{O_2} = R_{O_2}/P$$

式中：P_{O_2} ——氧气透过量，cm^3/（$m^2 \cdot 24h \cdot 0.1MPa$）；

R_{O_2} ——氧气透过率，cm^3/（$m^2 \cdot 24h$）；

P ——透气室中试验气体侧的氧气分压，单位 MPa；即氧气的摩尔分数乘以总压力（通常为 1 个大气压）。载气侧的氧气分压视为零。

③氧气透过常数

$$\overline{P}_{O_2} = P_{O_2} \cdot t$$

式中：$\overline{P}_{O_2}$ ——氧气透过常数，cm^3/（$m \cdot 24h \cdot 0.1MPa$）；

P_{O_2} ——氧气透过量，cm^3/（$m^2 \cdot 24h \cdot 0.1MPa$）；

t ——试样的平均厚度，m。

试验结果取平均值，保留三位有效数字。

（十五）透湿性能

1. 杯式法（GB 1037—1988）

（1）原理

在规定的温度、相对湿度条件下，试样两侧保持一定的水蒸气压差，测量透过试样的水蒸气量，计算水蒸气透过量和水蒸气透过系数。

水蒸气透过量（WVT）：在规定的温度、相对湿度，一定的水蒸气压差和一定厚度的条件下，$1m^2$的试样在24h内透过的水蒸气量。

水蒸气透过系数（P_V）：在规定的温度、相对湿度环境中，单位时间内，单位水蒸气压差下，透过单位厚度，单位面积试样的水蒸气量。

（2）仪器

①恒温恒湿箱：恒温恒湿箱温度精度为±0.6℃；相对湿度精度为±2%；风速为0.5m/s～2.5m/s。恒温恒湿箱关闭门之后，15min内应重新达到规定的温、湿度。

②透湿杯及定位装置：透湿杯由质轻、耐腐蚀、不透水、不透气的材料制成。有效测定面积至少为$25cm^2$，见图3－22。

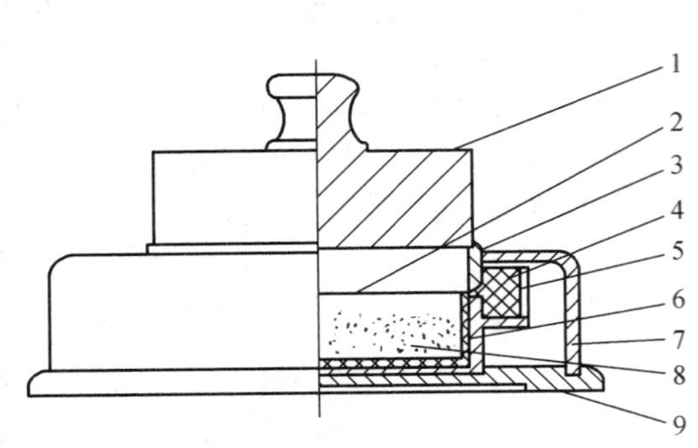

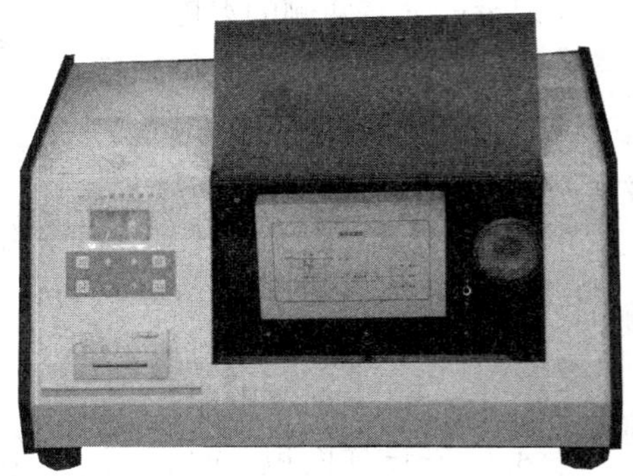

图3－22　透湿杯组装图

1—压盖（黄铜）；2—试样；3—杯环（铝）；4—密封蜡；5—杯子（铝）；6—杯皿（玻璃）；7—导正环（黄铜）；8—干燥剂；9—杯台（黄铜）

③分析天平：感量为0.1mg。

④干燥器。

⑤量具：测量薄膜厚度精度为0.001mm；测量片材厚度精度为0.01mm。

⑥密封蜡：密封蜡应在温度38℃、相对湿度90%条件下暴露不会软化变形。若暴露表面积为$50cm^2$则在24h内质量变化不能超过1mg。

密封蜡配方如下：85%石蜡（熔点为50℃～52℃）和15%蜂蜡组成；80%石蜡（熔点为50℃～52℃）和20%黏稠聚异丁烯（低聚合度）组成。

⑦干燥剂：无水氯化钙粒度为0.60mm～2.36mm。使用前应在（200±2）℃烘箱中干燥2h。

（3）试样

①试样应平整、均匀，不得有孔洞、针眼、皱折、划伤等缺陷。每一组至少取三个试样。对两个表面材质不相同的样品，在正反两面各取一组试样。

②对于低透湿量或精确度要求较高的祥品，应取一个或两个试样进行空白试验。空白试验指除杯中不加干燥剂外，其他试验步骤相同。

③试样用标准的圆片冲刀冲切。试样直径应为杯环内径加凹槽宽度。

（4）试验步骤

①选择试验条件

条件 A：温度（38 ±0.6）℃，相对湿度 90% ±2%；

条件 B：温度（23 ±0.6）℃，相对湿度 90% ±2%。

②将干燥剂放入清洁的杯皿中，其加入量应使干燥剂距试样表面约 3mm 为宜。

③将盛有干操剂的杯皿放入杯子中，然后将杯子放到杯台上，试样放在杯子正中，加上杯环后，用导正环固定好试样的位置，再加上压盖。

④取下导正环，将熔融的密封蜡浇灌的杯子的凹槽中。密封蜡凝固后不允许产生裂纹及气泡。

⑤待密封蜡凝固后，取下压盖和杯台，并清除粘在透湿杯边及底部的密封蜡。

⑥称量封好的透湿杯。

⑦将透湿杯放入已调好温度、湿度的恒温恒湿箱中，16h 后从箱中取出，放入处于（23 ±2）℃环境下的干燥器中，平衡 30min 后进行称量。

注：以后每次称量前均应进行上述平衡步骤。

⑧称量后将透湿杯重新放入恒温恒湿箱内，以后每两次称量的间隔时间为 24h、48h 或 96h。

注：若试样透湿量过大，可对初始平衡时间和称量间隔时间做相应调整。但应控制透湿杯增量不少于 5mg。

⑨重复上一步骤，直到前后两次质量增量相差不大于 5% 时，方可结束试验。

注：每次称量时，透湿杯的先后顺序应一致，称量时间不得超过间隔时间的 1%，每次称量后应轻微振动杯子中的干燥剂使其上下混合；干燥剂吸湿总增量不得超过 10%。

（5）计算

水蒸气透过量（WVT）按下式计算：

$$\mathrm{WVT} = \frac{24 \cdot \Delta m}{A \cdot t}$$

式中：WVT——水蒸气透过量，g/（m^2·24h）；

t——质量增量稳定后的两次间隔时间，h；

Δm——t 时间内的质量增量，g；

A——试样透水蒸气的面积，m^2。

注：若需做空白试验的试样计算水蒸气透过量时，Δm 需扣除空白试验中 t 时间内的质量增量。

试验结果以每组试样的算术平均值表示，取三位有效数字。每一个试样测试值与算术平均值的偏差不超过 ±10%。

水蒸气透过系数（P_V）按下式计算：

$$P_V = \frac{\Delta m \cdot d}{A \cdot t \cdot \Delta p} = 1.157 \times 10^{-9} \times \frac{\mathrm{WVT} \cdot d}{\Delta p}$$

式中：P_V——水蒸气透过系数，g·cm/（cm^2·s·Pa）；

WVT——水蒸气透过量，g/（m^2·24h）；

d——试样厚度，cm；

Δp——试样两侧的水蒸气压差，Pa。

试验结果以每组试样的算术平均值表示，取两位有效数字。

注：人造革、复合塑料薄膜、压花薄膜不计算水蒸气透过系数。

2. 电解传感器法（GB/T 21529—2008）

本标准修改采用 ISO 15106 - 3：2003《塑料　薄膜和薄片　水蒸气透过率试验方法　第 3 部分：电解传感器检测法》。

水蒸气透过率（WVTR）——在特定条件下，单位时间透过单位面积试样的水蒸气量。

注：本方法中水蒸气透过率定义与 GB/T 1037—1988 中的水蒸气透过量定义的含义是一致的。水蒸气透过率（量）的单位为克每平方米每 24 小时［g/（m^2 · 24 h)］。

（1）原理

将试样装夹到渗透腔内后，试样将渗透腔分成干腔和湿腔（湿度可调）。在干腔中有干燥的载气流通过，从湿腔透过试样的水蒸气由载气携带到电解池内。电解池的结构通常为：内有两个螺旋形金属电极，电极安装在玻璃毛细管的内壁上，电极表面涂有一薄层五氧化二磷。载气通过玻璃毛细管，由载气所携带的水蒸气被五氧化二磷定量地吸收。通过给电极施加一定的直流电压，将水蒸气电解成氢气和氧气。根据电解电流的数值，计算单位时间内透过单位面积试样的水蒸气量。

（2）试样

①试样应有代表性，厚度均匀，无折痕、褶皱、针孔。试样的面积应大于渗透腔的透过面积，试样应密封装夹好。

②水蒸气透过率至少测试三个试样。

③按照 GB/T 6672 的规定测量厚度，每个试样至少等间距测量 3 个点。

（3）仪器

电解法水蒸气透过率测试仪，见图 3 - 23。

图 3 - 23　电解法水蒸气透过率测试仪

仪器由渗透腔、电解池、流量调节阀、干燥管、换向阀等构成。在渗透腔的两腔之间装夹试样，电解池用来测水蒸气透过率，干燥管内盛装干燥剂，如分子筛材料。仪器结构见图 3－24。

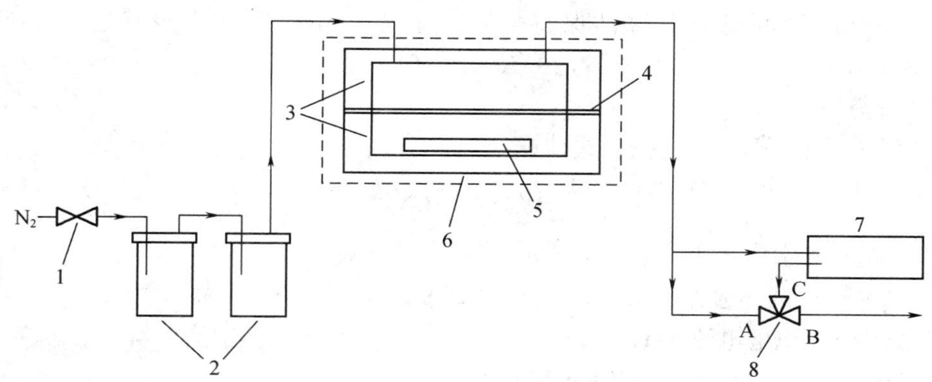

图 3－24　电解传感器法水蒸气透过率测试仪器结构示意图

1—流量调节阀；2—干燥管；3—渗透腔；4—试样；5—多孔盘；6—控温装置；7—电解池；8—换向阀

该设备采用标准膜来校准设备，标准膜可以是已知水蒸气透过率的薄膜，或是由重量法测试得到水蒸气透过率的薄膜。

（4）试验步骤

①选择试验条件，应优先从表 3－20 中选择。

表 3－20　电解传感器法试验条件

编号	温度/℃	相对湿度/%
1	25 ±0.5	90 ±2
2	38 ±0.5	90 ±2
3	40 ±0.5	90 ±2
4	23 ±0.5	85 ±2
5	25 ±0.5	75 ±2

②试样状态调节：在温度 23℃ ±2℃，相对湿度 50% ±10% 条件下对试样进行状态调节，调节时间至少 4h。

③将盛有合适浓度的硫酸溶液或蒸馏水或饱和盐溶液等介质的多孔盘放到渗透腔的湿腔中，用来形成恒定的湿度环境。

④将试样放置到渗透腔的干、湿腔之间，关闭且密封好渗透腔。

⑤将换向阀调节到合适的位置，使载气经过干燥管到干腔，绕过电解池，直接通向大气。这样可以避免在装夹试样的过程中进入干腔的湿气被带入电解池，从而使电解池受潮，使试验结果无效。

⑥向电解池施加一定的直流电压。将电解池一直保持在工作通电的状态，除非长时间

不使用它。

⑦大约 30min 后，将换向阀调节到试验位置，使载气通过电解池。

⑧按一定的时间间隔定时测量电解电流的变化量，当相邻 3 次电流采样值波动幅度不大于 5% 时，可视为电流已保持恒定，水蒸气渗透达到稳定状态，记录下电流值。

（5）计算

水蒸气透过率（WVTR）按下式计算：

$$\text{WVTR} = 8.067 \times \frac{I}{A}$$

式中：WVTR——水蒸气透过率，g/（m^2·24h）；

A——试样透过面积，m^2。

I——电解电流，A；

8.067——仪器常数，g/（A·24h）。

试验结果以三个或三个以上试样的算术平均值表示，当数值小于 1 时，结果保留小数点后 2 位，当数值大于 1 时，结果保留小数点后 1 位。每一个试样的测试值与算术平均值的偏差不得超过 10%。

3. 注意事项

包装材料的阻隔性能，不论是水蒸气透过率还是氧气透过率，在检测和检测结果的应用过程中应注意如下几个方面；

（1）渗透率这一概念是在薄膜符合菲克（Fick）定律条件下得出的，对于氧气而言，除了个别吸氧材料外，一般都符合菲克定律。但是，由于水蒸气和有机物的渗透过程中，会与不少聚合物发生相互作用，因而一般属于非菲克定律型扩散。

（2）对于复合材料，其结构不一定对称，因而存在试样的正反面问题。某些材料正反面的氧气透过率测量结果差别较大，这是因为在实际测试过程中，所测得的结果是穿过试样的渗透和密封部的渗透两者之和。

（3）对于吸附性、吸湿性较大的包装材料，在试验过程中应考虑其吸附和脱附等对实验结果的影响，同时应清楚平衡时间一般较长，而且即使是同一环境下，经过不同过程的平衡态也未必相同，这就是说材料的平衡态，不但与平衡的环境有关，而且与过程有关。

（4）应该重视检测过程中的泄漏问题，任何实验得出的水蒸气透过率和氧气透过率都是渗透和泄漏的总和，只有在泄漏可以忽略不计的条件下，所测得的渗透才是准确的。操作的细节和一些辅助材料（如密封蜡、真空脂等）都对测试过程中的泄漏有重大影响。

二、食品用塑料包装材料及制品卫生指标

我国的食品用塑料包装材料及制品卫生标准主要包括两部分内容：一是食品包装用树脂卫生标准；二是食品包装成型品卫生标准。

从检测项目上看，食品包装用树脂的检测项目包括：干燥失重、灼烧残渣、正己

烷提取物、单体含量、特定物质含量等。食品包装成型品的检测项目有：不同食品模拟液中的蒸发残渣；高锰酸钾消耗量；重金属（以铅计）；重金属的溶出试验如铅、镉、砷、锑、镍等；有毒有害单体残留量如氯乙烯单体、丙烯腈单体等；微生物检测等。

（一）树脂卫生指标

1. 检验项目（见表3－21）

表3－21　食品包装材料及容器用树脂与检验项目对应表

项目	PE	PP	PET	PS	PC	PVC	尼龙6
干燥失重	★			★			
灼烧残渣	★						
提取物	★	★	★	★	★		
高锰酸钾消耗量					★		
酚					★		
挥发物				★			
苯乙烯				★			
乙苯				★			
氯乙烯						★	
1，2－二氯乙烷						★	
1，1－二氯乙烷						★	
己内酰胺							★
重金属（铅）			★		★		
重金属（锑）			★				

2. 指标要求（见表3－22～表3－28）

表3－22　聚乙烯树脂卫生标准中理化指标（GB 9691—1988）

项目	指标
干燥失重，%	≤0.15
灼烧残渣，%	≤0.20
正己烷提取物，%	≤2.00

表 3－23　聚丙烯树脂卫生标准中理化指标（GB 9693—1988）

项目	指标
正己烷提取物，%	≤2

表 3－24　聚对苯二甲酸乙二醇酯树脂卫生标准中理化指标（GB 13114—1991）

项目		指标
铅，mg/kg		≤1
锑，mg/kg		≤1.5
提取物，%	水，回流 0.5h	≤0.5
	65% 乙醇，回流 2h	≤0.5
	4% 乙酸，回流 0.5h	≤0.5
	正己烷，回流 1h	≤0.5

表 3－25　聚苯乙烯树脂卫生标准中理化指标（GB 9692—1988）

项目	指标
干燥失重，（100℃，3h），%	≤0.2
挥发物，%	≤1.0
苯乙烯，%	≤0.5
乙苯，%	≤0.3
正己烷提取物，%	≤1.5

表 3－26　聚碳酸酯树脂卫生标准中理化指标（GB 13116—1991）

项目		指标
提取物，mg/L	蒸馏水，回流 6h	≤15
	4% 乙酸，回流 6h	≤15
	正己烷，回流 6h	≤15
	20% 乙醇，回流 6h	≤15
高锰酸钾消耗量（蒸馏水，回流 6h），mg/L		≤10
酚（蒸馏水，回流 6h），mg/L		≤0.05
重金属（4% 乙酸，回流 6h），mg/L		≤1.0

表 3－27　聚氯乙烯树脂卫生标准中理化指标（GB 4803—1994）

项目	指标	
	乙炔法	乙烯法
氯乙烯，mg/kg	≤5	≤5
1，2－二氯乙烷，mg/kg	—	≤2
1，1－二氯乙烷	≤150	—

表 3－28 聚丙烯树脂卫生标准中理化指标（GB 9693—1988）

项目	指标
己内酰胺，mg/L	≤150

（二）成型品卫生指标

1. 检验项目（见表 3－29）

表 3－29 食品包装材料及容器成型品与检验项目对应表

项目		PE	PP	PET	PS	PC	PVC	PA	ABS	AS	三聚氰胺—甲醛	复合袋
蒸发残渣	乙酸	★	★	★	★	★	★	★	★	★		★
	乙醇	★		★	★	★	★	★	★	★		★
	正己烷	★	★	★		★	★	★	★	★		★
	水			★		★		★	★	★	★	
高锰酸钾消耗量		★	★	★	★	★	★	★	★	★	★	★
重金属（以 Pb 计）		★	★	★	★	★	★	★	★	★	★	★
脱色试验		★	★	★	★	★	★	★	★	★	★	
甲醛单体迁移量											★	
三聚氰胺单体迁移量											★	
锑（以 Sb 计）				★								
酚						★						
氯乙烯单体							★					
己内酰胺								★				
丙烯腈单体									★	★		
甲苯二胺												★

2. 指标要求（见表 3－30～表 3－40）

表 3－30 聚乙烯成型品卫生标准中理化指标（GB 9687—1988）

项目		指标
蒸发残渣，mg/L	4% 乙酸，60℃，2h	≤30
	65% 乙醇，20℃，2h	≤30
	正己烷，20℃，2h	≤60

续表

项目	指标
高锰酸钾消耗量（60℃，2h），mg/L	≤10
重金属（以 Pb 计）4%乙酸，60℃，2h，mg/L	≤1
脱色试验	阴性

表 3-31　聚丙烯成型品卫生标准中理化指标（GB 9688—1988）

项目		指标
蒸发残渣，mg/L	4%乙酸，60℃，2h	≤30
	正己烷，20℃，2h	≤30
高锰酸钾消耗量（水，60℃，2h），mg/L		≤10
重金属（以 Pb 计）4%乙酸，60℃，2h，mg/L		≤1
脱色试验		阴性

表 3-32　聚对苯二甲酸乙二醇酯成型品卫生标准中理化指标（GB 13113—1991）

项目		指标
蒸发残渣，mg/L	4%乙酸，60℃，0.5h	≤30
	水，60℃，0.5h	≤30
	65%乙醇，室温，1h	≤30
	正己烷，室温，1h	≤30
高锰酸钾消耗量（水，60℃，0.5h），mg/L		≤10
重金属（以 Pb 计）4%乙酸，60℃，0.5h，mg/L		≤1.0
锑（以 Sb 计）4%乙酸，60℃，0.5h，mg/L		≤0.05
脱色试验		阴性

表 3-33　聚苯乙烯成型品卫生标准中理化指标（GB 9689—1988）

项目		指标
蒸发残渣，mg/L	4%乙酸，60℃，2h	≤30
	65%乙醇，20℃，2h	≤30
高锰酸钾消耗量（水，60℃，2h），mg/L		≤10
重金属（以 Pb 计）4%乙酸，60℃，2h，mg/L		≤1
脱色试验		阴性

表 3－34　聚碳酸酯成型品卫生标准中理化指标（GB 14942—1994）

项目		指标
蒸发残渣，mg/L	蒸馏水	≤30
	4% 乙酸	≤30
	正己烷	≤30
	20% 乙醇	≤30
高锰酸钾消耗量（蒸馏水），mg/L		≤10
酚（蒸馏水），mg/L		≤0.05
重金属（以 Pb 计）4% 乙酸，mg/L		≤1
脱色试验		阴性

表 3－35　聚氯乙烯成型品卫生标准中理化指标（GB 9681—1988）

项目		指标
氯乙烯单体，mg/kg		≤1
高锰酸钾消耗量（60℃，0.5h），mg/L		≤10
蒸发残渣，mg/L	4% 乙酸，60℃，0.5h	≤30
	20% 乙醇，60℃，0.5h	≤30
	正己烷，20℃，0.5h	≤150
重金属（以 Pb 计）4% 乙酸，60℃，0.5h，mg/L		≤1
脱色试验		阴性

表 3－36　尼龙成型品卫生标准中理化指标（GB 16332—1996）

项目		指标
己内酰胺，mg/L		≤15
蒸发残渣，mg/L	水，60℃，30min	≤30
	4% 乙酸，60℃，30 min	≤30
	20% 乙醇，60℃，30 min	≤30
	正己烷，室温（<20℃），1h	≤30
高锰酸钾消耗量（水），mg/L		≤10
重金属（以 Pb 计），mg/L		≤1
脱色试验		阴性

表 3－37　丙烯腈－丁二烯－苯乙烯成型品卫生标准中理化指标（GB 17326—1998）

项目		指标
蒸发残渣，mg/L	水，60℃，6h	≤15
	4%乙酸，60℃，6h	≤15
	20%乙醇，60℃，6h	≤15
	正己烷，室温，6h	≤15
高锰酸钾消耗量（水，60℃，6h），mg/L		≤10
重金属，4%乙酸，60℃，6h，mg/L		≤1.0
丙烯腈单体，mg/kg		≤11

表 3－38　丙烯腈－苯乙烯成型品卫生标准中理化指标（GB 17327—1998）

项目		指标
蒸发残渣，mg/L	水，60℃，6h	≤15
	4%乙酸，60℃，6h	≤15
	20%乙醇，60℃，6h	≤15
	正己烷，室温，6h	≤15
高锰酸钾消耗量（水，60℃，6h），mg/L		≤10
重金属，4%乙酸，60℃，6h，mg/L		≤1.0
丙烯腈单体，mg/kg		≤50

表 3－39　三聚氰胺—甲醛成型品卫生标准中理化指标（GB 9690—2009）

项目	指标
蒸发残渣，水，60℃，2h，mg/dm^2	≤2
高锰酸钾消耗量（水，60℃，2h），mg/dm^2	≤2
甲醛单体迁移量，4%乙酸（体积分数），60℃，2h，mg/dm^2	≤2.5
三聚氰胺单体迁移量，4%乙酸（体积分数），60℃，2h，mg/dm^2	≤0.2
重金属（以铅计），4%乙酸（体积分数），60℃，2h，mg/dm^2	≤0.2
脱色试验	阴性

表 3－40　复合食品包装袋卫生标准中理化指标（GB 9683—1988）

项目		指标
甲苯二胺（4%乙酸），mg/L		≤0.004
蒸发残渣，mg/L	4%乙酸	≤30
	正己烷，常温，2h	≤30
	65%乙醇，常温，2h	≤30

续表

项目	指标
高锰酸钾消耗量（水），mg/L	≤10
重金属（以 Pb 计），4% 乙酸，mg/L	≤1

（三）检验方法

1. 试样浸泡及预处理

食品包装材料及容器卫生检验项目并非直接对产品本身进行测试，主要检测其迁移至食品中的毒害物质。标准采用乙酸、乙醇、水、正己烷四种模拟物分别模拟酸、酒、水、油性食品，以下检验项目大多采用模拟物浸泡液进行测试。

（1）试样清洗

试样用自来水冲洗后用餐具洗涤剂（GB 9985）清洗，再用自来水反复冲洗后，用蒸馏水或无离子水冲 2 次 ~3 次，晾干，必要时可用洁净的滤纸将制品表面水分揩吸干净，但纸纤维不得存留器具表面。清洗过的试样应防止灰尘污染，并且清洁的表面也不应再直接用手触摸。

（2）浸泡方法

空心制品可采用容器内浸泡的方法，首先计算试样体积，准确量取溶剂加入空心制品中，按该制品规定的试验条件（温度、时间）浸泡。大于 1.1L 的塑料容器也可裁成试片进行测定。可盛放溶剂的塑料薄膜袋应浸泡无文字图案的内壁部分，可将袋口张开置于适当大小的烧杯中，加入适量溶剂依法浸泡。复合食品包装袋则按每平方厘米 2mL 计，注入溶剂依法浸泡。

扁平制品测得其面积后，按每平方厘米 2mL 的量注入规定的溶剂依法浸泡。或可采用全部浸泡的方法，其面积应以二面计算。

（3）注意事项

①浸泡液总量应能满足各测定项目的需要。例如，大多数情况下，蒸发残渣的测定每份浸泡液应不少于 200mL，高锰酸钾消耗量的测定每份浸泡液应不少于 100mL。

②用 4% 乙酸浸泡时，应先将需要量的水加热至所需温度，再加入计算量的 36% 乙酸，使其浓度达到 4%。

③浸泡时应注意观察，必要时应适当搅动，并清除可能附于试样表面上的气泡。

④浸泡结束后，应观察溶剂是否蒸发损失，否则应加入新鲜溶剂补足至原体积。

⑤浸泡条件见指标要求。

2. 干燥失重

（1）原理

①PE 树脂：试样于 90℃ ~95℃ 干燥失去的质量即为干燥失重，表示挥发性物质存在情况。

②PS 树脂：试样于 100℃干燥 3h 失去的质量，即为干燥失重，表示挥发性物质存在情况。

（2）仪器

烘箱；分析天平；称量瓶；干燥器。

（3）试验步骤

①PE 树脂：称取 5.00g～10.00g 试样，放于已恒重的扁称量瓶中，厚度不超过 5mm，于 90℃～95℃干燥 2h，在干燥器中放置 30min 后称量，干燥失重不超过 0.15g/100g。

②PS 树脂：称取 5.00g～10.00g 试样，平铺于已恒量的直径 40mm 的称量瓶中，在 100℃干燥 3h，于干燥器内冷却 30min，称量，干燥失重不超过 0.20g/100g。

（4）计算

$$X = \frac{m_1 - m_2}{m_3} \times 100$$

式中：X——试样的干燥失重，g/100g；

m_1——试样加称量瓶的质量，g；

m_2——试样加称量瓶恒量后的质量，g；

m_3——试样质量，g。

结果表述：结果保留三位有效数字。

3. 挥发物

（1）原理

试样于 138℃～140℃、真空度为 85.3kPa 时，干燥 2h 减失的质量减去干燥失重的质量即为挥发物。

（2）仪器与试剂

电扇、真空干燥箱、真空泵、丁酮。

（3）试验步骤

于干燥后准确称量的 25mL 烧杯内，称取 2.00g～3.00g、20 目～60 目之间的试样，加 20mL 丁酮，用玻璃棒搅拌，使完全溶解后，用电扇加速溶剂蒸发，待至浓稠状态，将烧杯移入真空干燥箱内，使烧杯搁置成 45°，密闭真空干燥箱，开启真空泵，保持温度在 138℃～140℃，真空度为 85.3kPa，干燥 2h 后，将烧杯移植干燥器中，冷却 30min，称量，计算挥发物，减去干燥失重后，不得超过 1%。

（4）计算

$$X = \frac{m_1 - m_2}{m_1 - m_0} \times 100$$

式中：X——试样于 138℃～140℃、85.3kPa、干燥 2h 失去的质量，g/100g；

m_1——试样加烧杯的质量，g；

m_2——干燥后试样加烧杯的质量，g；

m_0——烧杯的质量，g。

$$X_3 = X_1 - X_2$$

式中：X_3 ——挥发物，g/100g；

X_2 ——试样于 138℃ ~140℃、85.3kPa、干燥 2h 失去的质量，g/100g；

X_1 ——试样的干燥失重，g/100g。

结果表述：结果保留两位有效数字。

4. 灼烧残渣

（1）原理

试样经 800℃灼烧后的残渣，表示无机物污染情况。

（2）仪器

马弗炉、坩埚、天平。

（3）试验步骤

称取 5.0g ~10.0g 试样，放于已在 800℃灼烧至恒量的坩埚中，先小心炭化，再放于 800℃高温炉内灼烧 2h，冷后取出，放入干燥器内冷却 30min，称量，再放进马弗炉内，于 800℃灼烧 30min，冷却称量，直至两次称量之差不超过 2.0mg。

（4）计算

$$X = \frac{m_1 - m_2}{m_3} \times 100$$

式中：X ——试样的灼烧残渣，g/100g；

m_1 ——坩埚加残渣质量，g；

m_2 ——空坩埚质量，g；

m_3 ——试样质量，g。

结果表述：结果保留三位有效数字。

5. 正己烷提取物

（1）原理

试样经正己烷提取的物质，表示能被油脂浸出的物质。

（2）仪器

250mL 全玻璃回流冷凝器、浓缩器。

（3）试验步骤

称取约 1.00g ~2.00g 试样（50 粒 ~100 粒）于 250mL 全玻璃回流冷凝器的烧瓶中，加 100mL 正己烷，接好冷凝管，于水浴中加热回流 2h，立即用快速定性滤纸，用少量正己烷洗涤滤器及试样，洗液与滤器合并。将正己烷放入已恒量的浓缩器小瓶中，浓缩并回收正己烷，残渣于 100℃ ~105℃干燥 2h，在干燥器中冷却 30min，称量，正己烷提取物不得超过 2%。

（4）计算

$$X = \frac{m_1 - m_2}{m_3} \times 100$$

式中：X ——试样中正己烷的提取物，g/100g；

m_1 ——残渣加浓缩器的小瓶的质量，g；

m_2 ——浓缩器的小瓶质量，g；

m_3 ——试样质量，g。

结果表述：结果保留三位有效数字。

6. 苯乙烯及乙苯等挥发成分

（1）原理

利用有机化合物在氢火焰中生成离子化合物进行检测，以试样的峰高与标准品的峰高相比，计算出试样相当的含量。

（2）仪器与试剂

仪器：气相色谱仪（附有 FID 的检测器、微量注射器），见图 3－25。

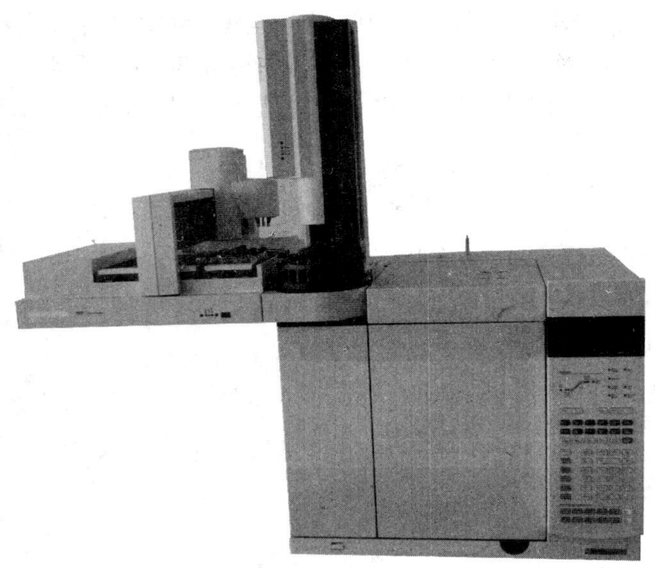

图 3－25　气相色谱仪

试剂：

①固定液：聚乙二醇丁二酸酯。

②釉化 6201 红色担体：取 60 目～80 目 6201 红色担体浸于硼砂溶液（20g/L）中 2 昼夜，溶液体积约为担体体积的 10 倍，浸泡期间应搅拌 2 次～3 次，将浸泡后的担体抽滤，并用水将母液稀释成 2 倍体积，用相当于担体体积的稀释母液在吸滤情况下淋洗。将抽滤后的担体于 120℃烘干，然后置马弗炉中灼烧，在 860℃保持 70min，再在 950℃保持 30min，经熔烧后的担体，用沸腾的水浸洗 4 次～5 次，每次所用水量约为担体体积的 5 倍，浸洗时搅拌不宜过猛，以免破损担体颗粒，形成新生表面而影响处理效果。洗涤后的担体供干、筛分即可应用。

③内标物：正十二烷。

④二硫化碳。

苯乙烯乙苯标准溶液：取一只100mL容量瓶放入约2/3体积二硫化碳，准确称量为m_0；滴加苯乙烯约0.5g，准确称量为m_1，再滴加乙苯约0.3g，准确称量后为m_2，作为标准储备液。

$$苯乙烯浓度\ \rho_A(g/mL)=\frac{m_1-m_0}{100}$$

$$乙苯浓度\ \rho_B(g/mL)=\frac{m_2-m_1}{100}$$

取1mL标准储备液于25mL容量瓶中，加5mL正十二烷内标物后再加二硫化碳至刻度作为标准使用液。

（3）试验步骤

①参考色谱条件

色谱柱：不锈钢柱，内径4mm，长4 m，内装涂有20%聚乙二醇丁二酸酯的60目~80目釉化6201红色担体；

柱温：130℃；气化温度：200℃；

载气（氮气）：柱前压力1.8kg/cm^2~2.0kg/ m^2；氢气流速：50mL/min；空气流速：700mL/min。

②测定

称取1.00g聚苯乙烯，置于25mL容量瓶中，加二硫化碳溶解，并稀释至刻度。准确加入5μL正十二烷充分振摇，待混合均匀后，取0.5μL注入色谱仪，待色谱峰流出后，准确量出各被测组分与正十二烷的峰高，并计算其比值，按所得峰高比值，以注入0.5μL标准使用液求出的组分与正十二烷峰高相比较定量。

注1：若无内标物，可采用外标法，但各组分的配入量应尽量接近实际含量，以减小偏差；

注2：标准溶液配制时，可称入不同量的主要杂质组分，均对1g聚苯乙烯试样计算。

气相色谱参考图见图3-26。

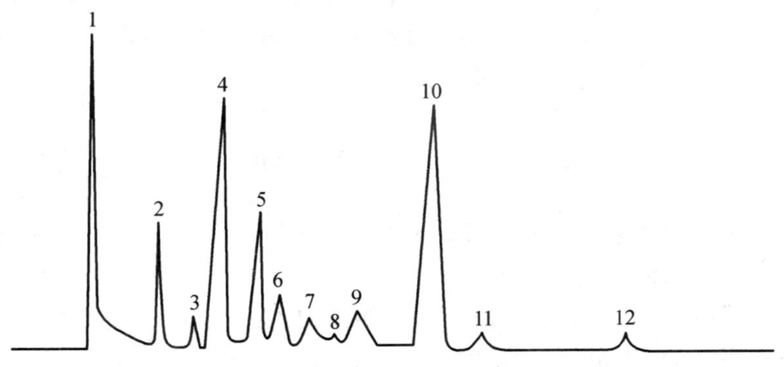

图3-26 气相色谱参考图

1—二硫化碳；2—苯；3—甲苯；4—正十二烷（内标物）；5—乙苯；6—异丙苯；7—正丙苯；8—甲乙苯；9—叔丁苯；10—苯乙烯；11—α-甲基苯乙烯；12—β-甲基苯乙烯

（4）计算

$$X = \frac{F_i \times (\rho_A \text{或} \rho_B)}{F_S \times m} \times 1000$$

式中：X——苯乙烯或乙苯挥发成分含量，g/100g；

F_i——试样峰高和内标物比值；

F_S——标准物峰高和内标物比值；

ρ_A——苯乙烯浓度，g/mL；

ρ_B——乙苯浓度，g/mL；

m——试样质量，g。

结果表述：保留两位有效数字。

7. 高锰酸钾消耗量

（1）原理

试样经用浸泡液浸泡后，测定其高锰酸钾消耗量，表示可溶出有机物质的含量。

（2）仪器与试剂

电炉、硫酸（1+2）、高锰酸钾标准滴定溶液［$c(\frac{1}{5}KMnO_4) = 0.01mol/L$］、草酸标准滴定溶液［$c(\frac{1}{2}H_2C_2O_4 \cdot 2H_2O) = 0.01mol/L$］

（3）试验步骤

锥形瓶的处理：取100mL水，放入250mL锥形瓶中，加入5mL硫酸（1+2）、5mL高锰酸钾溶液，煮沸5min，倒去，用水冲洗备用。

滴定：准确吸取100mL水浸泡液（有残渣则需过滤）于上述处理过的250mL锥形瓶中，加5 mL硫酸（1+2）及10.0mL高锰酸钾标准滴定溶液（0.01 mol/L），再加玻璃珠2粒，准确煮沸5min后，趁热加入10.0mL草酸标准滴定溶液（0.01 mol/L），再以高锰酸钾标准滴定溶液（0.01 mol/L）滴定至微红色，记取二次高锰酸钾溶液滴定量。另取100mL水，按上法同样做试剂空白试验。

（4）计算

$$X = \frac{(V_1 - V_2) \times c \times 31.6 \times 1000}{100}$$

式中：X——试样中高锰酸钾消耗量，mg/L；

V_1——试样浸泡液滴定时消耗高锰酸钾溶液的体积，mL；

V_2——试剂空白滴定时消耗高锰酸钾溶液的体积，mL；

c——高锰酸钾标准滴定溶液的实际浓度，mol/L；

31.6——与1.0mL的高锰酸钾标准滴定溶液［$c(\frac{1}{5}KMnO_4) = 0.001mol/L$］相当的高锰酸钾的质量，mg。

结果表述：保留三位有效数字。

（5）注意事项

①高锰酸钾标准溶液在配制的过程中，要注意避免二氧化锰促使高锰酸钾分解，因为二氧化锰是高锰酸钾自身分解产物，因此应先配置好高锰酸钾溶液，在暗处放置一个星期，再煮沸 15min，然后在室温下放置两天，用玻璃砂芯漏斗过滤，保存在棕色瓶中，已备标定。具体的配制及标定方法可见 GB/T 601—2002《化学试剂　标准滴定溶液的制备》进行操作。

②高锰酸钾消耗量是在酸性介质中，根据氧化还原反应原理，对高聚物种有机物质迁移量进行测定。因此试验器皿是否沾上还原性物质将直接影响测定结果，须预先用酸性高锰酸钾处理试验器皿。

③试样溶液煮沸不可太快，最好是加热 5min 之后煮沸，加热时间也不宜过长，避免高锰酸钾因加热引起分解。趁热滴定，最好是在 60℃ ~80℃之间，而且滴定达到终点时，溶液温度仍不低于 50℃，且微红色至少应维持 15s 不褪色。

④在试样溶液加热完毕后，溶液仍应保持淡红色，如变浅或全部褪去，说明高锰酸钾的用量不够。此时，应将减少取样量再测定。

8. 蒸发残渣

(1) 原理

试样经用各种溶液浸泡后，蒸发残渣即表示在不同浸泡液中的溶出量。四种溶液为模拟接触水、酸、酒、油不同性质食品的情况。

(2) 仪器与试剂

水浴锅、相应的浸泡液。

(3) 试验步骤

取各浸泡液 200mL，分次置于预先在 100℃ ±5℃ 于燥至恒量的 50mL 玻璃蒸发皿或恒量过的小瓶浓缩器（为回收正己烷用）中，在水浴上蒸干，于 100℃ ±5℃ 干燥 2h，在干燥器中冷却 0. 5 h 后称量，再于 100℃ ±5℃ 干燥 1h，取出，在干燥器中冷却 0. 5 h，称量。

同时进行空白试验。

(4) 计算

$$X = \frac{(m_1 - m_2) \times 1000}{200}$$

式中：X ——试样浸泡液蒸发残渣，mg/L；

m_1 ——试样浸泡液蒸发残渣质量，mg；

m_2 ——空白浸泡液的质量，mg。

结果表述：保留三位有效数字。

(5) 注意事项

因水浴蒸干和干燥箱的加热等操作，一些低沸点的物质，如乙烯、丙烯、苯乙烯、苯及苯的同系物等将挥发完全，而一些沸点高的物质，如相对分子质量大的苯同系物、苯乙烯的二聚物、三聚物，以及加工时添加的各种添加剂等，而以蒸发残渣的形式滞留下来。在实际试验过程中，蒸发残渣往往难以恒重，因此检验中采用 2 次烘干后进行称重的方法。

9. 重金属

(1) 原理

浸泡液中重金属（以铅计）与硫化钠作用，在酸性溶液中形成黄棕色硫化铅，与标准比较不得更深，即表示重金属含量符合标准。

(2) 仪器与试剂

量筒、比色管。

硫化钠溶液：称取5g硫化钠，溶于10mL水和30mL甘油的混合液中，或将30mL水和90mL甘油混合后分成二等份，一份加5g氢氧化钠溶解后通入硫化氢气体（硫化铁加稀盐酸）使溶液饱和后，将另一份水和甘油混合液倒入，混合均匀后装入瓶中，密闭保存。

铅标准溶液：准确称取0.1598g硝酸铅，溶于10mL硝酸（10%）中，移入1000mL容量瓶内，加水稀释至刻度。此溶液每毫升相当于100μg铅。

铅标准使用液：吸取10.0mL铅标准溶液，置于100mL容量瓶中，加水稀释至刻度。此溶液每毫升相当于10μg铅。

(3) 试验步骤

吸取20.0mL乙酸（4%）浸泡液于50mL比色管中，加水至刻度。另取2mL铅标准使用液于50mL比色管中，加20mL乙酸（4%）溶液，加水至刻度混匀，两液中各加硫化钠溶液2滴，混匀后，放置5 min，以白色为背景，从上方或侧面观察，试样呈色不能比标准溶液更深。

结果表述：呈色大于标准管试样，重金属［以铅（Pb）计］报告值>1。

10. 脱色试验

(1) 仪器与试剂

冷餐油、65%乙醇、浸泡液。

(2) 试验步骤

取洗净待测样品一个，用沾有冷餐油、乙醇（65%）的棉花，在接触食品部位的小面积内，用力往返擦拭100次，棉花上不得染有颜色。四种浸泡液也不得染有颜色。否则判为不合格。

(3) 注意事项

①在用沾有冷餐油和65%乙醇的棉花擦拭的过程中，应注意擦拭的部位是与食品接触的地方，擦拭的面积也尽可能较小。

②观察四种浸泡液（水、4%乙酸、65%乙醇、正己烷）是否染有颜色时，可将四种浸泡液置于比色管中，在白色背景下与未进行浸泡的四种溶液进行比较观察，判断其颜色是否发生了变化。

11. 锑

食品包装材料及容器用聚酯树脂及其成型品中锑的测定方法有两种：石墨炉原子吸收

光谱法和孔雀绿分光光度法。

第一法　石墨炉原子吸收光谱法

（1）原理

在盐酸介质中，经碘化钾还原后的三价锑和吡咯烷二硫代甲酸铵（APDC）络合，以4－甲基戊酮－〔2〕（甲基异丁基酮 MIBK）萃取后，用石墨炉原子吸收分光光度计测定。

（2）仪器与试剂

原子吸收分光光度计、石墨炉原子化器，见图3－27。

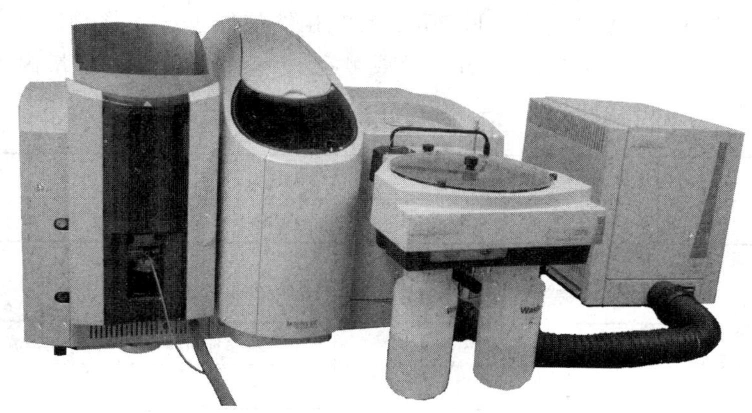

图3－27　原子吸收分光光度计

4%乙酸：量取4mL乙酸，加水稀释至100mL。

6mol/L盐酸：量取50mL盐酸，加水稀释至100mL。

100g/L碘化钾溶液：称取10g碘化钾，加水至100mL（临用前配制）。

5g/L吡咯烷二硫代甲酸铵（APDC）：称取0.5g吡咯烷二硫代甲酸铵置250mL具塞锥形瓶内，加水100mL，振摇1min，过滤，滤液备用（临用前配制）4－甲基戊酮－〔2〕（MIBK）。

锑标准储备液：称取0.2500g锑粉（99.99%），加25mL浓硫酸，缓缓加热使其溶解，将此液定量转移至盛有约100mL水的500mL容量瓶中，以水稀释至刻度。此储备液每毫升相当于0.5mg锑。

锑标准中间液：取储备液1.00mL，以水稀释至100.0mL，此中间液每毫升相当于5μg锑。

锑标准使用液：取中间液10.0mL，以水稀释至100.0mL，此使用液每毫升相当于0.5μg锑。

（3）试验步骤

①试样处理

树脂：称取4.00g（精确至0.01g）试样于250mL具回流装置的烧瓶中，加入4%乙酸90mL，接好冷凝管，在沸水浴上加热回流2h，立即用快速滤纸过滤，并用少量4%乙酸洗涤滤渣，合并滤液后定容至100mL备用。

成型品：按表面积1cm^2加入2mL的比例，以4%乙酸于60℃浸泡30min（受热容器则95℃，30min），取浸泡液作为试样溶液备用。

②标准曲线制作

取锑标准使用液0mL，1.0mL，2.0mL，3.0mL，4.0mL，5.0mL（相当于0μg，0.5μg，1.0μg，1.5μg，2.0μg，2.5μg锑），分别置于预先加有4%乙酸20mL的125mL分液漏斗中，以4%乙酸补足体积至50mL，分别依次加入2mL碘化钾溶液，3mL、6mol/L盐酸，混匀后放置2min，然后分别加入10mL APDC溶液，混匀，各加10mL MIBK。剧烈振摇1min，静置分层，弃除水相，以少许脱脂棉塞入分液漏斗下颈部，将MIBK层经脱脂棉滤至10mL具塞试管中，取20μg有机相按仪器工作条件测定（仪器参考工作条件见表3-41、表3-42，萃取后4h内完成测定），作吸光度—锑含量标准曲线。

表3-41　仪器工作条件（供参考）

分析波长/nm	灯电流/mA	狭缝	背景校正方式	测量方式	积分时间/s
231.2	20	L 0.7	塞曼/氘灯	峰面积	5

表3-42　石墨炉工作条件（供参考）

步骤	温度/℃	升温时间/s	保持时间/s	气体流量/（mL/min）
干燥	120	10	10	300
灰化	1000	10	10	300
原子化	2400	3	2	0
清除	2650	1	1	300

③试样测定

取处理过的试样溶液50mL，置125mL分液漏斗中，另取50mL4%乙酸作试剂空白，分别依次加入2mL碘化钾溶液，3mL、6mol/L盐酸，混匀后放置2min，然后分别加入10mL APDC溶液，混匀，各加10mL MIBK。剧烈振摇1min，静置分层，弃除水相，以少许脱脂棉塞入分液漏斗下颈部，将MIBK层经脱脂棉滤至10mL具塞试管中，取20μg有机相按仪器工作条件测定，在标准曲线上查得样品溶液锑的含量。

（4）计算

$$X = \frac{A - A_0}{V} \times F$$

式中：X——浸泡液或回流液中锑的含量，μg/mL；

A——所取样液中锑测得量，μg；

A_0——试剂空白液中锑测得量，μg；

V——所取试样溶液的体积，mL；

F——浸泡液或回流液稀释倍数（不稀释时F为1）。

第二法　孔雀绿分光光度法

（1）原理

五价锑离子能与三苯基甲烷染料孔雀绿（malachite green）形成有色络合物，在一定

pH 介质中能被乙酸异戊酯萃取。然而只有五价锑才有可能与孔雀绿染料形成络合物。因此有必要先将体系中的锑离子，全部还原成三价锑，然后再氧化为五价锑离子，达到定量络合萃取测定的目的。

（2）仪器与试剂

分光光度计。

无水硫酸钠：分析纯。

乙酸异戊酯：分析纯。

氯化亚锡溶液：称取 12g 氯化亚锡（$SnC1_2 \cdot 2H_20$），加 10mL 浓盐酸加热溶解后，加水至 100mL。

亚硝酸钠溶液：称取 20g 亚硝酸钠（$NaNO_2$），加水溶解并稀释至 100mL。

尿素水溶液（1＋1）。

稀盐酸溶液：5 份浓盐酸加 1 份水。

孔雀绿溶液：称取 0.2g 孔雀绿，加水溶解并稀释至 100mL。

柠檬酸钠溶液：称取 20g 柠檬酸钠（$C_6H_5Na_3O_7 \cdot H_20$），加水溶解并稀释至 100mL。

稀硫酸溶液：1 份浓硫酸加人 5 份水中。

磷酸：分析纯。

锑标准储备液：称取 0.2500g 锑粉，精确至 0.0001g，在小烧杯中加 25mL 浓硫酸，缓缓加热使其溶解，定量转移至 500mL 容量瓶，以水稀释至刻度，此储备液锑的浓度为 0.5mg/mL。

锑标准使用液：取储备液 2mL，以稀硫酸稀释至 100mL，此使用液锑的浓度为 10μg/mL。

（3）试验步骤

①试样处理

同石墨炉原子吸收光谱法试样处理方法。

②标准曲线制作

取锑标准使用液 0mL，0.1mL，0.3mL，0.5mL，0.7mL，1.0mL（相当于 0μg，1.0μg，3.0μg，5.0μg，7.0μg，10.0μg 锑），分别置于预先加有 4mL 水、4mL 稀盐酸的 125mL 分液偏斗中，加入氯化亚锡溶液 2 滴，混匀，放置 5 min，加入 1mL 亚硝酸钠溶液，混匀，并用橡胶吸球吹气，赶尽分液漏斗中的棕色氮氧化物气体，然后加入 2.5mL 尿素水溶液，充分振摇混匀，然后放置溶液中再无气泡逸出。加入孔雀绿溶液 1mL，加入 10mL 柠檬酸钠，然后加入 5mL 乙酸异戊醋，充分振摇 30s，放置分层，弃除水相，有机相通过预先置有少许无水硫酸钠的小漏斗，经脱水后的有机相收集在小试管中，以零管作空白，用 1cm 光程比色皿，在 628nm 波长处进行测定，作吸光度—锑浓度标准曲线。

③试样测定

取已处理的试样溶液 50mL，置蒸发皿中，加磷酸 2 滴，在微沸水浴上蒸发至近干（约残存 0.5mL），用 4mL 稀盐酸分次洗皿内容物至预先已有 1mL 水的分液漏斗中，再以 3mL 水分次洗皿，洗涤液合并入分液漏斗中，加氯化亚锡 2 滴，混匀后放置 5min。加入 1mL 亚硝酸钠溶液，混匀，并用橡胶吸球吹气，赶尽分液漏斗中的棕色氮氧化物气体，然后加入2.5mL尿素水溶液，充分振摇混匀，然后放置溶液中再无气泡逸出。加入孔雀绿溶液1mL，加入10mL柠檬酸钠，然后加入5mL乙酸异戊醋，充分振摇30s，放置分层，弃除水相，有机相通过预先置有少许无水硫酸钠的小漏斗，经脱水后的有机相收集在小试管中，以零管作空白，用1cm光程比色皿，在628nm波长处进行测定，同时以50mL、4%乙酸作试剂空白。

（4）计算

$$X = \frac{A - A_0}{V}$$

式中：X——浸泡液中锑的含量，μg/mL；

A——所取样液中锑测得量，μg；

A_0——试剂空白中锑测得量，μg；

V——所取试样溶液的体积，mL。

12. 游离酚（比色法）

（1）原理

在碱性溶液（pH9～10.5）的条件下，酚与4－氨基安替吡啉经铁氰化钾氧化，生成红色的安替吡啉染料，红色的深浅与酚的含量成正比。用有机溶剂萃取，以提高灵敏度，与标准比较定量。

（2）仪器与试剂

可见分光光度计。

磷酸（1+9）。

硫代硫酸钠标准溶液［$c(Na_2S_2O_3)$ =0.025mol/L］。

溴酸钾—氰化钾溶液：准确称取2.78 g经过干燥的溴酸钾，加水溶解，置于1000mL容量瓶中，加10g溴酸钾溶解后，以水稀释到刻度。

盐酸。

硫酸铜溶液（100g/L）。

4－氨基安替吡啉溶液（20g/L）：贮于冰箱能保存一星期。铁氰化钾溶液（80g/L）；缓冲液（pH9.8）：称取20g氯化按于100mL氨水中，盖紧贮于冰箱。

三氯甲烷。

碘化钾。

淀粉指示液，配制同前。

酚标准溶液：准确称取新蒸182～184℃馏程的苯酚约1g，溶于水中移入1000mL容量瓶，加水稀释至刻度。

酚标准使用液：吸取10mL待测定的酚标准溶液，放入250mL容量瓶中，加入50mL水、10mL溴酸钾—氰化钾溶液，随即加5mL盐酸，盖好瓶塞，级缓摇动，静置10min后加入1g碘化钾。同时取10mL，同上步骤做空白试验，用硫代硫酸钠标准滴定溶液（0.025mol/L）滴定空白和酚标准溶液，当溶液滴至淡黄色后加入2mL淀粉指示液，继续滴至蓝色消失为终点。按下式计算酚含量。

$$X = \frac{(V_1 - V_2) \times c \times 15.68}{V}$$

式中：X——酚标准溶液中酚的含量，mg/mL；

V_1——空白滴定消耗硫代硫酸钠标准滴定溶液的体积，mL；

V_2——酚标准溶液滴定消耗硫代硫酸钠标准滴定溶液的体积，mL；

c——硫代硫酸钠标准滴定溶液实际浓度，mol/L；

V——标定用酚标准使用液体积，mL；

15.68——与1.00mL硫代硫酸钠［$c(Na_2S_2O_3)$ =1.000mol/L］标准滴定溶液相当的酚的质量，mg。

根据上述计算的含量，将酚标准溶液稀释至1mg/mL，临用时吸取10mL，置于1000mL容量瓶中，加水稀释至刻度，使此溶液每毫升相当于10μg苯酚。再吸取此溶液10mL，置于100mL容量瓶中，加水稀释至刻度，此溶液每毫升相当于1.0μg苯酚。

（3）试验步骤

标准曲线制备：吸取0mL，2.0mL，4.0mL，8.0mL，12.0mL，16.0mL，20.0mL，30.0mL苯酚标准使用液（相当于0μg，2.0μg，4.0μg，8.0μg，12.0μg，16.0μg，20.0μg，30.0μg苯酚），分别置于250mL分液漏斗中，各加入无酚水至200mL，各分别加入1mL缓冲液、1mL 4－氨基安替吡啉溶液（20 g/L），1mL铁氰化钾溶液（80g/L），每加入一种试剂，要充分摇匀，放置10min，各加入10mL三氯甲烷，振摇2 min，静止分层后将三氯甲烷层经无水硫酸钠过滤于具塞比色管中，用2cm比色杯以零管调节零点，于波长460 nm处测吸光度，绘制标准曲线。

测定：量取250mL样品水浸泡混合液，置于500mL全磨口蒸馏瓶中，加入5mL硫酸铜溶液（100g/L），用磷酸（1+9）调节pH在4以下〔亦可用2滴甲基橙指示液(1g/L)调至溶液为橙红色〕，加入少量玻璃珠进行蒸馏，在200mL或250mL容量瓶中预先放入5mL氢氧化钠溶液（4 g/L），接收管插入氢氧化钠溶液液面下接受蒸馏液，收集馏液至200mL。同时用250mL无酚水按上法进行蒸馏，做试剂空白试验。

将上述全部样品蒸馏液及试剂空白蒸馏液分别置于250mL分液漏斗中，以下按标准曲线制备“各分别加入1mL缓冲液”起，依法操作，与标准曲线比较定量。

（4）计算

$$X = \frac{(m_1 - m_2) \times 1000}{V \times 1000}$$

式中：X——样品浸泡液中游离酚的含量，mg/L；

m_1——测定样品浸泡液中游离酚的质量，μg；

m_2——试剂空白中酚的质量，μg；

V——测定用浸泡液体积，mL。

空罐浸泡液游离酚含量换算成2mL/cm^{2}浸泡液游离酚含量的公式如下：

$$X = X_1 \times \frac{V}{S \times 2}$$

式中：X——测定样品水浸泡液中换算后的游离酚含量，mg/L；

X_1——样品浸泡液中游离酚的含量，mg/L；

S ——每个空罐内面总面积，cm^2；

V ——每个空罐模拟液的体积，mL。

13. 氯乙烯单体

（1）原理

根据气体有关定律，将试样放入密封平衡瓶中，用溶剂溶解。在一定温度下，氯乙烯单体扩散，达到平衡时，取液上气体注入气相色谱仪中测定。本方法最低检出限0.2mg/kg，可用于聚氯乙烯树脂的测定。

（2）仪器与试剂

气相色谱仪（GC）：附氢火焰离子化检测器（FID）。

恒温水浴：(70 ± 1)℃。

磁力搅拌器：镀铬铁丝 2mm × 20cm 为搅拌棒。

磨口注射器：1mL，2mL，5mL，配5号针头，用前验漏。

微量注射器：10、50、100μL。

平衡瓶：（25 ± 0.5）mL，耐压 0.5kg/cm^2，玻璃，带硅橡胶塞。

液态氯乙烯：纯度大于99.5%，装在50mL～100mL耐压容器内，并把其放于干冰保温瓶中。

N，N－二甲基乙酰胺（DMA）：在相同色谱条件下，该溶剂不应检出与氯乙烯相同保留值的任何杂峰，否则，用曝气法蒸馏除去干扰。

氯乙烯标准液A的制备：取一只平衡瓶，加24.5mL DMA，带塞称量（准确至0.1mL）在通风橱内，从氯乙烯钢瓶倒液态氯乙烯约0.5mL，于平衡瓶中迅速盖塞混匀后，再称量，贮于冰箱中。按以下公式计算浓度：

$$\rho_A = \frac{m_2 - m_1}{V} \times 1000$$

$$V = 24.5 + \frac{m_2 - m_1}{d}$$

式中：ρ_A ——氯乙烯单体浓度，mg/mL；

V——校正体积，mL；

m_1——平衡瓶加溶剂的质量，g；

m_2—— m_1 加氯乙烯的质量，g；

d——氯乙烯相对密度，0.9121g/mL（20/20℃）。

注：为简化试验，氯乙烯相对密度（20/20℃）已满足体积校正要求。

氯乙烯标准使用液B的制备：用平衡瓶配制25.0mL，依据A液浓度，求出欲加溶剂的体积，使氯乙烯标准使用液B的浓度为0.2mg/mL。按以下公式计算：

$$V_1 = 25 - V_2$$

$$V_2 = \frac{0.2 \times 25}{\rho_A}$$

式中：V_1 ——欲加DMA体积，mL；

V_2 ——取A液的体积，mL；

ρ_A ——氯乙烯标准 A 液浓度，mg/mL。

依据计算先把 V_1 体积 DMA 放入平衡瓶中，加塞，再用微量注射器取 V_2 体积的 A 液，通过胶塞注入溶剂中，混匀后为 B 液，贮于冰箱中。该氯乙烯标准使用液浓度为 0.20mg/mL。

（3）试验步骤

①色谱参考条件

色谱柱：2m 不锈钢柱，内径 4mm。

固定相：上试 407 有机担体，60 目 ~80 目，200℃老化 4h。

测定条件（供参考）：柱温 100℃，气化温度 150℃，氮气 20mL/min、氢气 30mL/min、空气 300mL/min。

②标准曲线的绘制

准备 6 个平衡瓶，预先各加 3mL DMA，用微量注射器取 0μg、5μg、10μg、15μg、20μg、25μg 的 B 液，通过塞分别注入各瓶中，配成 0μg ~ 5.0μg 氯乙烯标准系列，同时放入（70 ±1）℃水浴中，平衡 30min。分别取液上气 2mL ~3mL 注入 GC 中。调整放大器灵敏度，测量峰高，绘制峰高与质量标准曲线。

③试样测定

将试样剪成细小颗粒，准确称取 0.1g ~ 1g 放入平衡瓶中，加搅拌棒和 3mL DMA 后，立即搅拌 5min，放入（70 ±1）℃水浴中，平衡 30min。分别取液上气 2mL ~3mL 注入 GC 中。调整放大器灵敏度，量取峰高，在标准曲线上求得含量供计算。

（4）计算

$$X = \frac{m_1 \times 1000}{m_2 \times 1000}$$

式中：X ——试样中氯乙烯单体含量，mg/kg；

m_1 ——标准曲线求出氯乙烯质量，μg；

m_2 ——试样质量，g。

计算结果保留两位有效数字。

14. 甲醛单体迁移量

（1）原理

甲醛与盐酸苯肼在酸性情况下经氧化生成红色化合物，与标准系列比较定量，最低检出限为 5mg/L。

（2）仪器与试剂

分光光度计。

盐酸苯肼溶液（10g/L）：称取 1.0g 盐酸苯肼，加 80mL 水溶解，再加 2mL 盐酸（10 +2），加水稀释至 100mL，过滤，贮存于棕色瓶中。

铁氰化钾溶液（20 g/L）。

盐酸（10 +2）：量取 100mL 盐酸，加水稀释至 120mL。

甲醛标准溶液：吸取 2.5mL 36% ~38% 甲醛溶液，置于 250mL 容量瓶中，加水稀释至刻度，用碘量法标定，最后稀释至每毫升相当于100μg甲醛。

甲醛标准使用液：吸取10.0mL甲醛标准溶液，置于100mL容量瓶中，加水稀释至刻度。此溶液每毫升相当于10.0μg甲醛。

（3）试验步骤

吸取10.0mL乙酸（4%）浸泡液于100mL容量瓶中，加水至刻度，混匀。再吸取2mL此稀释液于25mL比色管中。吸取0mL，0.2mL，0.4mL，0.6mL，0.8mL，1.0mL甲醛标准使用液（相当0μg，2μg，4μg，6μg，8μg，10μg甲醛），分别置于25mL比色管中，加水至2mL。于试样及标准管各加1mL盐酸苯肼溶液摇匀，放置20 min。各加铁氰化钾溶0.5mL，放置4 min，各加2.5mL，盐酸（10+2），再加水至10mL，混匀。在10 min~40 min内以1cm比色杯，用零管调节零点，在520nm波长处测吸光度，绘制标准曲线比较。

（4）计算

$$X = \frac{m \times 1000}{10 \times \frac{V}{100} \times 1000}$$

式中：X——浸泡液中甲醛的含量，mg/L；

m——测定所取稀释液中甲醛的质量，μg；

V——测定时所取稀释浸泡液体积，mL。

（5）注意事项

由于所检测的样品中甲醛的含量较低，为了提高检验方法的灵敏度，在实际操作中用于比色的4%乙酸浸泡液稀释10倍，改为直接取4%乙酸浸泡液用于比色，这样可将方法的灵敏度提高10倍，便于检验的进行和结果的准确性。

15. 丙烯腈单体

食品包装用苯乙烯—丙烯腈—共聚物及橡胶改性丙烯腈—丁二烯—苯乙烯树脂及其成型品中残留丙烯腈单体采用顶空气相色谱法（HP-GC）测定，方法有两种：氮—磷检测器法（NPD）及氢火焰检测器法（FID）。

最低检出量：氮—磷检测器法（NPD）为0.5mg/kg；氢火焰检测器法（FID）为2.0mg/kg。

第一法　气相色谱氮—磷检测器法（NPD）

（1）原理

将样品置于顶空瓶中，加入含有已知量内标物丙腈（PN）的溶剂，立即密封，待充分溶解后将顶空瓶加热使气液平衡后，定量吸取项空气进行色谱（NPD）测定，根据内标物响应值定量。

（2）仪器与试剂

气相色谱仪：配有氮—磷检测器。

应具有自动采集分析顶空气的装置，如人工采集和分析顶空气，应附加以下设备：

恒温浴：能保持（90±1）℃。

采集和注射顶空气的气密性好的注射器。

顶空瓶瓶口密封器。

5.0mL 顶空采样瓶。

铝质密封瓶帽。

内表层覆盖有聚四氟乙烯膜的气密性优良的丁基橡胶或硅橡胶。

试剂纯度：采用分析纯试剂，若采用其他级别的试剂，则必须有足够高的纯度，不致降低测定的准确度。

溶剂：N，N－二甲基酰胺或N，N－二甲基乙酰胺（DMA）。溶剂顶空进行色谱测定时，在丙烯腈（AN）和丙腈（PN）的保留时间处不得出现干扰峰。

丙腈：色谱级。

丙烯腈：色谱级。

（3）试验步骤

①内标法校准

准备一个含有已知量内标物（PN）聚合物溶剂。用100mL容量瓶，事先注入适量的溶剂。准确称入约10mg的PN，用溶剂稀释到刻度，摇匀。计算出此溶液A中PN的溶液（mg/mL）。准确移取15.0mL溶液A置于250mL容量瓶中，用溶剂稀释到体积刻度，摇匀。此溶液每月配制一次。计算此溶液B中PN的浓度：

$$\rho_B = \frac{\rho_A \times 15}{250}$$

式中：ρ_A——溶液B中PN浓度，mg/mL；

ρ_B——溶液A中PN浓度，mg/mL。

在事先置有适量溶剂的50mL容量瓶中，准确称入约150mg丙烯腈（AN），用溶剂稀释至体积刻度，计算此溶液C中AN的溶液（mg/mL）。

于三只顶空气瓶中各移入5.0mL溶液B，用垫片和铝帽封口。

用一支经过校准的注射器，通过垫片向每个瓶中准确注入10μL溶液C，摇匀。作为工作标准液。

计算工作标准液中AN的含量（m_i）

$$m_i = V_C \times \rho_{AN}$$

式中：m_i——工作标准液中AN的含量，mg；

V_C——溶液C的体积，mL；

ρ_{AN}——溶液C中的AN的浓度，mg/mL。

计算工作标准液中PN的含量（m_s）

$$m_s = V_B \times \rho_{PN}$$

式中：m_s——工作标准溶液中PN的含量，mg；

V_B——溶液B的体积，mL；

ρ_{PN}——溶液B中PN的浓度，mg/mL。

按本法既定的操作条件，抽取2.0mL工作标准液顶空气注入气相色谱仪。由AN的峰面积A_i和PN的峰面积A_s及其在标准溶液中的含量m_i、m_s确定校正因子R_f：

$$R_f = \frac{m_i \times A_s}{m_s \times A_i}$$

式中：R_f——校正因子；

m_i——工作标准溶液中 AN 的含量，mg；

A_s——PN 的峰面积；

m_s——工作标准溶液中 PN 的含量，mg；

A_i——AN 的峰面积。

②样品处理

取得的样品应完全保存在密封瓶中，制成的样品溶液应在 24h 内分析完毕，如超过 24h 应报告溶液的存放时间。充分混合被测样品，称取（0.5 ±0.005）g 样品于顶空瓶中，记录试样质量。向顶空瓶中加 5.0mL 溶液 B，盖上垫片、铝帽，充分密封后，振摇，使瓶中的聚合物完全溶解或分散。

③气相色谱条件

色谱柱：ϕ3mm ×4m 不锈钢材质柱，填装涂有 15% 聚乙二醇－20M 于 101 白色酸性担体（60 目～80 目）。

温度：柱温：130℃；

汽化温度：180℃；

检测器温度：200℃。

气流速度：载气 N_2流速 25～30mL/min。

其他条件：N_2——99.95% 或更高纯度；

H_2——经干燥、纯化；

空气——经干燥、纯化。

④测定

把顶空瓶置于 90℃ 的浴槽里热平衡 50min，用一支加热的气体注射器从瓶中抽取 2.0mL 已达气液平衡的顶空气，立刻注入气相色谱仪按上述条件进行测定。

（4）计算

$$C = \frac{m'_s \times A'_i \times R_f \times 1000}{A'_s \times m}$$

式中：C——样品含量，mg/kg；

A'_i——试样溶液中 AN 峰面积或积分计数；

A'_s——试样溶液中 PN 的峰面积或积分计数；

m'_s——试样溶液 PN 的量，mg；

m——试样的质量，g。

第二法　气相色谱氢火焰检测器法（FID）

（1）原理

样品经 N，N－二甲基甲酰胺溶剂溶解于顶空气测定瓶中，加热使待测成分达到气液平衡，然后定量吸取顶空气进行色谱（FID）测定。根据保留时间定性，并与标准峰高比较定量。

（2）仪器与试剂

气相色谱仪（带氢火焰检测器）。

1mL 中头式玻璃注射器。

12mL 顶空气测定瓶：配有表层涂聚氟乙烯硅橡胶盖及铝片帽。

电热恒温水浴锅。

N，N 二甲基酰胺（DMF）：分析纯，在丙烯腈保留时间处应无干扰峰。

丙烯腈（AN）：分析纯。

GDX－102（60～80 目）。

丙烯腈标准贮备液：称取丙烯腈 0.0500g，加 N，N 二甲基甲酰胺稀释定容至 50mL，此贮备液每毫升相当于丙烯腈 1.0mg，贮于冰箱中。

丙烯腈标准使用液：吸取贮备液 0.2mL，0.4mL，0.6mL，0.8mL，1.6mL，分别移入 10mL 容量瓶中，各加 N，N－二甲基甲酰胺稀释至刻度，混匀（每毫升分别相当于丙烯腈 20μg，40μg，60μg，80μg，160μg）。

（3）试验步骤

取来的样品应全部保存在密封瓶中，制成的样品溶液应在 24h 内分析完毕，如超过 24h 应报告溶液的存放时间。

①样品处理

称取 0.5g～1g（精确至 0.001g）均匀样品试样至顶空气测定瓶中，加入 3mL 的 N，N－二甲基甲酰胺，立即加盖密封，样品溶解后待测。

②气相色谱条件

色谱柱：ϕ 4mm × 2m 玻璃柱，填充 GDX－102（60～80 目）；

温度：

柱温 170℃；

汽化温度 180℃；

检测器温度 220℃。

气体速度：

载气 N_2 流速 40mL/min；

H_2 流速 44mL/min；

空气流速 500mL/min。

其他条件：

仪器灵敏度 10^1；

衰减 1；

纸速 0.7cm/min。

③测定

气相色谱调至最佳工作状态，将待测样品瓶放入（90 ± 1）℃水浴中准确加热 40min，取液上气 1.0mL 进色谱，必在时可调节顶空气孤取用量，以适应不同含量样品的测定。

标准曲线制作：先将 5 只顶空气瓶分别加 3.0mL 的 N,N 二甲基酰胺，然后各取 0.2mL 标准使用液系列分别加入测定瓶中。此时各测定瓶中的丙烯腈含量分别相当于 4μg，8μg，12μg，16μg，32μg，立即将瓶盖密封，混匀，置于 90℃水浴中，以下同样品测定，即分别取顶空气 1.0mL 注入色谱仪，测量峰高。以丙烯腈含量为横坐标，峰高为纵坐标绘制标准曲线，根据样品的峰高定量。

（4）计算

$$X = \frac{A \times 1000}{m \times 1000}$$

式中：X——样品中丙烯腈的含量，mg/kg；

A——相当于标准的含量，μg。

16. 溶剂残留量

（1）仪器与试剂

采用氢离子检测型气相色谱仪，见图 3－28。

图 3－28　气相色谱仪

试验条件：使用氮气作载气，根据待测溶剂的沸点以及仪器的分离效果设定柱温，一般控制在 50℃～90℃，注入检出口温度控制在 90℃～200℃。

稀释剂：二甲基甲酰胺（DMF）。

（2）试验步骤

①标准溶剂样品的配制

按生产实际使用溶剂的种类配制标准溶剂样品，为提高溶剂标准曲线的精度，选用二甲基甲酰胺（DMF）作为稀释剂，制成混合标样。用微升注射器分别取 0.5μL、1μL、2μL、3μL 和 4μL 样品，换算成各标准溶剂的质量。

②标准曲线的测定

将混合标样分别注入用硅橡胶塞密封好的清洁干燥的约 500mL 三角瓶中，送入（80±2）℃干燥箱中放置 30min 后，用 5mL 注射器取 1mL 瓶中气体，迅速注入色谱中测定，以其出峰面积分别与对应的样品质量绘出标准曲线。

带有顶空装置的仪器，参照以上条件对样品进行处理及进样。可根据顶空瓶的容量以及混合标样的浓度适当选择混合标样的进样量。

③待测样品的制备

裁取 0.2m^2 待测样品，并将样品迅速裁成 10mm×30mm 的碎片，放入清洁的在 80℃条件下预热过的瓶中，迅速密封。送入（80±2）℃干燥箱中放置 30min。

④样品的测试

用5mL注射器取1mL瓶中气体，迅速注入色谱中测定。根据样品的出峰面积在标准曲线上查出对应量。

带有顶空装置的仪器，可按照顶空瓶的容量适当选择待测样品的面积，并参照以上条件对样品进行处理及进样。

（3）计算

$$W = \frac{P}{S} \times \frac{V_1}{V_2}$$

式中：W——溶剂残留量，mg/m^2；

P——对应量，mg；

S——试样面积，m^2；

V_1——进样量，mL；

V_2——试样瓶实际体积，mL。

苯类溶剂残留量小于0.01 mg/m^2视为不检出。

（4）注意事项

①根据《复合膜袋产品生产许可审查细则》，所测的溶剂种类包括：乙醇、异丙醇、丁醇、丙酮、丁酮、乙酸乙酯、乙酸异丙酯、乙酸丁酯、苯、甲苯、二甲苯（含对二甲苯、邻二甲苯、间二甲苯），其中苯系溶剂包括苯、甲苯、二甲苯（含对二甲苯、邻二甲苯、间二甲苯）。

②由于所测溶剂残留中的物质都具有一定的挥发性，为避免样品中挥发性溶剂的损失，用于分析测试的样品应密封并低温保存。取样时，弃去外面几层，取中间部分用于检测，同时应考虑到样品上印刷图案的不均匀性，均匀取样。

17. 甲苯二胺

（1）原理

试样中二氨基甲苯用沸水浸出后，放冷，加三氟乙酸酐进行衍生化，然后将衍生物注入气相色谱仪中，用电子捕获检测器测定，其响应值在一定浓度范围内与二氨基甲苯含量成正比，可定性定量。

（2）仪器与试剂

气相色谱仪：具电子捕获检测器（ECD）；

恒温烘箱；

浓缩器（K－D）；

二氯甲烷；

三氟乙酸酐（纯度98%）；

无水硫酸钠；

20g/L碳酸氢钠溶液：称取2g碳酸氢钠溶于蒸馏水中至100mL；

二氨基甲苯（2，4－二氨基甲苯，纯度98%）标准贮备溶液：准确称取2，4－二氨基甲苯10mg（10mg ±0.01mg）移入100mL容器瓶中，加二氯甲烷至刻度，此溶液每毫升含2，4－二氨基甲苯100μg，贮于冰箱中保存备用。

（3）试验步骤

①取样方法

每批试样按10%取样，小批量时取样数应不小于10只（以500mL/只计，小于500mL/只时试样应相应加取样）其中1/3供化验用，1/3供复验，另1/3试样保存两个月供仲裁分析用，并注明产品名称、批号、取样日期。

②试样制备

未装过食品的包装袋：用蒸馏水洗三次，淋干，按2mL/cm^2计算装入蒸馏水，热封口。

装过食品的包装袋：剪口，将食品全部移出，用清水冲洗至无污物，再用蒸馏水冲洗三次，淋干按2mL/cm^2计算装入蒸馏水，热封口。

将上述热封口后的包装袋，置于预先调至（100±5）℃烘箱内，恒温60min，取出自然放冷至室温，剪开封口，将水移入干燥的烧杯中备用。

③试料制备

量取备用试样50.0mL，置于分液漏斗中，用10mL二氯甲烷分别萃取二次，每次萃取5min，静置10min。合并二次萃取液，在分液漏斗下口放干燥滤纸，以便除去萃取液中水分。将萃取液移入K－D浓缩器中，在40℃水浴中浓缩至约2mL，放冷，加入60μL三氟乙酸酐，轻轻混匀，置30℃烘箱中恒温进行衍生化反应30 min，取出放冷至室温后，移入60mL分液漏斗中，用2mL二氯甲烷分数次洗净浓缩瓶，洗液并入分液漏斗中，加入5mL的20g/L碳酸氢钠溶液，轻轻摇动2min，静置5min，将二氯甲烷层移入到5mL比色管中，补加二氯甲烷成5mL供测定用。

④标准曲线绘制

2，4－二氨基甲苯衍生化处理：取2，4－二氨基甲苯标准贮备液一定量，用二氯甲烷准确稀释成每毫升含2，4－二氨基甲苯0.1μg标准工作液。取工作液25.00mL置于60mL分液漏斗中，加入250μL三氟乙酸酐，轻轻摇动，密塞后放在30℃恒温箱中衍生化反应30min，取出冷却至室温，加入20g/L碳酸氢钠溶液10mL，轻轻摇动2min，静置分层，将2，4－二氨基甲苯衍生物的二氯甲烷层通过预先装有约5g无水硫酸钠的漏斗过滤，收集滤液，即为2，4－二氨基甲苯—三氟乙酸酐标准工作液，此溶液每毫升含2，4－二氨基甲苯为0.1μg。

根据仪器灵敏度，临用时用二氯甲烷将2，4－二氨基甲苯—三氟乙酸酐标准工作液稀释成不同浓度，抽取1μL注入气相色谱仪中，测定2，4－二氨基甲苯，浓度对峰高绘制标准曲线。

⑤测定

a. 色谱条件

色谱柱：玻璃柱ϕ3mm×2m；固定相：2% OV－17，60目～80目硅藻土。

柱温：170℃；汽化室温度：280℃。

载气：氮气，流速40mL/min。

检测器：电子捕获检测器。

进样量：1μL。

b. 测定

吸取1μL试液注入气相色谱仪中按以上色谱条件测定量取峰高，与标准曲线比较定量。

（4）计算

$$X = \frac{c \times V_2 \times 1000}{V_1 \times 1000}$$

式中：X ——试样中2，4－二氨基甲苯的含量，mg/L；

c ——试液相当标准曲线2，4－二氨基甲苯含量，μg/mL；

V_1 ——试液体积，mL；

V_2 ——萃取液总体积，mL。

（5）注意事项

①在气相色谱检测中采用电子俘获检测（ECD）时，需要特别注意样品溶剂对检测过程中目标物质峰的影响。采用二氯甲烷做溶剂，在运用电子俘获检测器的实际检测过程中，会出现了宽溶剂峰的现象，并往往造成溶剂峰吞没待测物质峰的情况。因此，在实际的检测过程中选用甲苯作为溶剂，提取效果良好，干扰较少。

②可在萃取过程中加入氯化钠，加入氯化钠后会产生盐析效应，降低了二氨基甲苯在水中的溶解度，增加其在有机相中的溶解度从而提高萃取效率。

③由于水中羟基具有很强的电负性，进入电子俘获检测器后会使检测器受到严重污染，因此需去除水分，选用无水硫酸钠的除水的过程中，会有一部分样品的损失，对于进入电子俘获检测器的溶液，微量的损失都会影响最终的检测结果。在实际的检测中，可采用离心的方法去除水并避免溶液的损失。

18. 己内酰胺

（1）原理

尼龙6树脂或成型品经沸水浴浸泡提取后，试样中己内酰胺溶解在浸泡液中，直接用高效液相色谱分离测定，以保留时间定性、峰高或峰面积定量。

（2）仪器与试剂

高效液相色谱仪；

色谱分析条件：①色谱柱：ϕ4.6 mm×150mm×10μm，C_{18}反相柱；②检测器：UV检测波长：210 nm；③灵敏度：0.5AUFS；④流动相：乙腈＋水（11＋89）；⑤流速：1.0mL/min或2.0mL/min；⑥进样体积：10μL；

己内酰胺标准贮备液：准确称取1.000g（称量时注意防止吸水）己内酰胺，用水溶解后稀释定容至1000mL，此溶液每毫升含1.0mg己内酰胺。在冰箱内可保存6个月。

乙腈：色谱纯。

（3）试验步骤

①己内酰胺标准曲线：取每毫升含1.0 mg己内酰胺标准贮备液，用蒸馏水稀释成1.0μg/mL，5.0μg/mL，10.0μg/mL，50.0μg/mL，100.0μg/mL，200.0μg/mL，取10μL

注入色谱仪，以进样微克（μg）数为横坐标，以色谱峰面积或峰高为纵坐标绘制标准曲线。

②测定：

树脂：称取5.0g树脂试样，按每克试样加20mL蒸馏水计，加入100mL蒸馏水于沸水浴中浸泡1h后，放冷至室温，然后过滤于100mL容量瓶中定容至刻度，浸泡液经HA 0.45μm滤膜过滤，按标准曲线色谱条件进行分析，根据峰高或峰面积，从标准曲线上查出对应含量。标准及试样色谱图见图3-29。

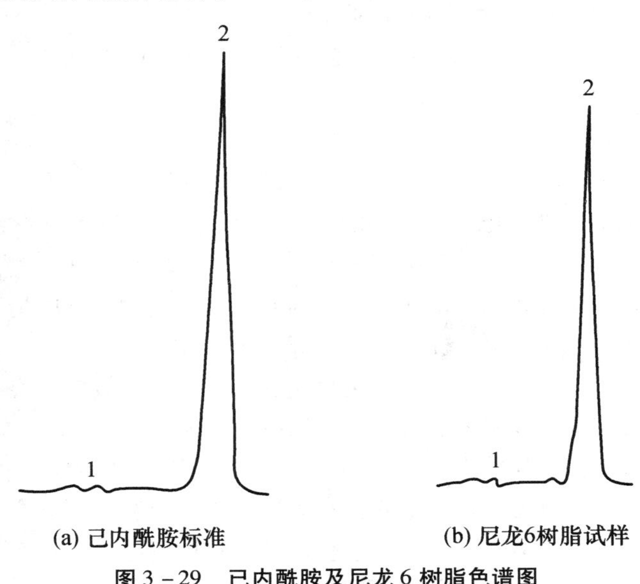

图3-29　己内酰胺及尼龙6树脂色谱图

1—水分峰；2—己内酰胺峰

成型品：丝状等成型品试样处理同树脂；其他成型品按每平方厘米加2mL蒸馏水计，试样处理同树脂。

（4）计算

树脂的己内酰胺含量计算：

$$X = \frac{A \times 1000}{m \times \frac{V_1}{V_2} \times 1000}$$

式中：X——树脂己内酰胺含量，mg/L；

m——树脂重量，g；

V_1——进样体积，mL；

V_2——浸泡液定容体积，mL。

成型品的己内酰胺含量计算：

$$X = \frac{A \times 1000}{V \times 1000}$$

式中：X——成型品己内酰胺含量，mg/L；

A——试样相当标准含量，μg；

V——进样体积，mL。

（四）国内外检验方法的差异

1. 感官指标

我国食品包装卫生标准中感官指标一般只针对成型品作出规定，外观要求色泽正常、无异臭、无异物。但在欧盟相关标准要求的是食品接触材料不得引起所盛装食品有异臭和异味，这一点是完全不同的两个概念。

2. 高锰酸钾消耗量

指那些迁移到浸泡液中，能被高锰酸钾氧化的全部物质的总量，以每升消耗高猛酸钾的毫克数。这些物质主要是有机物质，是从聚合物迁移到水浸泡液中，如聚合物单体烯烃、二聚、三聚物等低分子量聚合体、塑料添加剂等。该指标只有我国国标和日本标准检测。

3. 蒸发残渣

近似等同于欧盟标准中的总迁移量限制，表示食品接触材料向食品模拟液迁移的不挥发物的总量，同时聚合物中的着色剂等的迁移情况，也反映在蒸发残渣（总迁移量）上。我国国家标准中单位以每升溶液中残留的毫克数（mg/L）计，欧盟以 mg/kg 或 mg/dm^2 计。

4. 迁移试验

迁移试验是食品包装产品测试的重要指标，是评估食品包装安全的一项重要内容，通过迁移实验，可定量计算出食品接触材料中中未反应的单体、添加剂等物质向食品中的迁移量。

（1）模拟物

检测时往往采用食品模拟液进行检测，世界各国（地区）使用的食品模拟物也不尽相同，常用食品模拟液见表 3－43。

表 3－43　世界各国（地区）常用食品模拟物

食品类别	模拟液			
	中国	欧盟	美国	日本
水性食品（pH＞4.5）	蒸馏水或同质水	蒸馏水或同质水	蒸馏水或同质水	蒸馏水或同质水
酸性食品（pH≤4.5）	4%乙酸（体积分数）	3%乙酸（质量浓度）	3%乙酸（体积分数）	4%乙酸（体积分数）
酒精类食品	20%或65%乙醇（体积分数）	10%乙醇（体积分数）	8%乙醇（体积分数）	20%乙醇（体积分数）

续表

食品类别	模拟液			
	中国	欧盟	美国	日本
脂肪类食品	正己烷	橄榄油或以95%乙醇和异辛烷做替代试验	正庚烷	正庚烷
乳制品	—	50%乙醇	—	—

由表3－43可以看出，各国采用的食品模拟液是有所差异的。同时，在具体检测时模拟液的选择也不同，我国国标对产品接触的食品类别未加以区分，只是根据产品材质选择不同的模拟液，而国外标准则严格要求依据产品实际接触的食品类别进行模拟液的选择。例如，同为聚乙烯食品袋，我国国标在做蒸发残渣试验时则统一使用蒸馏水、65%乙醇、正己烷为食品模拟液，但国外标准在要求按接触食品进行选择，如果只接触水性食品则只需以蒸馏水模拟液进行检测，如只接触乳制品则只需以50%乙醇模拟液检测。

（2）测试条件

我国国家标准中关于迁移试验中检测条件的选择与日本标准做法相似，但与欧美做法相差较大。例如，我国和日本的模拟检测时间基本以2h居多，检测温度为20℃，37℃，60℃，95℃四档，且多采用60℃为检测条件。但在欧美标准则要求依据产品的实际使用条件选择不同的测试条件，欧盟常规迁移测试条件选择见表3－44。

表3－44　欧盟食品接触材料常规迁移测试条件

接触条件		测定条件
时间	$5\ min \leqslant t \leqslant 0.5\ h$	0.5 h
	$0.5\ h \leqslant t \leqslant 1\ h$	1 h
	$1\ h \leqslant t \leqslant 2\ h$	2 h
	$2\ h \leqslant t \leqslant 4\ h$	4 h
	$4\ h \leqslant t \leqslant 24\ h$	24 h
	$t > 24\ h$	240h
温度	$T \leqslant 5$℃	5℃
	5℃ $< T \leqslant$ 20℃	20℃
	20℃ $< T \leqslant$ 40℃	40℃
	40℃ $< T \leqslant$ 70℃	70℃
	70℃ $< T \leqslant$ 100℃	100℃或回流温度
	100℃ $< T \leqslant$ 121℃	121℃ [a]
	121℃ $< T \leqslant$ 130℃	130℃ [a]
	130℃ $< T \leqslant$ 150℃	150℃ [a]
	$T >$ 150℃	175℃ [a]

[a] 此温度应仅适用于脂类食品模拟物。对于水基食品模拟物［水、3%（质量浓度）的乙酸水溶液、10%（体积分数）的乙醇水溶液］，本试验的条件可以替代为：在100℃或回流温度下，试验时间为此表中所选择时间的4倍。

第四章 食品用金属包装材料及制品检验

第一节 食品用金属包装材料及制品概述

金属包装材料是传统包装材料之一，人类早在5000多年前就开始使用金属器皿，但现代金属包装技术是以英国人1814年发明马口铁罐为标志，至今不到200年。金属材料广泛用于工业产品包装、运输包装和销售包装，已成为各种包装容器中最主要的包装材料之一。在金属包装材料中，除钢基板外，铝材也因其良好的可循环利用性，而具有较稳定的应用。

在各种包装材料日新月异发展的今天，金属包装材料在某些方面的应用已部分地被塑料或复合材料所代替，但由于金属包装材料具有极其优良的综合性能，且资源极其丰富，所以金属包装仍然保持着生命力，应用形式更加多样。

一、金属包装材料

金属包装材料，主要是指将金属压延成薄片，用于商品包装的一种材料。金属包装材料具有高阻隔性，是传统的包装材料之一。与其他包装材料相比，金属包装材料有许多显著的性能和特点，它具有高的强度、刚度、韧性，组织结构致密性、良好的加工性等。

（一）金属包装材料的性能特点

金属包装材料之所以广为应用，是因为其有许多性能特点。

1. 优良的力学性能

金属包装材料的机械强度优于其他包装材料，用它制作的包装容器，尽管壁很薄，但却有很高的耐压强度，不易破损。这样使得包装产品的安全性有了可靠的保障，并便于贮存、携带运输和装卸，从而适应流通过程中的各种机械振动和冲击。另外，还具有耐高温、耐温湿度变化、耐虫害、耐有害物质的侵蚀等优点。

2. 综合保护性能好

金属的水汽透过率很低，完全不透光，能有效地避免紫外线的有害影响。其阻隔性、防潮性、避光性和保香性大大超过了塑料、纸等其他类型的包装材料。能长时间保持商品的质量，货架寿命长达3年之久，这对于食品包装尤其必要。因此，金属包装广泛应用于粉状食品、罐头、饮料等的包装。

3. 热传导性良好

金属材料热传导性能优良的特点，使得食品金属罐头便于高温灭菌，同时灌装饮料、啤酒等放在冰箱内，可以迅速变凉供消费者饮用。

4. 加工性能好

金属包装材料具有很好的延展性和强度，可以轧成各种厚度的板材、箔材。板材可以进行冲压、轧制、拉伸、焊接制成形状大小不同的包装容器；箔材可与塑料、纸等进行复合；金属铝、金、银、铬、钛等还可镀在塑料膜和纸张上。因而金属能以多种形式充分发挥优良的、综合的防护性能。

5. 方便性好

金属包装容器不易破损，携带方便。现代很多饮料和食品用罐与易开盖组合，更增加使用的方便性。这使它适应现代社会快节奏的生活，且广泛用于旅游生活中。

6. 废弃物处理性好

金属包装容器一般可以回炉再生，循环使用，节约资源，节省能源，这在提倡“绿色包装”的今天显得尤为重要。

金属包装材料虽然有上述优点，但也有很多不足之处。主要缺点有化学稳定性差，耐腐蚀性不如塑料和玻璃，尤其是钢材容易锈蚀。一般钢材单独作为包装材料用途有限，大多需要在其表面镀覆耐蚀材料（如锡、铬、锌等），以防止来自外界和被包装物的腐蚀和破坏作用，同时也要防止金属中的一些有害物质对被包装物的污染。此外，金属包装的加工工艺比较复杂，相对成本较高，制成的容器较重，在价格、加工成本、运输成本方面都不占有优势。

（二）金属包装材料的分类

金属材料的种类极多，但用于包装上的材料品种并不多，按分类方式的不同具体分类如图 4－1 所示。

金属包装材料
- 按厚度分类
  - 板材
  - 箔材
- 按材质分类
  - 钢系
  - 铝系

图 4－1　金属包装材料的分类

1. 按材料厚度分类

按材料的厚度可以分为板材和箔材。一般将厚度小于 0.2mm 的称为箔材，大于 0.2mm 的称为板材。金属板材和带材为厚度小于 1mm、大于 0.2mm 的称薄板材料。板材主要用于制造包装容器，如金属薄板主要用于制造罐、盒、桶类包装容器；金属薄带主要用于包装捆封。箔材具有金属组织致密度高的特定性能，即不透湿、不透气、能遮光。包装用金属箔材主要是铝箔。箔材主要用于与纸、塑料等材料制成具有特殊性能的软性复合包装材料，应用于各种商品包装。

2. 按材质分类

按材质可以分为钢系和铝系两大类。钢系主要有镀锡薄钢板、无锡薄钢板、低碳薄钢板、镀铬薄钢板、镀铝薄钢板、镀锌薄钢板等；铝系主要有铝箔和铝合金薄板。

（三）钢质包装材料

钢质包装材料与其他金属包装材料相比，来源丰富，价格便宜，它的用量在金属包装材料中占首位。由于钢质包装材料耐蚀性差、易生锈，因此需表面经镀层和涂料处理后才能使用。常用的钢质包装材料主要有以下几种。

1. 低碳薄钢板

低碳薄钢板俗称黑铁皮，是指含碳量 $<0.25\%$、厚度为 0.35mm ~ 4mm 的普通碳素钢或优质碳素结构钢的钢板。低碳薄钢板是制作运输包装用金属容器和钢质金属罐基材，主要用于制作运输包装用金属容器、集装箱、钢箱和钢桶等。

2. 镀锡薄钢板

镀锡薄钢板，俗称马口铁，是用量最大的一种金属包装板材。镀锡薄钢板是由钢基板，锡铁合金层、锡层、氧化膜和油膜五层构成，是在低碳薄钢板上两面镀锡而成，具体如图 4 - 2 所示。用热浸法生产的称为热镀锡板；用电镀法生产的称为电镀锡板。

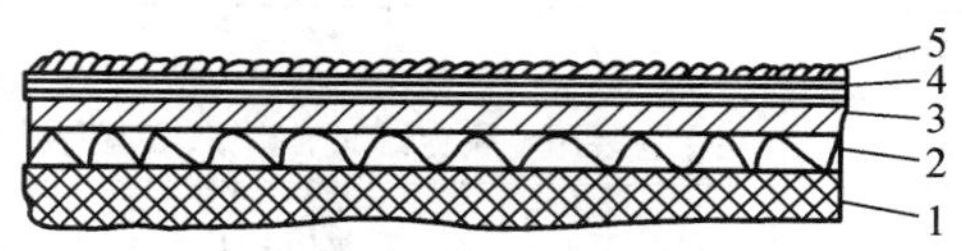

图 4 - 2　镀锡薄钢板的结构图

1—钢基板；2—锡铁合金层；3—锡层；4—氧化膜；5—油膜

马口铁是传统的制罐材料，至今仍是主要的罐材。但是，镀锡钢板的耐腐蚀性有时不能满足某些食品包装的需要，如富含蛋白质的鱼、肉食品，在高温加热中蛋白质分解产生硫化氢对镀锡罐壁产生化学腐蚀作用，与露铁点发生作用形成硫化铁，对食品产生污染；高酸性食品对罐壁腐蚀产生氢胀和穿孔；有色果蔬因罐内壁溶出的二价锡离子作用将发生褪色现象；有的食品还出现金属味等。为此，常采用在镀锡板上涂覆涂料，将食品与镀锡薄板隔离，以减少它们之间的接触反应，此方法使得其大量用于各种食品（水果、肉类等）、饮料罐头盒、糖果、茶叶、饼干听盒等的包装。

3. 镀铬薄钢板

镀铬薄钢板是 20 世纪 60 年代初为减少价格较高的锡的用量而出现的一种新材料，又称无锡钢板，是表面镀有铬和铬的氧化物的低碳薄钢板。镀铬钢板是由钢基板、金属铬层、水合氧化铬层和油膜构成，具体如图 4－3 所示。

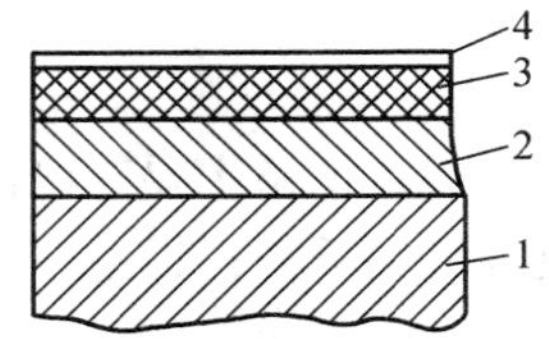

图 4－3　镀铬钢板的结构图

1—钢基板；2—金属铬层；3—水合氧化铬层；4—油膜

镀铬钢板的耐腐蚀性较马口铁差，因此均须经内外壁涂料后使用。涂料后的镀铬钢板，其涂膜附着力特别优良，宜于制作罐底、盖和冲拔罐。镀铬钢板主要用于制作腐蚀性较小的啤酒罐和饮料罐。

4. 镀锌薄钢板

镀锌薄钢板又叫白铁皮，是在低碳钢基板表面镀上一层厚度 0.02mm 以上的锌构成的金属板材。因为锌的电极电位比铁低，化学性质比较活泼，在空气中能很快生成一层氧化锌薄膜，这层氧化锌薄膜非常致密，保护了里面的锌和钢板不受腐蚀，大大提高了钢板的耐腐蚀性能。用镀锌板制成容器后，就不必再进行表面防腐处理，因此镀锌钢板广泛应用于制作金属包装容器。

上述包装用钢质材料的主要种类及用途见表 4－1。

表 4－1　主要包装用钢质材料种类及用途

种类名称	俗称	用途
低碳薄钢板	黑铁皮	制作包装用金属容器、集装箱、钢箱及钢桶等
镀锡薄钢板	马口铁	在食品工业和药品工业应用广泛，制作各种食品、饮料罐头盒、糖果、茶叶、饼干听盒等
镀铬薄钢板	无锡钢板	制作腐蚀性较小的啤酒罐和饮料罐等
镀锌薄钢板	白铁皮	制作工业产品包装容器、汽车润滑油、油漆、化妆品、洗涤剂等方面的金属罐

（四）铝质包装材料

铝材作为包装材料的历史只有 40 年左右。近些年来，铝在包装方面的用量越来越大，在某些方面已取代了钢质包装材料，并可与纸、纸板和塑料等加工成复合包装材料。铝质包装材料除了具有金属材料固有的优良阻隔性能、防潮性、遮光性之外，还具有质量轻、导热性能和加工性能良好、耐腐蚀等一些优点。铝对各种食品的耐蚀性见表 4－2。

表4-2 铝对各种食品的耐蚀性

食品种类	耐蚀性	食品种类	耐蚀性	食品种类	耐蚀性
啤酒	○	酱油	⊙~△	面包	○
葡萄酒	⊙~○A	醋	○	明胶	○
威士忌	⊙，○A	砂糖水	○，○H	汽水	⊙○~△，○
白兰地	⊙，○A	食料油	○	果实精	○A
杜松子酒	⊙，○A	脂肪	○	果汁	○~△，○A
清酒	○	牛乳	○，○H	橘子汁	△，○A
牛油	○	炼乳	○	柠檬汁	⊙~△，○A
人工干酪	○	奶油	○	洋葱汁	○，○H
干酪	○~△	巧克力	○B	苹果汁	⊙
盐	⊙~△	发酵粉	○		

注：○——不被腐蚀；⊙——稍被腐蚀，但可使用；△——被腐蚀；○A——阴极氧化时不被腐蚀；○H——加热也不被腐蚀；○B——沸点以上不被腐蚀。

1. 铝板

将工业纯铝或防锈铝合金制成厚度为0.2mm以上的板材称铝薄板。铝薄板的机械性能和耐腐蚀性能与其成分关系密切。如铝中加入少量锰、镁合金元素后，其强度会比纯铝高，同时具有良好的耐腐蚀性能。目前，合金铝板多用于制造罐头容器和包装饮料用罐等。

2. 铝箔

用于包装的金属箔中，应用最多的就是铝箔。铝箔是采用纯度为99.3%~99.9%的电解铝或铝合金板材压延而成，厚度在0.200mm以下。

铝箔作为包装材料，具有许多优良的性能，具有银白色的金属光泽；对水蒸气等各种气体、芳香物质和光线具有高阻隔性；良好的机械适应性，便于实现自动化；耐热、耐寒性好，适于冷冻包装和储存。铝箔的缺点是耐折性差，易起皱，而且抗破裂强度较低，不能受力，所以一般不能单独使用，要与纸、塑料等制成复合材料，改善和补偿上述缺点。

铝箔在食品包装中的应用十分广泛。可制作蒸煮袋包装，用于储存期要求较长的食品，制作多层复合袋，用于防潮、保香等气密性要求高的包装，如茶叶、乳粉及各种小食品的包装；铝箔与塑料膜、薄纸板复合可制成包装盒，也可用作泡罩包装的盖材，用于药片及糖果等的包装。

3. 镀铝薄膜

采用特殊工艺在包装塑料薄膜或纸张表面（单面或双面）镀上一层极薄的金属铝，即为镀铝薄膜。其阻隔性比铝箔差，但耐刺扎性良好，常用于制作衬袋材料和装饰性包装膜。

包装用铝材主要以铝板、铝箔和镀铝薄膜三种形式应用，各种不同的用途见表4-3。

表 4－3　包装用铝质材料的主要形式及用途

种类名称	用途
铝板	制作铝质包装容器，如罐、盆、瓶及软管等
铝箔	多用于作多层复合包装材料的阻隔层，制成的铝箔复合薄膜用于食品包装、香烟包装、药品、洗涤剂和化妆品等方面的包装
镀铝薄膜	用作食品，如快餐、点心、肉类、农产品等的真空包装，以及香烟、药片、酒类、化妆品等的包装及商标材料

二、金属包装容器

金属包装容器制品是我国包装工业中的一个重要门类和组成部分，其主要用于食品、罐头、饮料、油脂、化工、药品及化妆品等行业。

（一）金属包装容器的分类

1. 按结构形状和容积大小分类

金属包装容器的分类方法很多，根据结构形状和容积大小的不同分类，见表4－4。

表 4－4　金属包装容器的分类

类型	结构特点	形状	工艺特点	代表性用途
金属罐	三片罐	圆形罐、方形罐或异性罐	电阻焊罐	各种饮料罐、食品罐、化工罐等
			压接罐	食品罐、化工罐
			粘接罐	各种饮料罐等
	二片罐	圆形罐或异性罐	冲拔罐	肉罐头、水果蔬菜罐头等
			深冲罐（DRD）	各种罐头
			薄壁拉伸罐（DI 罐）	各种饮料为主
金属箱	通常：三片、二片（容量大）	多为长方形	电阻焊接	多用于运输包装（如军用品等）
			压接	
			粘接	
金属桶	通常：三片、二片（容量大）	圆柱形、方形、椭圆形	电阻焊接	食品原料及中间产品、化工原料桶等（如油漆、乳胶）
			压接	
			粘接	
金属盒	通常：二片（容量小）	圆形、方形或异形	电阻焊接	日用化学品、食品
			冲压拉制	
金属软管	通常：单片	管状	冲模挤压成型	日用化学品（牙膏等）、食品
其他类型	各种结构	喷雾容器、盘状、筐状等	各种工艺	各种用途

2. 按材质分类

如果按材质分类可分为：镀锡薄钢板、镀铬薄钢板、镀锌薄钢板、铝合金板容器等。不同材料的力学性能和耐腐蚀性不同，可加工的容器的类型和用途也不相同。镀锡薄钢板、镀铬薄钢板、铝合金制容器常用于食品、罐头、饮料、日用化妆品等，镀锌薄钢板制容器一般用于工业产品。

在食品容器中占比例较大的是金属罐，通常有三片罐和二片罐。金属罐应用较为广泛，特别是用在食品罐头和饮料等的包装上。食品包装用金属罐按所用材料、罐的结构和外形及制罐工艺不同进行分类，见表 4－5。

表 4－5　金属罐的分类

结构	形状	工艺特点	材料	代表性用途
三片罐	圆罐或异性罐	压接罐	马口铁、无锡薄钢板	主要用于密封要求不高的食品罐，如茶叶罐，月饼罐、糖果巧克力罐、饼干罐等
		粘接罐	无锡薄钢板、铝	各种饮料罐
		电阻焊罐	马口铁、无锡薄钢板	各种饮料罐、食品罐、化工罐
二片罐	圆罐或异形罐	浅中罐	马口铁、铝	鱼肉、肉罐头
			无锡薄钢板	水果蔬菜罐头
		深冲罐（DRD）	马口铁、铝	菜肴罐头
			无锡薄钢板	乳制品罐头
		深冲减薄拉深罐（DWI）	马口铁、铝	各种饮料罐头（主要是碳酸饮料）

（二）金属包装容器在食品包装领域的应用

目前，金属包装容器被广泛应用于食品包装领域。表 4－6 列出了常用的食品包装金属容器。

表 4－6　用于食品包装的金属容器

容器种类	品种	作为食品容器的特性与用途
镀锡铁罐	三片罐、焊锡罐（圆、方罐）	罐身焊锡，内表面涂层，用于鱼、肉、蔬菜和饮料包装
	二片罐	
	浅冲拔罐和深冲拔罐（异形和圆罐）	罐身冲拔，内表面涂层，用于鱼、肉、蔬菜和各种饮料包装
	DI 冲拔罐	内表面涂层，用于各种饮料包装

续表

容器种类	品种	作为食品容器的特性与用途
无锡铁罐	三片罐、粘接罐（圆、方罐）	罐身用尼龙黏合剂粘接，内表面涂层，用于烹调加工食品和饮料包装
	熔接罐（圆、方罐）	罐身熔接，内表面涂层，用于烹调加工食品和各种饮料包装
	二片罐（浅冲和深冲罐）	与镀锡铁罐相同
铝罐	三片罐	与无锡铁罐同
	粘接罐（圆、方罐）	
	二片罐	
	（浅深冲拔罐）	
锡箔容器	软质铝箔容器	馅饼、糕点、烹调食品
	硬质铝箔容器	容器内表面采用耐高温涂料
金属软管	铝管	内表面涂覆耐蚀涂料，外表面印刷装潢，用于软质黄油等膏状食品包装，便于挤出
锡罐		具有良好的成型性，化学稳定性好，表面光泽，用于特种食品的包装

第二节　食品用金属包装材料和制品标准及法规

一、国内食品用金属包装相关标准

目前，食品用金属包装产品品种众多，除了食品用金属容器，如盒、桶、壶等，食品接触用金属工具如刀、勺、铲等也广泛用于日常生活中。因此，食品用金属包装除了传统意义上的金属包装容器及器皿外，接触食品用金属工具内产品有时也被纳入其范畴之内。国家质量监督检验检疫总局的产品质量监督抽查实施规范内就把食品用金属容器及工具产品分为以下几大类，具体见表4－7。

表4－7　食品用金属容器及工具产品种类

材质	产品品种	适用范围
铝制品	饮具	铝背水壶
	餐具	匙、饭盒
	厨具	勺、铲、漏勺、盆、桶
	炊具	锅、煎炒锅、壶

续表

材质	产品品种		适用范围
钢制品	饮具	不锈钢	杯、真空保温容器
	餐具	不锈钢	刀、叉、匙、筷子、碗、真空保温碗、盘、碟、盒
	厨具	不锈钢	勺、铲、漏勺、盆、桶、菜刀
		钢制	菜刀
	炊具	不锈钢	锅、复底锅、煎炒锅、壶
		钢制	锅、煎炒锅
涂覆层金属制品	炊具	陶瓷、搪瓷、聚四氟乙烯等涂层炊具	锅、煎炒锅、电饭煲不粘内胆

其中，饮具、餐具、厨具和炊具的主要功能的区别见表 4－8。相关标准如表 4－9 所示。

表 4－8 饮具、餐具、厨具和炊具的主要功能

种类	主要功能
饮具	用于盛装液体饮品（包括水）
餐具	用于就餐用盛放食品和饮品
厨具	用于制备食物
炊具	用于烹饪食物和饮品

表 4－9 食品用金属容器及工具主要产品相关标准

序号	产品品种		执行标准
铝制品	饮具	铝背水壶	QB/T 1921—1993 铝背水壶 GB 11333—1989 铝制食具容器卫生标准 GB/T 5009. 72—2003 铝制食具容器卫生标准的分析方法
	餐具	匙类	GB 11333—1989 铝制食具容器卫生标准 GB/T 5009. 72—2003 铝制食具容器卫生标准的分析方法
		盘、盒类	GB 11333—1989 铝制食具容器卫生标准 GB/T 5009. 72—2003 铝制食具容器卫生标准的分析方法
	厨具	勺、铲、漏勺类	GB 11333—1989 铝制食具容器卫生标准 GB/T 5009. 72—2003 铝制食具容器卫生标准的分析方法
		盆、桶类	GB 11333—1989 铝制食具容器卫生标准 GB/T 5009. 72—2003 铝制食具容器卫生标准的分析方法
	炊具	锅、煎炒锅、壶类	QB/T 1957—1994 铝锅 QB/T 1691—1993 铝壶 GB 11333—1989 铝制食具容器卫生标准 GB/T 5009. 72—2003 铝制食具容器卫生标准的分析方法

续表

序号	产品品种			执行标准
钢制品	饮具	不锈钢	杯类	QB/T 1622. 8—1992 不锈钢器皿 杯 QB/T 2332—1997 不锈钢真空保温容器 GB 9684—2011 食品安全国家标准 不锈钢制品 GB/T 5009. 81—2003 不锈钢食具容器卫生标准的分析方法
	餐具	不锈钢	刀、叉、匙、其他类	GB/T 15067. 2—1994 不锈钢餐具 GB 9684—2011 食品安全国家标准 不锈钢制品 GB/T 5009. 81—2003 不锈钢食具容器卫生标准的分析方法
			碗、真空保温碗、盘、碟、盒、筷子、真空保温容器类	QB/T 1622. 9—1992 不锈钢器皿 盘 QB/T 1622. 11—1992 不锈钢器皿 盒 QB/T 2332—1997 不锈钢真空保温容器 GB 9684—2011 食品安全国家标准 不锈钢制品 GB/T 5009. 81—2003 不锈钢食具容器卫生标准的分析方法
	厨具	不锈钢	菜刀类	QB/T 1924—1993 菜刀
			勺、铲、漏勺、其他类	QB/T 2174—2006 不锈钢厨具 GB 9684—2011 食品安全国家标准 不锈钢制品 GB/T 5009. 81—2003 不锈钢食具容器卫生标准的分析方法
			盆、桶、其他类	QB/T 1622. 10—1992 不锈钢器皿 盆 GB 9684—2011 食品安全国家标准 不锈钢制品 GB/T 5009. 81—2003 不锈钢食具容器卫生标准的分析方法
		钢制	菜刀类	QB/T 1924—1993 菜刀
	炊具	不锈钢	锅、复底锅、煎炒锅、壶类	QB/T 1622. 5—1992 不锈钢器皿 锅 QB/T 1622. 6—1992 不锈钢器皿 复底锅 QB/T 1622. 7—1992 不锈钢器皿 壶 GB 9684—2011 食品安全国家标准 不锈钢制品 GB/T 5009. 81—2003 不锈钢食具容器卫生标准的分析方法
		钢制	锅、煎炒锅类	企业标准及产品明示质量要求

上述标准中，涉及的产品标准、卫生标准及卫生标准的分析方法见表 4 - 10。

表 4－10　产品标准、卫生标准及卫生标准的分析方法

相关标准	标准名称
产品标准	QB/T 1921—1993 铝背水壶 QB/T 1957—1994 铝锅 QB/T 1691—1993 铝壶 QB/T 1622.8—1992 不锈钢器皿 杯 QB/T 2332—1997 不锈钢真空保温容器 GB/T 15067.2—1994 不锈钢餐具 QB/T 1622.9—1992 不锈钢器皿 盘 QB/T 1622.11—1992 不锈钢器皿 盒 QB/T 1924—1993 菜刀 QB/T 2174—2006 不锈钢厨具 QB/T 1622.10—1992 不锈钢器皿 盆 QB/T 1622.5—1992 不锈钢器皿 锅 QB/T 1622.6—1992 不锈钢器皿 复底锅 QB/T 1622.7—1992 不锈钢器皿 壶
卫生标准	GB 11333—1989 铝制食具容器卫生标准 GB 9684—2011 食品安全国家标准 不锈钢制品
卫生标准的分析方法	GB/T 5009.72—2003 铝制食具容器卫生标准的分析方法 GB/T 5009.81—2003 不锈钢食具容器卫生标准的分析方法

二、国外食品用金属包装主要标准

国际标准化组织（International Standard Organization，ISO）、欧盟及日本对食品用金属包装也有相关规定，主要的相关标准如表 4－11 所示。

表 4－11　国外食品用金属包装主要标准

国家	标准
欧盟	BS EN 10333—2005 包装用钢．与人和动物消费用食品、产品或饮料接触的扁钢制品．镀锡钢（马口铁） BS EN 10334—2005 包装用钢．与人和动物消费用食品、产品或饮料接触的扁平钢制品．非镀层钢（黑钢板） BS EN 10335—2005 包装用钢．与人和动物消费用食品、产品或饮料接触的扁平钢制品．非合金电解铬/氧化铬镀钢 EN 601—2004 铝和铝合金铸件与食品接触的铸件的化学成分 EN 602—2004 铝和铝合金　锻件　与食品接触的物品制造用半成品的化学成分
日本	JIS Z1571—2005 食品和饮料用密封金属罐

续表

国家	标准
ISO	ISO 3004/1 异地部分 圆形的一般用食品罐 ISO 3004/2 第二部分 人类消费用肉食罐和肉制品罐 ISO 3004/3 第三部分 饮料罐 ISO 3004/4 第四部分 食用油罐 ISO 3004/6 第六部分 奶用圆形罐，食品和饮料用密封金属容器、鱼类及鱼类制品用食品罐

第三节 食品用金属包装材料及制品检验方法

一、食品用金属包装钢制品检测方法

(一) 食品用钢制品物理性能的检测方法

除食品用钢制品卫生标准中规定的共有的理化指标外，不同种类的钢制品还有一些共用或其自己特有的物理性能指标，下面重点介绍几种主要指标的检测方法。

1. 使用性能

食品用钢制品种类较多，其中应用较为广泛的当属不锈钢容器及制品，主要不锈钢器皿的使用性能技术要求和试验方法见表 4－12。

表 4－12 主要产品使用性能技术要求和试验方法

产品类型	技术要求	试验方法
不锈钢器皿 杯	经试验，点焊处不得有脱焊、脱焊痕迹或渗水、分离等缺陷	将重为该杯纯水容量二倍的砝码置于杯内，用杯柄平举起不小于 0.8m，静止支承 10min，然后取出砝码进行 10min 满水试验
不锈钢器皿 盒	经试验盒盖及盒扣灵活扣紧后，盒扣不得松脱	将重为该盒纯水容量 2 倍的砝码置于盒内，合盖并扣紧盒扣，提起盒盖高不小于 0.8m
	经试验，点焊处不得有脱焊、脱焊痕迹或渗水等缺陷	将重为该盒纯水容量 2 倍的砝码置于盒内，以两盒扣为支点，把盒吊起高不小于 0.8m，静置 10min，然后取出砝码注满水
不锈钢器皿 锅	经试验锅柄组件不得变形或折裂。经试验点焊或铆接处不得有脱焊、脱焊痕迹或渗水、分离等缺陷	将重为该锅纯水容量 3 倍的砝码置于锅内，用锅柄平举起不小于 0.8m，静止支撑 10min，然后取出砝码进行 10min 满水试验

续表

产品类型	技术要求	试验方法
不锈钢器皿　复底锅	锅柄组件要求同不锈钢器皿　锅	同不锈钢器皿　锅
	点焊或铆接要求同不锈钢器皿　锅	
	复合层不开裂	目视法
	经稳定性试验复合层不开裂	空锅在烘箱内加热到（200±5）℃，立即放入温度为（15±5）℃，50L 水中反复 50 次
不锈钢器皿　壶	经试验，焊接、点焊或铆接处不得有脱焊、脱焊痕迹和分离缺陷，壶梁及壶梁座不得变形和断裂	将重为该壶纯水容量 3 倍的砝码置于壶内，用梁部或柄部平举起不小于 0.8m，静止支承 1min 后放下，反复 10 次
	经试验不得渗水	将壶整体密封后注入压力大于 60kPa 的空气，将焊接表面完全浸入水中，观察有无气泡产生
	经试验焊接处无锈蚀现象	按 GB 5938 的规定检查，喷雾周期为 8h

2. 耐腐蚀性

（1）不锈钢餐具

①原理　把试件周期地浸泡在温度为 60℃ 的 1% 氯化钠溶液中，规定的时间后，用显微镜或放大镜观测所腐蚀的麻坑的尺寸和数量。

②仪器　由一个玻璃容器和盖子组成，它可以是玻璃的或是塑料的，并有一个塑料架子可以按规定的周期升起和落下。具体如图 4－4 所示。

③试验步骤

用热肥皂水彻底冲洗选好的试样，并用丙酮或酒精去脂。

把配好的氯化钠溶液（1% 氯化钠溶液，配制时应使用软水或蒸馏水）装在容器中，试件每平方分米不锈钢面积至少有一升溶液，溶液温度保持在（60±2）℃ 的范围内，任何时候也不得超过这个范围。其方法是将容器置于有恒温控制的水槽内，水槽中的水位与溶液的水位基本相同。

把试件放在塑料架上，试件的手柄不应与塑料架接触，盖上罩盖。

把试件全部浸泡并完全从溶液中拉出的周期速率为 2 次/min～3 次/min。高档不锈钢餐具的试验时间为连续 6h。普通不锈钢餐具为连续 3 h。

试验结束后，彻底清洗试件并检查试件的腐蚀情况。对于影响检查锈蚀点的锈蚀污物，可用软布加抛光剂擦去，或把它们浸泡在 70% 硝酸一份、软化水或蒸馏水二份组成的溶液里，约 3min 即可除掉。

④结果表示

通过显微镜或至少 4 倍的放大镜来估算麻坑的尺寸、裂纹的长度，如果有两个麻坑并

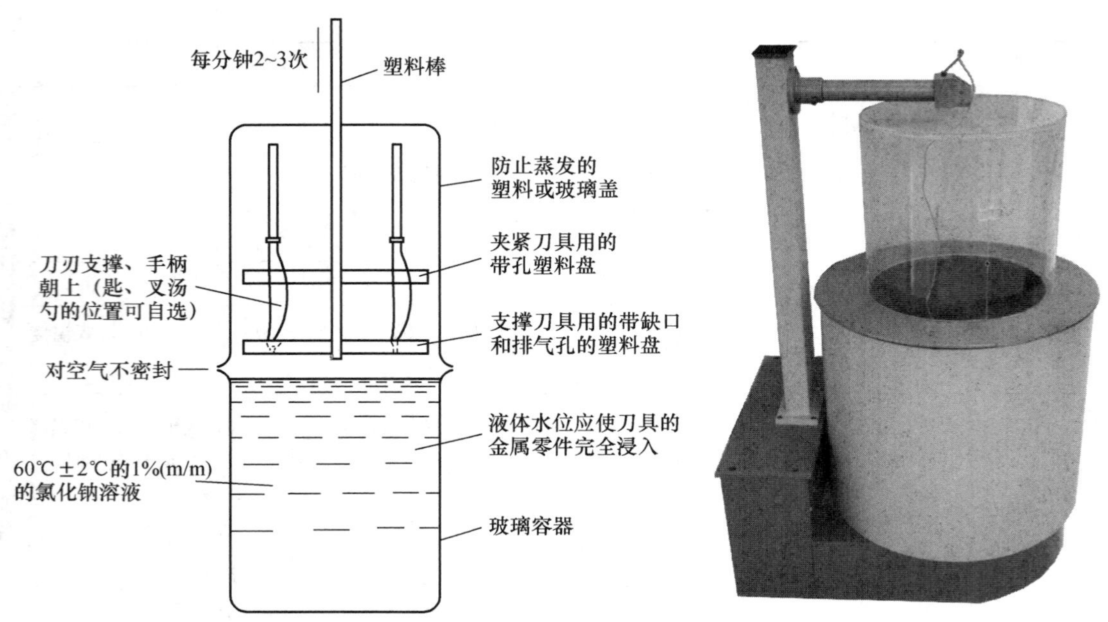

图4－4　不锈钢餐具耐腐蚀试验仪

在一起应计为两点。也可用0.4mm和0.75mm直径的金属丝分别与试件表面的麻坑比较，借助于放大镜来确定麻坑的尺寸。

（2）不锈钢厨具

①原理　将试验样本间歇浸入60℃的1%氯化钠6h，形成的麻点数和尺寸在显微镜下用目测判定。

②仪器与试剂　如图4－5所示的装置，有一玻璃或塑料容器，一个盖子以及一个塑料的试件构成，盖子可以为玻璃也可以为塑料的，试件架是可在容器内上升和下降的。

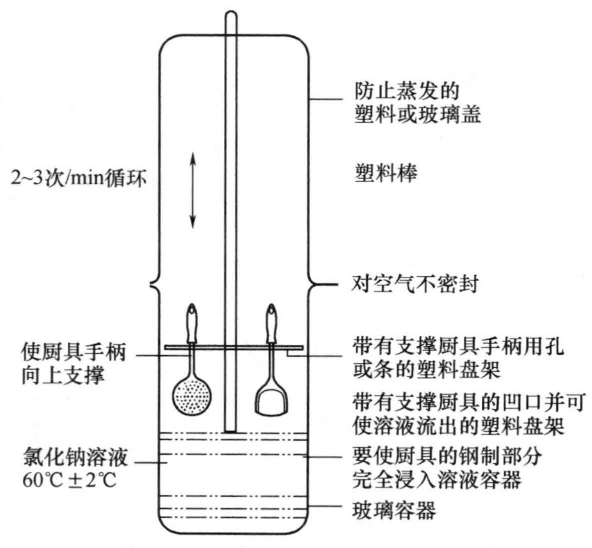

图4－5　不锈钢厨具耐腐蚀试验装置

注：其他的试件支撑方式也可使用，但要使样本与支撑架保持最少接触方式。

校准后的显微镜或至少 4 倍的放大镜。

在试验过程中，除非另有要求，均使用鉴别分析试剂类，并使用蒸馏水。氯化钠溶液 1%（质量分数），1 份氯化钠与 99 份蒸馏水配成。

③试验步骤

将样本在热肥皂水中彻底清洗，彻底清洗后在丙酮或含有甲醇的酒精中脱脂。

容器装入氯化钠溶液，以在样本上每平方分米的不锈钢表面至少 1L 溶液的量加溶液。加热容器至（60±2）℃，并保持在此温度上。在试验开始后不允许溶液的温度有超过 62℃的时候。每次试验都要使用新的氯化钠溶液。

注：氯化钠溶液的温度，可采用将试验装置放在一个可控水温的水槽内的方法，能方便地保持在（60±2）℃，水槽内的水位保持在大约氯化钠溶液水位的位置上。

把样本放在一个支撑框架上，对于带不锈钢手柄的厨具，支撑采用不使手柄与框架接触的方式。重合上盖。

以 2～3 次/min 的频率将产品完全浸入溶液，再完全拉出。试验时间为 6h。

在试验周期结束后，彻底清洗样本，检查腐蚀情况。

注：腐蚀后样本如有妨碍观测的污斑，可用手以软布加不锈钢抛光剂擦拭样本表面。

④结果表示

通过显微镜或至少 4 倍的放大镜来测算每个试验样本上的腐蚀点尺寸和数量，裂痕的纵向长度；如有两个麻点并在一起计为亮点。

3. 牢固性

（1）不锈钢餐具手柄连接的牢固性

拉力和扭转试验，在试验机上进行，试验前需把试件浸泡在表 4－13 所示温度之水中 10min，拉力和扭转试验要在同一试件上依次进行。

表 4－13　手柄连接的牢固性试验条件要求

项目	水温度/℃	拉力/N
金属手柄	100	180
除陶瓷以外的非金属手柄	优等品 75，一级品 50，合格品 50	90

拉力试验：须经受表 4－13 所示之拉力 10s。

扭转拉力：手柄表面积大于 37cm^2，转矩 3.7N · m，10s。手柄表面积大于或等于 37 cm^2，转矩 4.5 N · m，10s。

（2）不锈钢厨具的牢固性

拉力和扭转试验，将厨具浸入（100±5）℃的水中 10min 后，立即提出，按表4－18 操作，抗拉力和抗扭力试验要在同一试件上依次进行。

①抗拉力试验（见表 4－14）

表 4-14 抗拉力试验

主要宽度（直径）/cm	拉力/N	时间/s
<10	80	10
≥10	150	10

注：非圆形厨具应按其最小直径计算。

②抗扭力试验（见表 4-15）

表 4-15 抗扭力试验

手柄表面积/cm^2	扭矩/（N·m）	时间/s
<37	3.7	10
≥37	4.5	10

4. 永久性变形

（1）不锈钢餐具

①马氏体不锈钢的刀和分肉叉

a. 原理

把刀或叉子的手柄夹住，负荷加在刀片或叉尖上，然后转动手柄，使刀片向上移动至所承受的负荷被提起为止，卸去负荷就可以测出试件永久变形的角度。

b. 试验仪器

见图 4-6。

c. 试验步骤

把试件夹在一个可以转动的夹具内，并利用重量调节装置与试件平衡，用夹具固定手柄的位置，在试验时，使刀尖或叉尖与手柄末端保持在同一水平位置。

把刀尖或叉尖夹在端部夹钳内，不加负荷，调节两个刻度盘使表针指零。

把试验负荷加到端部夹钳上，用手操纵杆转动中心轴直至把端部夹钳从轨道上抬起为止，并保持 10s，然后把操纵杆放回，卸去负荷，从相应的刻度盘上读出所偏移的角度 α 和 β，此二角之和即为永久变形角 γ 见图 4-7。

翻转试件，重复试验一次。

d. 试验结果

两个方向永久变形角的平均值就是该件的永久变形。经过试验，不应发生断裂、裂纹及大于 30 的永久变形。

②匙、叉、汤勺和钝刀

把试件平放在水平的平面上，手柄颈部的最高点朝上，按长度每一厘米施加 7N 的力或不计长度施加 100 N，受力时间 10s，见图 4-8，试件的受力点处所允许的永久变形可用百分表测出。

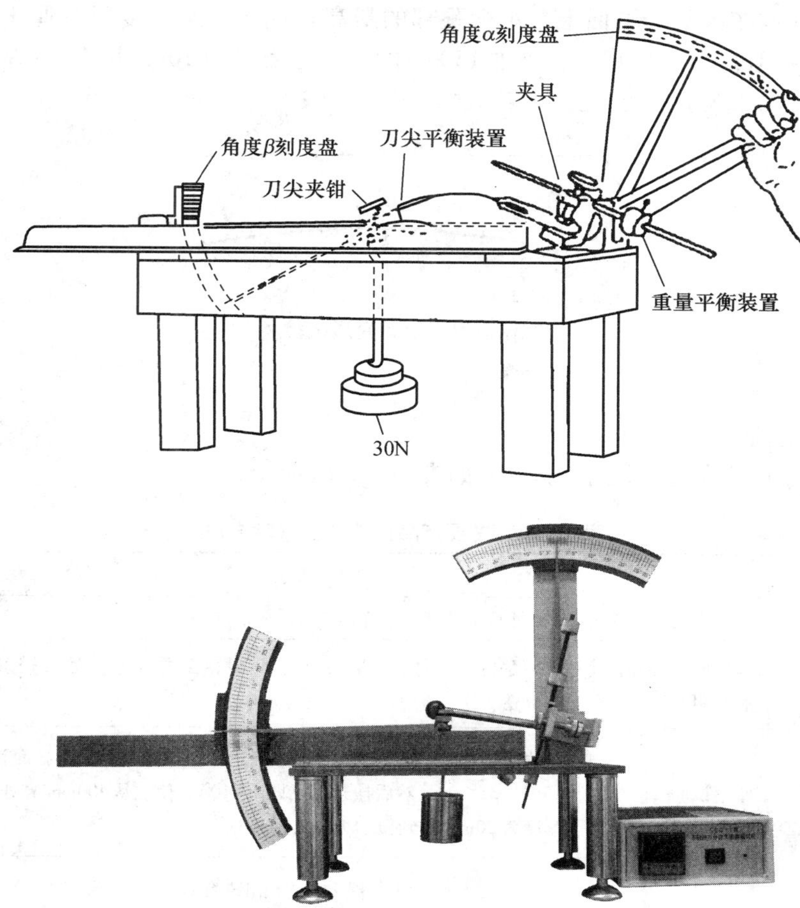

图 4-6　刀和分肉叉的强度试验仪器

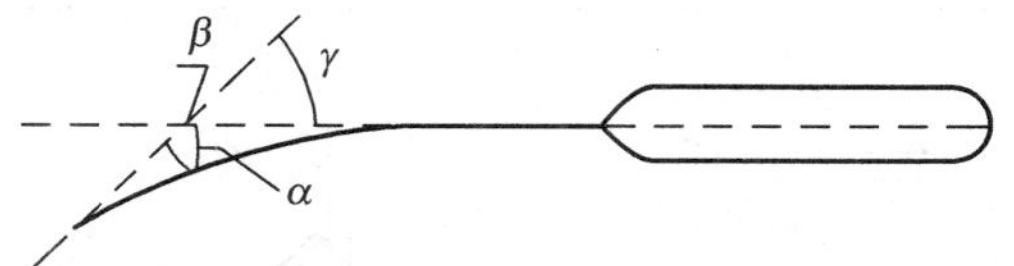

图 4-7　永久变形角的确定

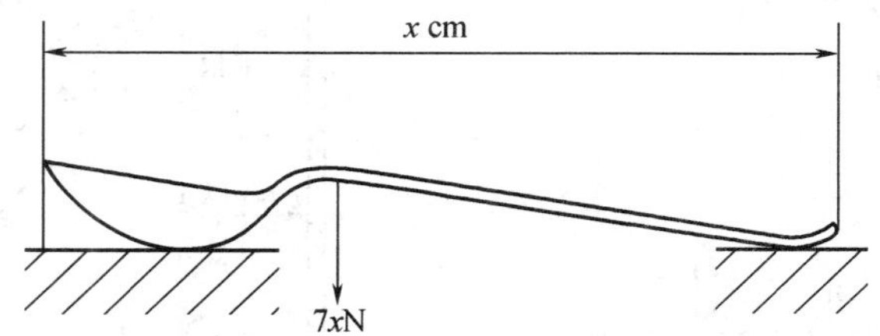

图 4-8　匙、叉、汤勺和钝刀强度试验示意图

（2）不锈钢厨具

把试件平放在水平的平面上，手柄颈部的最高点朝上，按长度每一厘米施加 7N 的力，如果长度超过 21cm 的厨具，施加 150 N 的力，受力时间 10s，见图 4 －9。试件的受力点处所允许的永久变形可用百分表测出。

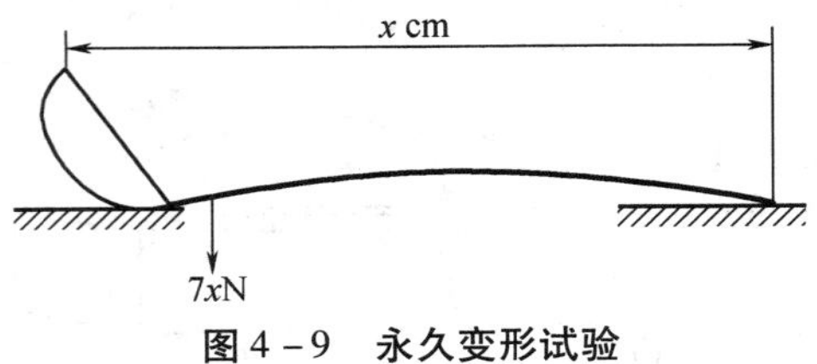

图 4 －9　永久变形试验

5. 抗冲击性

主要不锈钢产品抗冲击性试验方法如表 4 －16 所示。

表 4 －16　主要产品抗冲击性试验方法

产品类型	试验方法	
不锈钢餐具	手柄端朝下，从 1.2m 高处自由跌落至水泥面 5 次	
不锈钢厨具	除陶瓷手柄外，将厨具以手柄垂直向下，从 1m 的高度跌落到混凝土表面，连续跌落 5 次，然后将厨具置于水平方向跌落 5 次	
不锈钢真空保温容器	坠落试验	在使用状态下，将保温效能合格的无背带的保温容器灌满，室温的水（5℃ ~35℃），然后挂起（见图 4 －10），使之从 400mm 高处向水平固定的厚度为 30mm 的硬质木板坠落
	摆动冲击试验	在使用状态下，将保温效能合格的有背带的保温容器灌满，室温的水（5℃ ~35℃），背带长度为 400mm，将其扬起 45°（见图 4 －11），撞击垂直固定的厚度为 30mm 的硬质木板

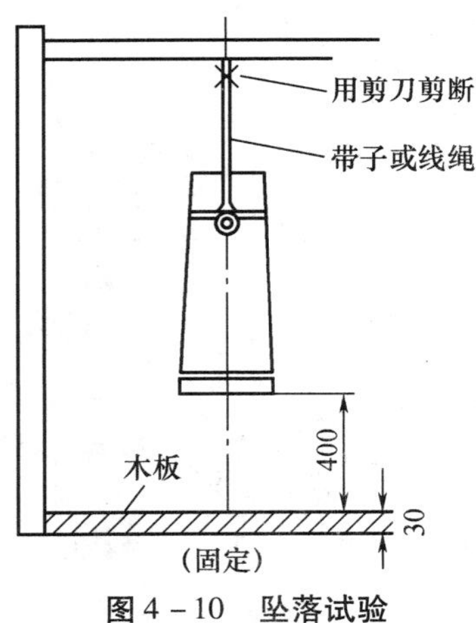

图 4 －10　坠落试验

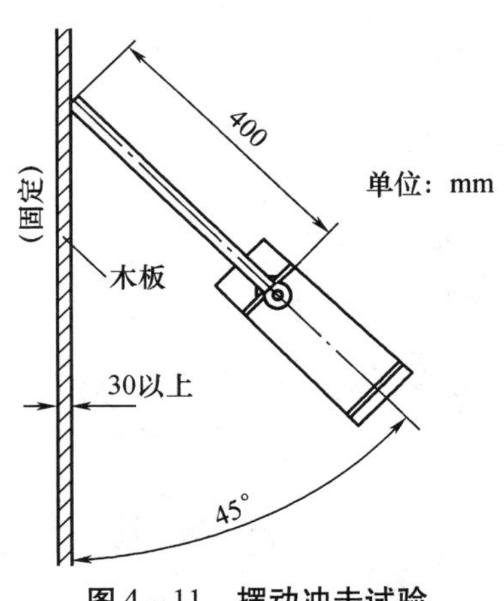

图 4 －11　摆动冲击试验

6. 抗热变形

(1) 不锈钢餐具非金属手柄抗热变形

非金属手柄餐具须浸入(优等品不低于80℃,一级品、合格品不低于55℃)水中30min,测试结束后,除陶瓷外的非金属手柄不应有明显变形,在金属与非金属之间不应有超过0.35mm的间隙。

(2) 不锈钢厨具塑料手柄抗热变形

将塑料手柄厨具浸入温度为80℃的水中30min,经过试验后,塑料手柄不应有明显变形,主体和手柄之间不应有超过0.30mm的间隙。

7. 硬度

不锈钢餐具刀片和菜刀硬度试验方法见表4-17。

表4-17 不锈钢餐具刀片和菜刀硬度试验方法

产品种类	一等品
不锈钢餐具刀片	使用洛氏硬度计,测试点距手柄不小于40mm,前、中、后取三点之平均值
菜刀	用硬度计在离刃口线5mm~8mm内分前、中、后各测一点

(二) 食品用不锈钢制品卫生指标的检测方法

1. 不锈钢食具容器的卫生标准和指标

GB 9684—2011《食品安全国家标准 不锈钢制品》对以不锈钢为主体制成的食具容器及食品生产经营工具、设备的卫生要求进行了规定,要求接触食品的表面应光洁,无污垢、锈迹,焊接部应光洁,无气孔、裂缝、毛刺;此外,对不锈钢制品的原料也提出了一定的要求,对于主体部分,应选用奥氏体型不锈钢、奥氏体铁素体型不锈钢、铁素体型不锈钢等符合相关国家标准的不锈钢材料制造;餐具和食品生产机械设备的钻磨工具等的主体部分也可采用马氏体型不锈钢材料;非主体材料可以采用其他金属、玻璃、橡胶、塑料等材料制成。不锈钢制品的理化指标见表4-18所示要求。

表4-18 不锈钢食具容器的理化指标

项目	指标
铅(以Pb计),4%(体积分数)乙酸/(mg/dm^2) ≤	0.01
铬(以Cr计),4%(体积分数)乙酸/(mg/dm^2) ≤	0.4
镍(以Ni计),4%(体积分数)乙酸/(mg/dm^2) ≤	0.1
镉(以Cd计),4%(体积分数)乙酸/(mg/dm^2) ≤	0.005
砷(以As计),4%(体积分数)乙酸/(mg/dm^2) ≤	0.008

注:1. 浸泡条件均为$200mL/dm^2$,煮沸30min,再室温放置24h。

2. 马氏体型不锈钢材料不检测铬指标。

2. 不锈钢制品各项理化指标的检测方法

按照不锈钢卫生标准的规定，不锈钢食具容器是指以不锈钢为主体制成的食具容器及食品生产经营工具、设备。

GB/T 5009.81—2003《不锈钢食具容器卫生标准的分析方法》中规定的检测方法适用于以不锈钢为原料制成的各种炊具、餐具、食具及其他接触食品的容器、工具、设备等的各项卫生指标的测定。各项指标的测定方法见表 4－19。

表 4－19　各项理化指标的测定方法

项目	测定方法
铅（以 Cr 计）	石墨炉原子吸收分光光度法
	双硫腙法
铬（以 Cr 计）	石墨炉原子吸收分光光度法
	二苯碳酰二肼比色法
镍（以 Ni 计）	石墨炉原子吸收分光光度法
	丁二酮肟比色法
镉（以 Cd 计）	原子吸收分光光度法
砷（以 As 计）	砷斑法

（1）试样制备及浸泡条件

用肥皂水洗刷试样表面污物，自来水冲洗干净，再用蒸馏水冲洗，晾干备用。

器形规则，便于测量计算表面积的食具容器，每批取二件成品，计算浸泡面积并注入水测量容器容积（以容积的 2/3～4/5 为宜）记下面积、容积，把水倾去，滴干。

器形不规则、容积较大或难以测量计算表面积的制品，可采其原材料（板材）或取同批制品中（使用同类钢号为原料的制品）有代表性制品裁割一定面积板块作为试样，浸泡面积以总面积计，板材的总面积不要小于 $50cm^2$。每批取样三块，分别放入合适体积的烧杯中，加浸泡液的量按每平方厘米 2mL 计。如两面都在浸泡液中，总面积应乘以 2。把煮沸的 4% 乙酸倒入成品容器或盛有板材的烧杯中，加玻璃盖，小火煮沸 0.5 h，取下，补充 4% 乙酸至原体积，室温放置 24h，将以上试样浸泡液倒入洁净玻璃瓶中供分析用。

在煮沸过程中因蒸发损失的 4% 乙酸浸泡液应随时补加，容器的 4% 乙酸浸泡液中金属含量经分析结果计算公式计算亦折为每平方厘米 2mL 浸泡液计。

（2）铬、铅、镍的测定——石墨炉原子吸收分光光度法

①原理

试样注入石墨管中，石墨管两端通电流升温，试样经干燥、灰化后原子化。原子化时产生的原子蒸气吸收特定的辐射能量，吸收量与金属元素含量成正比，试样含量与标准系列比较定量。

②仪器与试剂

石墨炉原子吸收分光光度计；

热解石墨管及高纯度氦气；

微量取液器。

50 g/L 磷酸二氢铵溶液：称取 5g 磷酸二氢铵（$NH_4H_2PO_4$，优级纯），加水溶解后，稀释至 100mL。

铬标准溶液：精密称取经 105℃～100℃烘至恒量的重铬酸钾（$K_2Cr_2O_7$，基准试剂）2. 8289 g，加 50mL 水溶解后，移入 1000mL 容量瓶中，加 2mL 硝酸，摇匀，加水稀释至刻度，此溶液每毫升相当于 1mg 铬。

铅标准溶液：精密称取 1. 0000g 金属铅（Pb，99. 99%），加 5mL 浓度为 c（HNO_3）=6mol/L 硝酸溶解后，移入 1000mL 容量瓶中，加水稀释至刻度，此溶液每毫升相当于 1mg 铅。

镍标准溶液：精密称取 1. 0000g 金属镍（Ni，99. 99%），加 5mL 浓度为 c（HNO_3）=6mol/L 硝酸溶解后，移入 1000mL 容量瓶中，加水稀释至刻度。此溶液每毫升相当于 1mg 镍。

铬、镍、铅标准使用液：使用前分别把铬、镍、铅标准溶液逐步稀释成每毫升相当于 1μg 的金属标准使用液。

③试验步骤

a. 配制试样和混合标准系列

吸取试样浸泡液 0. 50mL～1. 00mL 于 10mL 容量瓶；另取 6 个 10mL 容量瓶，分别吸取金属标准使用液，铬：0mL，0. 20mL，0. 40mL，0. 60mL，0. 80mL，1. 00mL；镍：0mL，0. 50mL，1. 00mL，1. 50mL，2. 00mL，2. 50mL；铅：0mL，0. 30mL，0. 60mL，0. 90mL，1. 20mL，1. 50mL。试样和标准管中加 1. 0mL、50g/L 磷酸二氢铵溶液，用水稀释至刻度，混匀。配好的标准系列金属含量分别为，铬：0μg，0. 20μg，0. 40μg，0. 60μg，0. 80μg，1. 00μg；镍：0μg，0. 50μg，1. 00μg，1. 50μg，2. 00μg，2. 50μg；铅：0μg，0. 30μg，0. 60μg，0. 90μg，1. 20μg，1. 50μg。

b. 仪器工作条件

铬、镍、铅均使用灵敏分析线（铬 357. 9nm；镍 232. 0nm；铅 283. 3nm），狭缝宽度（镍为 0. 19nm，铬、铅为 0. 38nm），测定方式为 BGC，峰值记录，内气流量 1L/min，进样量为 20μL，原子化时停气，石墨炉升温程序如表 4－20 所示。

表 4－20　石墨炉升温程序

元素	程序		
	干燥/（℃/s）	灰化/（℃/s）	原子化/（℃/s）
铬	150/30	800/30	2700/6
镍	150/30	600/30	2600/6
铬	150/30	500/30	1600/7

c. 测定

用微量取液器分别吸取试剂空白、标准系列和试样溶液注入石墨炉原子化器进行测定，根据峰值记录结果绘制校正曲线，从校正曲线上查出试样金属含量（μg）。

④计算

$$X = \frac{(m_1 - m_2) \times 1000}{V_1 \times 1000} \times F$$

$$F = \frac{V_2}{2S}$$

式中：X——试样浸泡液中金属的含量，mg/L；

m_1——从校正曲线上查得的试样测定管中金属质量，μg；

m_2——试剂空白管中金属质量，μg；

V_1——测定时所取试样浸泡液体积，mL；

F——折算成每平方厘米 2mL 浸泡液的校正系数；

V_2——试样浸泡液总体积，mL；

S——与浸泡液接触的试样面积，cm^2；

2——每平方厘米 2mL 浸泡液，mL/cm^2。

（3）铬的测定——二苯碳酰二肼比色法

不锈钢食具容器中铬的溶出量还可以采用二苯碳酰二肼比色法。

①原理

以高锰酸钾氧化低价铬为高价铬（Cr^{6+}），加氢氧化钠沉淀铁，加焦磷酸钠隐蔽剩余铁等，利用二苯碳酰二肼与铬生成红色络合物，与标准系列比较定量。

②仪器与试剂

分光光度计、3cm 比色杯；

25mL 具塞比色管。

硫酸：$c(H_2SO_4)$ =2.5mol/L，取 70mL 优级纯硫酸边搅拌边加入水中，放冷后加水至 500mL；

3g /L 高锰酸钾溶液：称取 0.3g 高锰酸钾加水溶解至 100mL；

200g/L 尿素溶液：称取 20g 尿素加水溶解至 100mL；

100g/L 亚硝酸钠溶液：称取 10g 亚硝酸钠加水溶解至 100mL；

饱和氢氧化钠溶液；

50g/L 焦磷酸钠溶液：称取 5g 焦磷酸钠（$Na_4P_2O_7 \cdot 10H_2O$），加水溶解至 100mL；

二苯碳酰二肼溶液：称取 0.5g 二苯碳酰二肼溶于 50mL 丙酮中，加水 50mL，临用时配制，保存于棕色瓶中，如溶液颜色变深则不能使用。

铬标准溶液：配制方法石墨炉原子吸收法，使用液浓度为每毫升相当于 10μg 铬。

③试验步骤

a. 标准曲线的绘制

吸取铬标准使用液 0mL，0.25mL，0.50mL，1.00mL，1.50mL，2.00mL，2.50mL，3.00mL，分别移入 100mL 烧杯中，加 4%（体积分数）乙酸至 50mL。以下同试样操作。

以吸光度为纵坐标，标准浓度为横坐标，绘制标准曲线。

b. 测定

取试样浸泡液50mL放入100mL烧杯中，加玻璃珠2粒，2.5mol/L硫酸2mL，3g/L高锰酸钾溶液数滴，混匀，加热煮沸至约30mL（微红色消失时，再加3g/L高锰酸钾液呈微红色），放冷，加25mL、200g/L尿素溶液，混匀，滴加100g/L亚硝酸钠溶液至微红色消失，加饱和氢氧化钠溶液呈碱性（pH =9），放置2h后过滤，滤液加水至100mL，混匀，取此液20mL于25mL比色管中，加1mL的2.5mol/L硫酸，1mL的50g/L焦磷酸钠溶液，混匀，加2mL的5g/L二苯碳酰二肼溶液，加水至25mL，混匀，放置5min，于540nm处测定吸光度，另取4%乙酸溶液100mL同上操作，作为试剂空白，调节零点。

④计算

$$X = \frac{m}{50 \times \frac{20}{100}} \times F$$

式中：X ——试样浸泡液中铬含量，mg/L；

m ——测定时样液中相当于铬的质量，μg；

F ——折算成每平方厘米2mL浸泡液的校正系数。

（4）镍的测定——丁二酮肟比色法

①原理

镍在弱碱性条件下，与丁二酮肟生成红色络合物，用三氯甲烷提取，此三氯甲烷提取液用稀盐酸反提，向稀盐酸提取液中加溴水，再加氨水脱色，与碱性丁二酮生成红色物质，与标准系列比较定量。

②仪器与试剂

100g/L枸橼酸氢二铵溶液：称取10g枸橼酸氢二铵［$(NH_4)_2HC_6H_5O_7$］溶于水至100mL；

10g/L丁二酮肟乙醇溶液：称取1g丁二酮肟［$(CH_3)_2C_2(NOH)_2$］溶于乙醇［95%（体积分数）］中至100mL，如有不溶解物，过滤，滤液备用；

10g/L碱性丁二酮肟溶液：称取1g丁二酮肟用溶于c（NaOH）=0.2mol/L氢氧化钠溶液中至100mL；

盐酸：c（HCl）=0.5mol/L；

4%（体积分数）乙酸；

氨水：c（NH_4OH）=5mol/L；

氨水：c（NH_4OH）=2mol/L；

氨水：c（NH_4OH）=0.3mol/L；

20 %（体积分数）氢氧化钠溶液；

镍标准溶液：配制方法同石墨炉原子吸收法，使用液浓度为每毫升相当于10μg镍。

③试验步骤

a. 标准曲线的绘制

吸取镍标准使用液0mL，0.25mL，0.50mL，1.00mL，2.00mL，3.00mL，4.00mL，5.00mL加4%乙酸至100mL，移入125mL分液漏斗中，以下同试样操作，以吸光度为纵

坐标，标准浓度为横坐标，绘制标准曲线。

b. 测定

取试样浸泡液100mL，加20氢氧化钠溶液调至中性或弱碱性，放置2h，过滤，滤液移入125mL分液漏斗中，加2mL枸橼酸氢二铵溶液，加数滴2mol/L氨水调溶液pH为8~9。加2mL丁二酮肟乙醇溶液，加10mL三氯甲烷，剧烈振摇1 min，静置，将三氯甲烷分离至60mL分液漏斗中。向水层加三氯甲烷5mL按上述操作反复进行两次，合并三氯甲烷液，弃去水层。用10mL0.3mol/L氨水洗涤三氯甲烷层，剧烈振摇30s，静置，分离三氯甲烷层于另一60mL分液漏斗中，向该漏斗中加10mL 0.5mol/L盐酸，剧烈振摇1min，静置，分离三氯甲烷层于另一分液漏斗中；加5mL 0.5mol/L盐酸同上操作，合并盐酸液，移入25mL具塞比色管中，加2mL饱和溴水，振摇。静置1min，加5mol/L氨水至无色，再多加2mL 5mol/L氨水，在流水中冷至室温，加2mL碱性丁二酮肟溶液，加水至25mL充分混合，放置20 min，于540nm处测定吸光度。另取4%乙酸液100mL，同上操作，作为试剂空白，调节零点。

④计算

$$X = \frac{m}{V} \times F$$

式中：X——试样浸泡液中镍含量，mg/L；

m——测定时试样液中相当于镍的质量，μg；

V——测定时取样液的体积，mL；

F——折算成每平方厘米2mL浸泡液的校正系数。

（5）铅的测定——双硫腙法

①原理

试样经消化后，在pH 8.5~9.0时，铅离子与二硫腙生成红色络合物，溶于三氯甲烷。加入柠檬酸铵、氰化钾和盐酸羟胺等，防止铁、铜、锌等离子干扰，与标准系列比较定量。

②仪器与试剂

分光光度计。

天平：感量为1mg。

氨水（1+1）。

盐酸（1+1）：量取100mL盐酸，加入100mL水中。

酚红指示液（1g/L）：称取0.10g酚红，用少量多次乙醇溶解后移入100mL容量瓶中并定容至刻度。

盐酸羟胺溶液（200g/L）：称取20.0g盐酸羟胺，加水溶解至50mL，加2滴酚红指示液，加氨水（1+1），调pH至8.5~9.0（由黄变红，再多加2滴），用二硫腙－三氯甲烷溶液提取至三氯甲烷层绿色不变为止，再用三氯甲烷洗二次，弃去三氯甲烷层，水层加盐酸（1+1）至呈酸性，加水至100mL。

柠檬酸铵溶液（200g/L）：称取50g柠檬酸铵，溶于100mL水中，加2滴酚红指示液，加氨水，调pH至8.5~9.0，用二硫腙－三氯甲烷溶液提取数次，每次10mL~20mL，至三氯甲烷层绿色不变为止，弃去三氯甲烷层，再用三氯甲烷洗二次，每次5mL，弃去三氯甲烷层，加水稀释至250mL。

氰化钾溶液（100g/L）：称取10.0g氰化钾，用水溶解后稀释至100mL。

三氯甲烷：不应含氧化物。检查方法：量取10mL三氯甲烷，加25mL新煮沸过的水，振摇3 min，静置分层后，取10mL水溶液，加数滴碘化钾溶液（150g/L）及淀粉指示液，振摇后应不显蓝色。处理方法：于三氯甲烷中加入1/10～1/20体积的硫代硫酸钠溶液（200g/L）洗涤，再用水洗后加入少量无水氯化钙脱水后进行蒸馏，弃去最初及最后的十分之一馏出液，收集中间馏出液备用。

淀粉指示液：称取0.5g可溶性淀粉，加5mL水搅匀后，慢慢倒入100mL沸水中，边倒边搅拌，煮沸，放冷备用，临用时配制。

硝酸（1+99）：量取1mL硝酸，加入99mL水中。

二硫腙－三氯甲烷溶液（0.5 g/L）：保存冰箱中，必要时用下述方法纯化。称取0.5g研细的二硫腙，溶于50mL三氯甲烷中，如不全溶，可用滤纸过滤于250mL分液漏斗中，用氨水（1+99）提取三次，每次100mL，将提取液用棉花过滤至500mL分液漏斗中，用盐酸（1+1）调至酸性，将沉淀出的二硫腙用三氯甲烷提取2次～3次，每次20mL，合并三氯甲烷层，用等量水洗涤两次，弃去洗涤液，在50℃水浴上蒸去三氯甲烷。精制的二硫腙置硫酸干燥器中，干燥备用。或将沉淀出的二硫腙用200mL，200mL，100mL三氯甲烷提取三次，合并三氯甲烷层为二硫腙溶液。

二硫腙使用液：吸取1.0mL二硫腙溶液，加三氯甲烷至10mL，混匀。用1cm比色杯，以三氯甲烷调节零点，于波长510nm处测吸光度（A），用下式算出配制100mL二硫腙使用液（70%透光率）所需二硫腙溶液的毫升数（V）。

$$V=\frac{10\times(2-\lg 70)}{A}=\frac{1.55}{A}$$

硝酸—硫酸混合液（4+1）。

铅标准溶液（1.0mg/mL）：准确称取0.1598g硝酸铅，加10mL硝酸（1+99），全部溶解后，移入100mL容量瓶中，加水稀释至刻度。

铅标准使用液（10.0μg/mL）：吸取1.0mL铅标准溶液，置于100mL容量瓶中，加水稀释至刻度。

③试验步骤

量取10.0mL试样浸泡液。加水准确稀释至50mL，取25mL带塞比色管两只，一只加入10.0mL浸泡稀释液，一只加入2.0mL铅标准溶液（相当2μg）及1mL、4%乙酸，再加水至10mL，于两管内分别加1.0mL枸橼酸氢二铵溶液，0.5mL盐酸羟胺溶液和1滴酚红指示液，混匀后滴加氨水至红色再多加1滴，然后加入1.0mL氰化钾溶液。摇匀。再各加5.0mL双硫腙－三氯甲烷液，振摇2min。静置后进行比色，试样管的红色不得深于标准管，否则用1cm比色杯，以三氯甲烷调节零点，于波长510nm处测吸光度，进行比较定量。

④计算

同石墨炉原子吸收分光光度法测铅。

（6）镉的测定——原子吸收分光光度法

①原理

浸泡液中镉离子导入原子吸收仪中被原子化以后，吸收 228.8nm 共振线，其吸收量与测试液中的含镉量成比例关系，与标准系列比较定量。

②仪器与试剂

原子吸收分光光度计。

镉标准溶液：准确称取 0.1142g 氧化镉，加 4mL 冰乙酸，缓缓加热溶解后，冷却，移入 100mL 容量瓶中，加水稀释至刻度。此溶液每毫升相当于 1.00mg 镉；

镉标准使用液：吸取 1.0mL 镉标准液，置于 100mL 容量瓶中，加乙酸（4%）稀释至刻度。此溶液每毫升相当于 10.0μg 镉。

③试验步骤

a. 标准曲线制备　吸取 0mL，0.50mL，1.00mL，3.00mL，5.00mL，7.00mL，10.00mL 镉标准使用液，分别置于 100mL 容量瓶中，用乙酸（4%）稀释至刻度，混匀，每毫升各相当于 0μg，0.05μg，0.10μg，0.30μg，0.50μg，0.70μg，1.00μg 镉，将仪器调节至最佳条件进行测定，根据对应浓度的峰高，绘制标准曲线。

b. 测定　吸取 50mL 试样浸泡液于烧杯中，电热板上加热浓缩后转移定容于 10mL 容量瓶。喷入火焰进行测定，与标准曲线比较定量。测定条件：波长 228.8nm，灯电流 7.5mA，狭缝 0.2nm，空气流量 7.5L/min，乙炔气流量 1.0 L/min，氘灯背景校正。

④计算

同石墨炉原子吸收分光光度法。

（7）砷的测定——砷斑法

①原理

试样经消化后，以碘化钾、氯化亚锡将高价砷还原为三价砷，然后与锌粒和酸产生的新生态氢生成砷化氢，再与溴化汞试纸生成黄色至橙色的色斑，与标准砷斑比较定量。

②仪器与试剂

仪器见图 4－12。

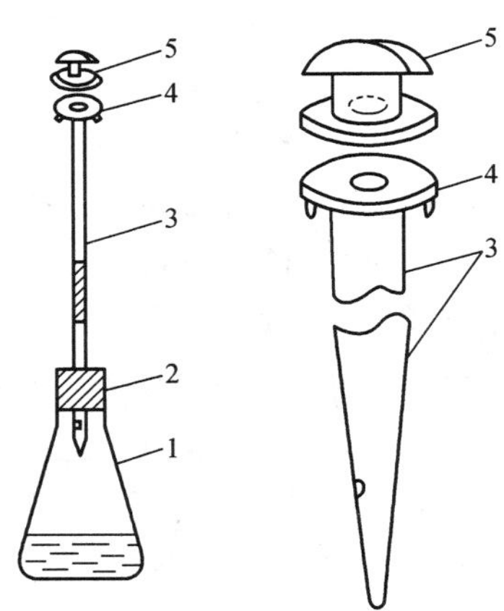

图 4－12　砷斑法测砷装置

1—锥形瓶；2—橡皮塞；3—测砷管；4—管口；5—玻璃帽

100mL 锥形瓶。

橡皮塞：中间有一孔。

玻璃测砷管：全长 18cm，上粗下细，自管口向下至 14cm 一段的内径为 6.5mm，自此以下逐渐狭细，末端内径约为 1mm ~ 3mm，近末端 1cm 处有一孔，直径 2mm，狭细部分紧密插入橡皮塞中，使下部伸出至小孔恰在橡皮塞下面。上部较粗部分装放乙酸铅棉花，长 5cm ~ 6cm，上端至管口处至少 3cm，测砷管顶端为圆形扁平的管口上面磨平，下面两侧各有一钩，为固定玻璃帽用。

玻璃帽：下面磨平，上面有弯月形凹槽，中央有圆孔，直径 6.5mm。使用时将玻璃帽盖在测砷管的管口，使圆孔互相吻合，中间夹一张溴化汞试纸光面向下，用橡皮圈或其他适宜的方法将玻璃帽与测砷管固定。

盐酸。

碘化钾溶液（150g/L）。

酸性氯化亚锡溶液：称取 40g 氯化亚锡（$SnCl_2 \cdot 2H_2O$），加盐酸溶解并稀释至 100mL，加入数颗金属锡粒。

溴化汞—乙醇溶液（50g/L）：称取 25g 溴化汞用少量乙醇溶解后，再定容至 500mL。

溴化汞试纸：将剪成直径 2cm 的圆形滤纸片，在溴化汞乙醇溶液（50g/L）中浸 1h 以上，保存于冰箱中，临用前取出置暗处阴干备用。

③分析步骤

取 25.0mL 试样浸泡液，移入测砷瓶中，加 5mL 盐酸、5mL 碘化钾溶液及 5 滴酸性氯化亚锡溶液，摇匀后放置 10 min，加 2g 无砷金属锌，立即将已装好乙酸铅棉花及溴化汞试纸的测砷管装上，放置于 25℃ ~30℃的暗处 1h 取出溴化汞试纸和标准比较，其色斑不得深于标准。

另取 1.0mL 砷标准使用液（相当 1.0μg 砷），置于测砷瓶中，加乙酸（4%）至 25mL，加 5mL 盐酸、5mL 碘化钾溶液及 5 滴酸性氯化亚锡溶液，摇匀后放置 10min，加 2g 无砷金属锌，立即将已装好乙酸铅棉花及溴化汞试纸的测砷管装上，放置于 25℃ ~ 30℃的暗处 1h 取出溴化汞试纸，作标准砷斑。

④结果表述

报告大于或小于 0.04mg/L。

二、食品用金属包装铝制品检测方法

（一）食品用铝制品物理指标的检测方法

同食品用金属包装钢制品一样，除卫生标准规定的理化指标外，还有一些物理性能指标，下面重点介绍几种铝制品主要物理指标的检测方法。

1. 铝背水壶

（1）主要物理性能指标的技术要求

表 4－21　铝背水壶主要物理性能指标的技术要求

物理性能	技术要求
壶底中心厚度	0. 5～1. 0L，不低于 0. 8mm 1. 2～2. 0L，不低于 1. 0mm 2. 5～3. 0L，不低于 1. 1mm
实际容量	不低于额定容量的 97%
泄漏性	背水壶盖拧紧后应不漏水
背带挂肩长度	应不小于 400mm
塑料壶盖耐煮性	经耐煮性试验后应无裂纹、变形、气泡和刺激性气味
涂膜耐热性	经耐热性试验，涂膜不得起粘性
涂膜附着牢度	经附着牢度试验，划格区内涂膜脱落面积：漆膜不大于 20%，塑模不大于 15%
涂膜硬度	涂膜经 H 硬度铅笔试验后，不得剥离露底

（2）试验方法

①壶底中心厚度试验

用手锯将壶底与壶身锯开，用千分尺测量壶底中心厚度。

②容量测定

将室温清洁水注入壶内至齐口平，然后倒入 500mL 量桶内。

③泄漏性试验

背水壶内注入 50% 的室温清洁水，拧紧壶盖，壶口向上，用力上下摇动 10 次，然后倒置 1min，看背水壶有无水漏出。

④背带挂肩长度试验

将背带放松至最长，见图 4－13，用卷尺测量挂肩长度 L。

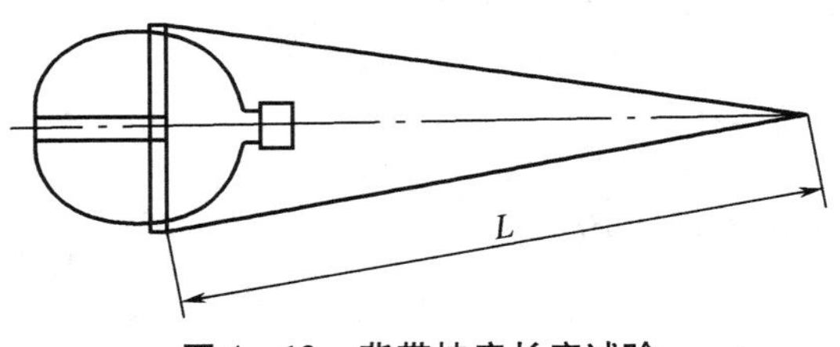

图 4－13　背带挂肩长度试验

⑤塑料壶盖耐煮性试验

将试样用中性洗涤剂洗净后放入装有常温水的铝锅中，放到炉具上加热，后停止加热，取出试样立即放入流水中冷却，冷却后取出试样检查。

⑥涂膜耐热性试验

用清洁沸水注入壶内至齐口平，放置 3min，用手触摸涂膜不得起黏性。

⑦涂膜附着牢度试验

用锋利单面刀片及钢直尺在涂膜表面划 11 条间隔为（2.5 ±0.1）mm，长大于 27mm 的平行划痕，再垂直于上述划痕方向重复上述步骤（共 100 格），刀尖必须穿透涂膜。

用宽度不低于 27mm，有足够长度符合 GB 2771 规定的医用橡皮膏将划痕区全部覆盖开尽力使胶带与涂膜粘合，将胶带沿 90°直角迅速向上拉起，检查划痕区内涂膜脱落整一小格为 1%，不满一格不计。

⑧涂膜硬度试验

用硬度为 H 符合 GB/T 149 规定的高级绘图铅笔。削出长约 3mm 笔芯，垂直于 00 号砂纸上磨出锋角。

用手握铅笔，使其与涂膜表面保待 45° ~60°角，用力使笔芯在涂膜表面推移8mm ~12mm，用塑料橡皮或软布擦净铅笔灰，目测检查涂层有无剥离露底。

2. 铝锅

（1）主要物理性能指标的技术要求

①手柄组件及铆接处经强度试验后，手柄应无开裂、明显变形、手柄架不许松动。

②锅底中心最小厚度

a. 浅锅、柿形锅、煮奶锅和单算蒸锅锅底中心最小厚度应符合表 4 –22 规定。

表 4 –22　浅锅、柿形锅、煮奶锅和单算蒸锅锅底中心最小厚度要求

规格/cm	12	14	16	18	20	22	24	26	28
锅底中心最小厚度/mm	0.40				0.43		0.48		0.53

b. 深锅和双算蒸锅、多算蒸锅锅底中心最小厚度应符合表 4 –23 规定，当采用 GB/T 3190 规定的铝合金牌号或与上述牌号性能相当的经省级以上正式鉴定并获得生产许可的其他铝合金材料时，允许低于表 4 –23 规定指标 0. 05mm。

表 4 –23　深锅和双算蒸锅、多算蒸锅锅底中心最小厚度要求

规格/cm	12	14	16	18	20	22	24	26	28	30	32	34	36	38	40
锅底中心最小厚度/mm	0.55			0.60	0.65		0.70		0.80		0.90		1.00		1.10

③砂光、抛光、洗白铝锅锅底耐蚀性

铝锅锅底经耐蚀性试验后，试片失重量应大于 0. 02g/cm^2，铝合金锅试片失重量应不大于 0. 005 g/cm^2。

④阳极氧化膜耐碱性

阳极氧化膜经耐碱性试验后，其性能指标应符合表 4 –24 规定。

表 4－24　阳极氧化膜耐碱性性能指标要求

氧化处理方式	耐碱度	
	一等品	合格品
草酸氧化	≥90	≥50
草酸轻氧化 硫酸氧化	≥30	≥15

（2）试验方法

①手柄组件及铆接处强度试验

固定铝锅底面，在双手柄铝锅单个手柄中部按公式（1）和图 4－14 所示方向或在单手柄铝锅手柄中部，按公式（2）和图 4－15 所示方向，加载 1min。卸载后，检查手柄是否破裂或明显变形，手柄架铆接处是否松动。

公式如下：

$$W = 0.5W_1 + 1.5W_2 \tag{1}$$

$$W = W_1 + 3W_2 \tag{2}$$

式中：W——载荷重量，N；

W_1——试件自重，N；

W_2——试件最大容水重量，N。

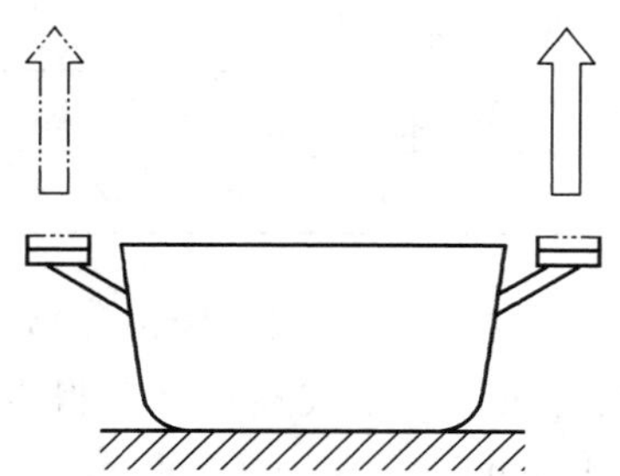

图 4－14　双手柄铝锅强度试验示意图

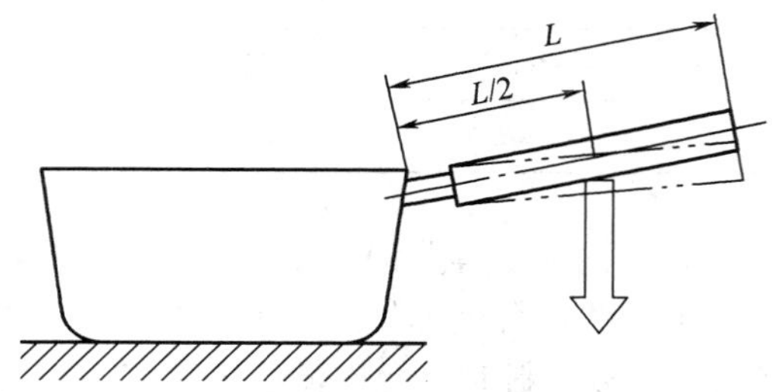

图 4－15　单手柄铝锅手柄强度试验示意图

②锅底中心厚度测试

用分度值为 0.01mm 的测厚仪，在锅底中心 ϕ50mm 范围以内任测三点，取其平均值。

③锅底耐蚀性试验

a. 仪器

感量为 0.1mg 的天平；控温范围 0～150℃的恒温箱；测温范围 0～150℃的温度计；容积 250mL 的烧杯；分度值为 0.01mm 的测厚仪。

b. 试验步骤

在试验部位取 20mm×20mm 方形试样二片，用清水洗净；用丙酮擦净，烘干，冷却后放在天平上称重；用测厚仪量取试样厚度；将试样弯成弧形，凸面向上放入盛有 20mL 盐酸溶液（分析纯盐酸与蒸馏水配制浓度为 1∶10）的烧杯中，在（27±1）℃恒温箱内，放置 2h；取出试样，用蒸馏水冲洗 3 次，放入（115±5）℃恒温箱内 30min，取出后冷却至常温，然后再用天平称重。

c. 计算

按下式分别计算两试片失重量。

$$q = (Q_1 - Q_2)/(8 + 8\delta)$$

式中：q——单位面积失重量，g/cm^2；

Q_1——试样腐蚀前重量，g；

Q_2——试样腐蚀后重量，g；

δ——试样厚度，cm。

以两试片失重量的算术平均值计为试验结果。

④阳极氧化膜耐碱性试验

a. 仪器

蜡笔；控温范围 0～150℃ 的恒温箱；滴定管；秒表。

b. 试验步骤

用蜡笔在铝锅试样的试验部位画一直径为 10mm 的圆圈；将试样放入（30 ± 2）℃的恒温箱中，5min 后用滴定管在圆圈内滴入氢氧化钠溶液（分析纯氢氧化钠与蒸馏水配制浓度为 1∶10）一滴，并开始计时；计时至规定时间，用脱脂棉擦去试样表面的溶液；室温下，在原处用滴定管滴入硫酸铜溶液〔用 1000mL 蒸馏水加入 20mL 比重为 1.18 的盐酸及 20g 硫酸铜（$CuSO_4 \cdot 5H_2O$）配制而成〕一滴，并开始计时；按草酸氧化计时至 5min、硫酸氧化及草酸轻氧化计时至 2min 时，用肉眼观察试验处，判别是否变色，不变色为合格。

3. 铝壶

（1）主要物理性能指标的技术要求

①产品的实际容量应不小于额定容量。

②产品的壶底中心最小厚度应符合表 4－25 规定。

表 4－25 产品的壶底中心最小厚度要求

额定容量/L	纯铝壶	铝合金壶
0.5	0.65	0.65
1.0		
1.5	0.70	0.70
2.0	0.80	0.80
(2.5)	0.90	0.85
3.0		
(3.5)	1.00	0.95
4.0		

续表

额定容量/L	纯铝壶	铝合金壶
(4.5)	1.10	1.05
5.0		
(5.5)		
6.0		
7.0		
8.0		
9.0		

③纯铝壶的壶底耐蚀性不大于 0.02g/cm²；铝合金壶的壶底耐蚀性不大于 0.005g/cm²。

④普通壶壶盖与壶身应开合自如，其配合间隙不超过壶身口内径的 2%；自鸣壶在负载下，壶盖不得将壶身带起。

⑤自鸣壶音量不低于 55dB。

⑥氧化膜耐蚀性符合表 4－26 规定。

表 4－26　氧化膜耐蚀性要求

氧化种类		一等品	合格品
草酸氧化	≥	90	50
草酸轻氧化	≥	30	15
硫酸氧化	≥	30	15

（2）试验方法

①实际容量

a. 仪器

精度不低于 0.05mm 的深度游标卡尺；500mL 量杯。

b. 试验步骤

将深度游标卡尺置壶身口平面向下量壶身高度的 10%，壶内注水到测量处；将水倒入量杯，观其容量。

②壶底中心最小厚度

a. 仪器

测厚仪：精度不低于 0.01mm。

b. 步骤

在壶底部中心平面（ϕ50mm 以内）任测三点，取其平均值。

③壶底耐蚀性

a. 仪器

天平：感量为 0.1mg；恒温箱：0～200℃；温度计：0～200℃；烧杯 250mL；测厚

仪：精度不低于0.01mm。

b. 试验步骤

取20mm×20mm方片试样二块（氧化产品用浓度35%硫酸溶液，在40℃条件下脱膜处理），清水洗净；用丙酮擦净、烘干、冷却后放在天平上称重；将试样弯成弧形，凸面向上放入盛有200mL盐酸溶液（分析纯盐酸与蒸馏水体积比配制浓度为1∶10）的烧杯中，在（27±1）℃恒温箱内，放置2h；取出试样，用蒸馏水冲洗3次，放入110℃～120℃烘箱内30min，取出后冷却至常温，然后再用天平称重。

c. 计算

$$q = (Q_1 - Q_2)/(8 + 8\delta)$$

式中：q——单位面积失重量，g/cm^2；

Q_1——试样腐蚀前重量，g；

Q_2——试样腐蚀后重量，g；

δ——试样厚度，cm。

④壶盖开合性（见表4－27）

表4－27　壶盖开合性试验步骤

类型	试验步骤
普通壶	用游标卡尺测壶盖口外径的最小值和壶身口内径的最大值，观其差值
自鸣壶	壶内注入额定容量的水或相同质量的物质，壶盖与壶身盖合后，将壶盖上提；壶盖脱离时，壶身不能脱离支承面

⑤音量

a. 仪器

声级计精度不低于0.5dB；电炉：2000W。

b. 试验步骤

保持周围环境的噪声在40dB以下。壶内注水至水位标志处，合上壶盖，放在离地面1m的电炉上煮沸；声级计置于以壶为中心的半径为1m的空间圆周上，将探头始终对准壶；试样煮沸后发出声响5min内，在离地面垂直高度0.5m，1.0m，1.5m处各测一次，取其平均音量值。

⑥氧化膜耐蚀性

a. 草酸和硫酸氧化产品耐蚀性试验方法

先用沾有酒精的脱脂棉花，将试样表面擦净，然后在试样表面中部围一圈溶融的石蜡（所围面积直径约为0.5cm），置于35±1℃的恒温箱中保持30min，再在石蜡所围表面上滴一滴10%氢氧化钠溶液，用秒表计时到规定时间，用脱脂棉揩净，然后在原处滴入硫酸铜溶液（配制方法：1000mL蒸馏水加入相对密度为1.19的硫酸20mL及结晶硫酸铜20g），5min内不变色，为氧化膜未穿。

b. 草酸轻氧化产品的耐蚀性试验方法，按照草酸和硫酸氧化产品的耐蚀性试验方法进行，当滴入硫酸铜溶液后，2min不变色为氧化膜未穿。

（二）食品用铝制品卫生指标的检测方法

1. 铝制食具容器的卫生标准和指标

铝制食具容器卫生标准对铝制食具容器，即以铝为原料冲压或浇铸成型的各种炊具、食具及其他接触食品容器、材料的卫生要求进行规定。除要求铝制食具容器的感官指标应满足表面光洁均匀，无碱渍、油斑，底部无气泡外，还要求其浸泡液应无色、无异味，并对其理化指标进行了规定，见表4－28。

表4－28　铝制食具容器的理化指标

项目		指标（mg/L）
锌（以Zn计，4%乙酸浸泡液中）	≤	1
铅（以Pb计，4%乙酸浸泡液中）		
精铝	≤	0.2
回收铝	≤	5
镉（以Cd计，4%乙酸浸泡液中）	≤	0.02
砷（以As计，4%乙酸浸泡液中）	≤	0.04

2. 铝制食具容器各项理化指标的检测方法

GB/T 5009.72—2003《铝制食具容器卫生标准分析方法》适用于直接接触食品的以铝为原料冲压或浇铸成型的各种炊具、食具及容器。

（1）试样处理及浸泡方法

先将试样用肥皂洗刷，用自来水冲洗干净，再用蒸馏水冲洗，晾干备用。

炊具：每批取二件，分别加入乙酸（4%）至距上边缘0.5cm处，煮沸30min，加热时加盖，保持微沸，最后补充乙酸（4%）至原体积，室温放置24 h后，将以上浸泡液倒入清洁的玻璃瓶中供测试用。

食具：加入沸乙酸（4%）至距上口缘0.5cm处，加上玻璃盖，室温放置24h。

不能盛装液体的扁平器皿的浸泡液体积，以器皿表面积每平方厘米乘2mL计算。即将器皿划分为若干简单的几何图形，计算出总面积。

如将整个器皿放入浸泡液中时则按两面计算加入浸泡液的体积应再乘以2。

（2）铅的测定

①原子吸收光谱法

a. 原理　试样浸泡液导入原子吸收光谱仪中，火焰原子化后，吸收283.3 nm共振线，其吸收量与铅含量成正比，与标准系列比较定量。

b. 仪器与试剂

原子吸收光谱仪。

硝酸（1＋1）：取50mL硝酸慢慢加入50mL水中。

硝酸（0.5 mol/L）：取3.2mL硝酸加入50mL水中，稀释至100mL。

铅标准储备液：准确称取1.000g金属铅（99.99%），分次加少量硝酸（1+1），加热溶解，总量不超过37mL，移入1000mL容量瓶，加水至刻度。混匀。此溶液每毫升含1.0 mg铅。

铅标准使用液：每次吸取铅标准储备液1.0mL于10mL容量瓶中，加硝酸（0.5 mol/L）至刻度。如此经多次稀释成每毫升含10.0ng，20.0ng，40.0ng，60.0ng，80.0ng铅的标准使用液。

c. 试验步骤　可把乙酸（4%）浸泡液直接注入原子吸收分光光度计进行分析，当灵敏度不足时，取浸泡液一定量经蒸发、浓缩、定容后再进行测定。

d. 计算

$$X = \frac{m \times 1000}{V \times 1000}$$

式中：X——浸泡液中铅的含量，mg/L；

m——测定时所取浸泡液中铅的质量，μg；

V——测定时所取浸泡液体积，mL。

②双硫腙法

a. 原理、试剂、仪器

同不锈钢食具容器中铅的双硫腙法测定。

b. 试验步骤　精铝取其25.00mL试样浸泡液和5.0mL铅标准使用液（相当5.0μg铅）。分别放入两只25mL带塞的比色管中，回收铝取其2.00mL试样浸泡液和10mL铅标准使用液（相当10.00μg铅），以下按不锈钢食具容器中铅的双硫腙法测定中的步骤操作。

c. 计算

$$X = \frac{A_t \times m \times 1000}{A_s \times m \times 1000}$$

式中：X——浸泡液中铅的含量，mg/L；

A_s——铅标准溶液的吸光度；

m——铅标准溶液的质量，μg；

A_t——浸泡液的吸光度；

V——浸泡液取用体积，mL。

结果表述：精铝报告小于或大于0.2mg/L；回收铝报告小于或大于5 mg/L。

（3）砷的测定

①原理、仪器、试剂

同不锈钢食具容器中砷的测定——砷斑法。

②试验步骤

取25.0mL试样浸泡液，移入测砷瓶中，加5mL盐酸、5mL碘化钾溶液及5滴酸性氯化亚锡溶液，摇匀后放置10 min，加2g无砷金属锌，立即将已装好乙酸铅棉花及溴化汞试纸的测砷管装上，放置于25℃～30℃的暗处1h取出溴化汞试纸和标准比较，其色斑不得深于标准。

另取1.0mL砷标准使用液（相当1.0μg砷），置于测砷瓶中，加乙酸（4%）至25mL，以下自“加5mL盐酸”起，与试样浸泡液同时同样操作，作标准砷斑。

③结果表述

报告大于或小于0.04mg/L。

（4）镉的测定

①原子吸收光谱法

同不锈钢食具容器中镉的测定——原子吸收光谱法。

②双硫腙法

a. 原理　镉离子在碱性条件下与双硫腙生成红色络合物，可以用三氯甲烷等有机溶剂提取比色，加入酒石酸钾钠溶液和控制pH可以掩蔽其他金属离子的干扰。

b. 仪器与试剂

可见分光光度计。

三氯甲烷；

氢氧化钠—氰化钾溶液（甲）：称取400g氢氧化钠和10g氰化钾，溶于水中，稀释至1000mL；

氢氧化钠—氰化钾溶液（乙）：称取400g氢氧化钠和0.5g氰化钾，溶于水中，稀释至1000mL；

双硫腙—三氯甲烷溶液（0.1g/L）；

双硫腙—三氯甲烷溶液（0.02g/L）；

酒石酸钾钠溶液（250g/L）；

盐酸羟胺溶液（200g/L）；

酒石酸溶液（20g/L）：贮于冰箱中；

镉标准使用液：同原子吸收光谱法。

c. 试验步骤　取125mL分液漏斗两只，一只加入0.1mL镉标准使用液（相当1μg镉）及50.0mL乙酸（4%），另一只加50.0mL试样浸泡液，分别向分液漏斗中各加2mL酒石酸钾钠溶液，10mL氢氧化钠—氰化钾溶液（甲）及2mL盐酸羟胺溶液，每加入一种试剂后，均应摇匀。向分液漏斗的水溶液中各15.0mL双硫腙-三氯甲烷溶液（0.02g/L）及5mL氢氧化钠—氰化钾溶液（乙），立即振摇2 min。擦干分液漏斗下管内壁，塞入少许脱脂棉用以滤除水珠，将双硫腙-三氯甲烷放入具塞的25mL比色管中，进行比色，试样管的红色不得深于标准管。否则以3cm比色杯，用三氯甲烷调节零点，于波长518 nm处测吸光度，进行定量。

d. 计算　同铝制食具容器中铅的测定——双硫腙法。

（5）锌的测定

①原理

试样经消化后，在pH4.0~5.5时，锌离子与二硫腙形成紫红色络合物，溶于四氯化碳，加入硫代硫酸钠，防止铜、汞、铅、铋、银和镉等离子干扰，与标准系列比较定量。

②仪器与试剂

可见分光光度计。

4%乙酸。

乙酸—乙酸盐缓冲液：乙酸钠溶液（2 mol/L）与乙酸（2 mol/L）等量混合，此溶液pH为4.7左右。用二硫腙—四氯化碳溶液（0.1g/L）提取数次，每次10mL，除去其中的锌，至四氯化碳层绿色不变为止，弃去四氯化碳层，再用四氯化碳提取乙酸—乙酸盐缓冲液中过剩的二硫腙，至四氯化碳无色，弃去四氯化碳层。

硫代硫酸钠溶液（250g/L）：用乙酸（2mol/L）调节pH至4.0～5.5。以上述用二硫腙—四氯化碳溶液（0.1g/L）处理。

③试验步骤

吸取5.0mL试样浸泡液，置于125mL分液漏斗中，另取分液漏斗6个，分别加入0mL，1.0mL，2.0mL，3.0mL，4.0mL，5.0mL锌标准使用液（相当于0μg，1μg，2μg，3μg，4μg，5μg锌）。向各分液漏斗中加乙酸（4%）至10mL，再各加甲基橙指示液1滴，用氨水中和至溶液由红刚好变黄。

向各分液漏斗内加5mL乙酸盐缓冲液及1mL硫代硫酸钠溶液，混匀后再各加10.0mL二硫腙—四氯化碳溶液（0.01g/L），振摇2min，静置分层，分出四氯化碳层于1cm比色杯中，以零管调节零点，于520nm波长处测吸光度，绘制标准曲线比较定量。

④计算

$$X = \frac{m \times 1000}{V \times 1000}$$

式中：X——试样浸泡液中锌的含量，mg/L；

m——测定时所取试样浸泡液中锌的质量，μg；

V——测定时所取试样浸泡液体积，mL。

第五章 ‖ 食品用玻璃包装材料及制品检验

第一节 食品用玻璃包装材料及制品概述

玻璃是已知最古老的材料之一。玻璃狭义指凝固时基本不结晶的无机熔融物，广义上指：结构上表现为长程无序，性能上具有转变特性的非晶态固体。

在包装工业中，玻璃主要是制成玻璃瓶罐等制品。由于玻璃瓶罐能够满足食物饮料纯度和卫生要求，具有良好的化学稳定性，不透气，易于密封，造型灵活，可循环使用，外形美观以及原料丰富，价格低廉等一系列优点，成为食品、医药、化学工业广泛采用的包装材料。

一、玻璃的组成、结构和性能

玻璃是以硅砂或称石英石（SiO_2）、纯碱（Na_2CO_3）、石灰石（$CaCO_3$）、长石（钾长石、钠长石、钙长石等）以及碎玻璃等为主要原料经高温炉（约1600℃）熔融、凝固而成的固体非晶态物质。

玻璃的组成根据作用和用量可以分为主要原料和辅助原料两大类，主要原料对玻璃的结构和物理化学性能起主要作用，辅助原料则可以改善玻璃性能和熔制成型过程等，用量较少。

（一）主要原料

玻璃的主要原料由各种氧化物组成，这些氧化物多为碱金属、碱土金属氧化物，多价态氧化物。

按照各种氧化物在玻璃结构中的作用，通常可以分为玻璃形成体氧化物，中间体氧化物和玻璃改变体氧化物。

1. 玻璃形成体氧化物

玻璃形成体氧化物，即网络形成体氧化物，是玻璃的主要成分，它们构成玻璃的主要骨架，有SiO_2、B_2O_3、P_2O_5、GeO_2、As_2O_5等。

二氧化硅是石英玻璃的主要成分，二氧化硅晶体呈硅氧四面体结构，硅原子位于四面体的中心，氧原子位于四面体的各个顶点，各结构单元通过四面体的顶角相连接。

二氧化硅成分主要来源于硅砂，硅砂亦称石英砂，是由石英岩、长石和其他岩石与水和空气中二氧化碳分解风化而成的矿石，其中二氧化硅含量多在99%以上。除SiO_2外，硅砂中还含有少量的Al_2O_3、CaO、Fe_2O_3、MgO、Na_2O、K_2O等，其中Fe_2O_3是有害杂质，能够使玻璃着色，降低玻璃的透明度，因此无色玻璃瓶中应控制 Fe_2O_3 含量在 0.02% 以下。

三氧化二硼主要来源于硼砂（$Na_2B_4O_7 \cdot 10H_2O$）、硼酸（H_3BO_3）等，是硼酸盐玻璃的主要成分，B_2O_3 以硼氧三面体［BO_3］和硼氧四面体［BO_4］结构形成网络骨架。三氧化二硼能够降低玻璃的热膨胀系数，提高玻璃的化学稳定性和热稳定性，对于改善玻璃的机械强度，降低玻璃结晶能力，提高玻璃折射率也有一定的作用。由于这些作用，三氧化二硼一般作为特种玻璃的主要成分引入。

五氧化二磷主要有各种含磷酸盐矿物引入，主要有磷酸铝、磷酸钠、磷酸钙等。P_2O_5 能够改善玻璃的透光率，主要用于制造光学玻璃和透紫外线玻璃等。

2. 中间体氧化物

玻璃中间体氧化物本身不能构成形成玻璃，但可以起到连接玻璃网络骨架，维持玻璃态的作用，也是玻璃网络结构的一部分。

中间体氧化物主要有氧化铝（Al_2O_3），氧化锌（ZnO）等，根据玻璃中游离氧的多少，氧化铝分别以铝氧四面体［AlO_4］和铝氧六面体［AlO_6］结构存在于网络结构中，Al_2O_3 能降低玻璃的结晶能力，提高玻璃的黏度，改善玻璃的热稳定性、硬度、强度和光泽性。玻璃中 Al_2O_3 含量多为 1% ~3.5%，一般不超过 10%。

氧化铝的矿物来源主要是长石，如钾长石（$K_2O \cdot Al_2O_3 \cdot 6H_2O$）、钠长石（$Na_2O \cdot Al_2O_3 \cdot 6SiO_2$）和钙长石（$CaO \cdot Al_2O_3 \cdot 6SiO_2$）。

3. 网络外体氧化物

网络外体氧化物不构成玻璃网络骨架，而是填充在网络空隙中，通常作为玻璃改性剂，改善玻璃的熔制条件和使用性能。图 5－1 所示为 $SiO_2 - Na_2O - CaO$ 玻璃系统，Na 离子和 Ca 离子填充在硅氧四面体构成的网络空隙中，部分硅氧键已断开。

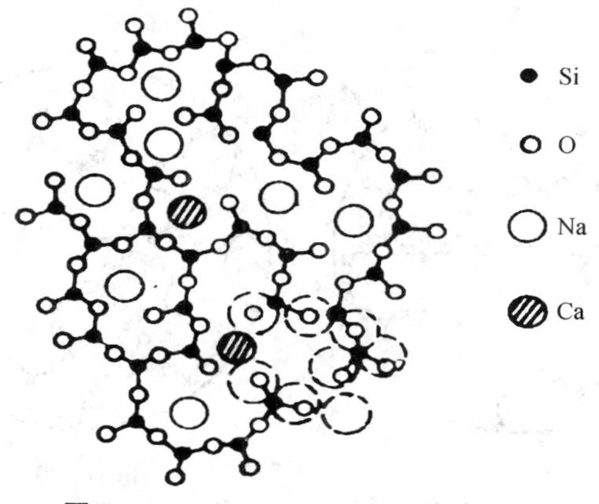

图 5－1 $SiO_2 - Na_2O - CaO$ **玻璃系统**

Na_2O 是常用的网络外体氧化物，可以降低玻璃的黏度，使玻璃易于熔融，降低熔制温度。但引入过多，会增加玻璃的热膨胀系数，降低化学稳定性和机械强度等，故一般不超过 18%。Na_2O 主要由纯碱（Na_2CO_3）和芒硝（Na_2SO_4）引入玻璃。

CaO 也是一种常用的网络外体氧化物，在玻璃中起到稳定剂的作用，含量一般不超过 12%，过高会使玻璃的结晶倾向增大，玻璃脆性也增大。

玻璃的辅助原料有澄清剂、着色剂和脱色剂、助溶剂、乳浊剂、碎玻璃等。

（二）玻璃的结构与性能

一般晶体结构中的原子、离子或分子的空间排列是规则有序的，都可以由构成它的最小结构单元（晶胞）重复周期性排列得到。

玻璃的结构与晶体不同，具有短程有序，长程无序的特点，即从几个原子间距的微观尺度来看，原子的排列也有规则，但从较长的距离观察时，原子排列没有可重复的周期性。晶体与玻璃的不同结构特点决定了它们有许多不同的性质。

石英玻璃和石英晶体的化学组成一样，均由二氧化硅组成，且二氧化硅都以硅氧四面体结构存在，通过四面体顶角的氧原子连接形成网络结构，如图 5－2 所示。二者结构不同点在于石英晶体的硅氧四面体结构排列规则有序，而石英玻璃中的硅氧四面体是不规整的，局部化学键断开，大范围上呈现短程有序，长程无序的特点，图 5－3（a）与（b）分别为石英晶体和石英玻璃结构图。

玻璃的这种结构特点决定了玻璃具有如下的性能特点。

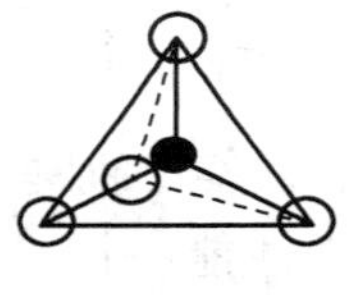

图 5－2　石英晶体模型图

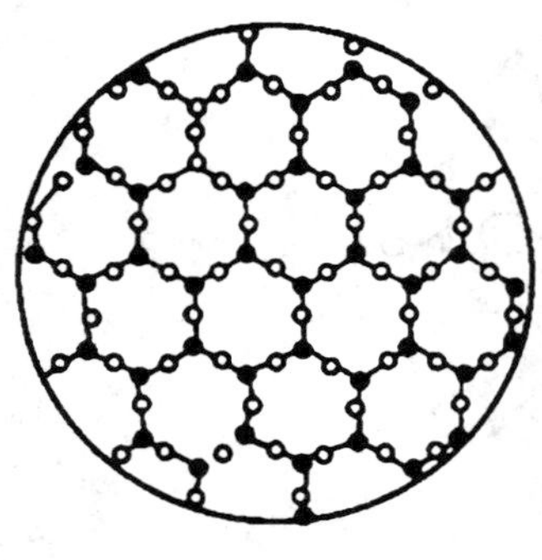
(a) 石英晶体

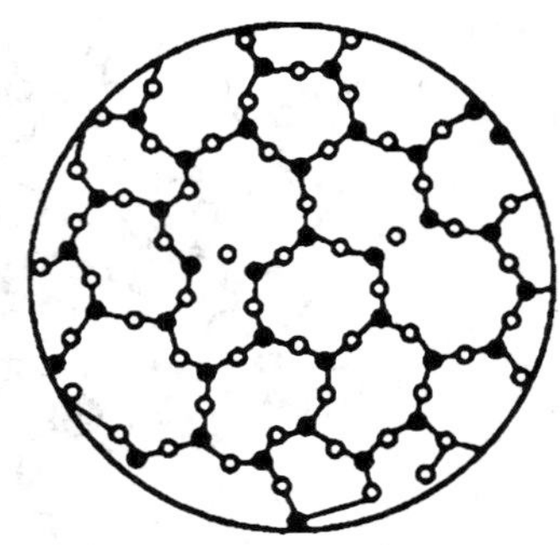
(b) 石英玻璃

图 5－3　石英结构图

1. 玻璃的强度和硬度

玻璃的机械强度一般用耐压强度、抗折强度、抗张强度、抗冲击强度等指标表示。玻璃作为包装材料，只所以能够得到广泛应用，原因之一是它的耐压强度高、硬度也高，但是它的抗折强度和抗张强度不高，并且脆性较大，使玻璃的应用又受到一定的限制。

玻璃的强度取决于化学组成、表面状态、内部结构和温度时间等熔制条件，对于瓶罐等玻璃容器产品，除和本身强度条件有关外，还受到容器形状、壁厚、承载等因素的影响。一般来说，壁越厚，抗冲击强度越大，当壁厚大于4mm，抗冲击强度的增加趋于平缓。一般肩线弧度越大，荷重强度也越大。

玻璃生产过程中产生的气泡、杂质、微裂纹和退火速度过快等会造成局部应力集中，导致玻璃易碎易断裂，影响玻璃的机械强度。

通常可通过退火或表面增强处理而使强度增大，退火玻璃一般强度可达700kg/cm^{2}以上，而通过钢化处理可使强度达1400kg/cm^2～2800kg/cm^2，这种玻璃通常称为钢化玻璃。

2. 化学稳定性

玻璃是一种惰性材料，对绝大部分内容物，玻璃不会与之发生化学反应析出玻璃或其他有害杂质。玻璃的化学稳定性主要表现在耐酸、碱、水的侵蚀方面。玻璃的耐蚀性对弱酸和水等内容物大多无任何影响，而对碱性溶液或高酸性内容物会有一定的影响，特别是在长时间、高温、高压的条件下会加速玻璃的腐蚀。玻璃能耐一定程度的酸，但在氢氟酸铬溶液中会被完全溶解。

原料组成是决定玻璃化学稳定性的关键。一般来说，硅氧含量越高，硅氧四面体连接程度越高，玻璃的化学稳定性越好。另外，化学稳定性随碱金属离子半径的增加而下降，碱金属氧化物对玻璃化学稳定性影响程度大小排列为：$K_2O > Na_2O > Li_2O$。二价碱金属化合物可以和2个非桥氧结合，化学连接强度增加，玻璃结构紧密度也增加，化学稳定性提高。

一般玻璃具有极好的化学惰性，但成分中的Na_2O及其他金属离子能溶于水，而导致玻璃的侵蚀及与其接触的溶液的pH发生变化。

在所有的玻璃原料氧化物中，氧化锆的耐碱、耐水、耐酸性最好，具有优异的化学稳定性。

玻璃加工工艺尤其是热处理退火环节对玻璃化学稳定性也有重要影响。退火良好可以增加玻璃的均匀度，减少表面微裂纹和内部缺陷，提高玻璃瓶的化学稳定性，对玻璃表面进行酸处理、离子交换等也可以提高玻璃制品的化学稳定性。

3. 玻璃的光学性

玻璃的光学性能表现为透明性和光泽度。玻璃最显著的特点是光亮、透明。当透明玻璃作为包装容器时，消费者对内容物可一目了然，并能少用或不用表面装饰而表现内容物的自然状态，同时，玻璃包装容器具有极好的陈列效果，给人以明亮、清晰、高档的感觉。

在玻璃生产中引入 PbO、BaO 可以很好地提高玻璃反射率和折射率，使玻璃具有更好的光泽性。而对于某些对可见光和紫外光敏感的食品、化学试剂等，对这类包装玻璃要进行着色处理，以防食物变质或腐败。

4. 玻璃的热性能

玻璃的热性能是指玻璃在温度急剧变化时抵抗破裂的能力，包括热膨胀系数、导热性、热稳定性和比热容等。

玻璃具有很高的耐热和导热性能及低的热膨胀系数，是铝的1/3，黄铜的2/5。它能经得起加工过程中540℃ ~570℃的退火处理而不变形，因此，它能经得起加工过程中的杀菌、消毒、清洗等高温处理，能应用于微波炉加工和果、蔬食品的热加工。玻璃的导热性能厚度有关。厚度小、导热快；反之，厚度大，导热慢。因此玻璃的薄壁化对热加工食品来说能获得更有效的热渗透效果。玻璃的导热性与化学组成也有关系。引入 SiO_2、B_2O_3、Al_2O_3等氧化物时，导热性增加，引入一价和二价碱金属氧化物时，导热性降低。

另外，玻璃对气体、液体及溶剂均具有完全阻隔性能，作为容器，其密封性较好，对盛装含气饮料，其 CO_2的渗透率几乎是零。只要封口严密，玻璃容器将是一种完美的、高阻隔性的包装容器。

二、玻璃及玻璃包装容器的分类

由于玻璃包装材料的这些优异特性，它成为食品化工行业的常用包装材料。玻璃材料与容器的生产在国民经济中占有非常重要的地位。

作为玻璃包装容器，其中80% ~90%是玻璃瓶和罐，所谓玻璃瓶通常指的是饮料用的小口瓶，玻璃罐通常指的是盛装食品用的广口瓶。玻璃瓶罐的种类很多，小口瓶主要包括啤酒瓶、各种酒瓶，饮料瓶、牛奶瓶、油瓶、调味品瓶、药瓶、果酱瓶、食品水果瓶等，配套瓶盖多是皇冠盖、螺旋盖和扭断螺纹盖等。广口瓶主要用于包装婴儿食品、各种罐头食品以及固体饮料等，瓶盖多数采用旋开盖、压封旋开盖、咬封盖、边封盖、卷封盖等。玻璃瓶罐是一种古老而又新颖吸引人的包装容器，在激烈的竞争中，它始终能以自身优势在食品、饮料、化工、医药等包装领域占有一席之地。

常用玻璃包装容器的材质主要有以下几类。

1. 钠玻璃（普通玻璃或钠钙玻璃）

钠玻璃主要由二氧化硅、氧化钠、氧化钙等组成。大多数玻璃材料属于钠—钙—硅玻璃系统，其主要氧化物为 Na_2O、CaO、SiO_2等。SiO_2为玻璃形成体氧化物，构成玻璃的网络骨架。Na_2O 与 CaO 为网络负体氧化物。Na_2O 促进硅砂的熔化，主要起助熔剂的作用。CaO 提高玻璃的化学稳定性，降低硅酸钠的结晶倾向，起稳定剂作用。钠玻璃软化点较低、易熔制和成型加工，但由于含杂质较多，制品多带有绿色，而且其力学性能、热性能及化学性能均较差。钠玻璃多用作建筑玻璃及日用玻璃制品，作为主要玻璃包装容器的玻璃瓶、罐以及其他玻璃器皿、平板玻璃等均采用此玻璃包装材料。

2. 钾玻璃（硬玻璃）

钾玻璃主要成分是二氧化硅、氧化钾、氧化钙等。钾玻璃性能优于钠玻璃，硬而有光泽，多用于制造化学仪器、器皿及高级玻璃制品。

3. 硼硅玻璃（耐热玻璃）

硼硅玻璃主要由三氧化二硼、二氧化硅和少量氧化镁配制而成。是一种含有 B_2O_3成分较多的中性硬质耐热玻璃。硼硅玻璃光泽好、透明度高，具有优良的耐热性、绝缘性、化学稳定性和力学性能。几种主要玻璃容器化学组成见表 5－1。

表 5－1　几种主要食品玻璃容器的化学组成　（%）

玻璃容器	化学成分									
	SiO_2	Al_2O_3	CaO	Fe_2O_3	MgO	BaO	Na_2O	K_2O	Cr_2O_3	MnO_2
绿色啤酒瓶	68.0	3.6	8.5	0.51	2.3	1.0	15.7		0.07	0.09
棕色啤酒瓶	66.3	5.8	6.6	0.7	2.2		15.7			2.7
白酒瓶	71.5	3.0	7.5	0.06		2.0	15.0			
罐头瓶	69.0	4.5	9.0	0.27	2.5	0.6	15.0			
碳酸饮料瓶	65.0	8.0	11.0	0.50	4.5	0.3	11.0			

玻璃包装容器如果按几何形状进行分类，又可分为：

（1）圆形瓶。瓶身截面为圆形，是使用最广泛的瓶型，强度高。

（2）方形瓶。瓶身截面为方形，这种瓶强度较圆形瓶低，且制造较难，故使用较少，常见酱菜、调味品包装中使用较多。

（3）曲线形瓶。截面虽为圆形，但在高度方向却为曲线，有内凹和外凸两种，如花瓶式、葫芦式等，形式新颖，使用方便，很受用户欢迎。

（4）椭圆形瓶。截面为椭圆，虽容量较小，但形状独特，用户也很喜爱。

按用途不同进行分类，可分为以下几类。

①酒类瓶　酒类种类多，如啤酒瓶、白酒瓶、红酒瓶等，绝大部分采用玻璃瓶包装，既美观且阻隔性好，多以圆形瓶为主。

②碳酸饮料瓶　玻璃容器的耐内压性能好，对二氧化碳渗透力几乎为零，且透明度高，因此玻璃容器在碳酸饮料包装中也应用较多。

③罐头瓶　罐头食品种类多，产量大，故自成一体。多用广口瓶，容量较小，常用于食品罐头、酱菜、腌制品包装。

④玻璃杯　玻璃杯制品主要包括有柄和无柄两类，形式多样，既美观又具有观赏价值，由于其耐高温、耐腐蚀的独特性能优势，在杯制品中一直立于不败之地。

随着技术的进步，玻璃容器在生活中的应用也越来越广泛，如常用微波玻璃托盘、以及玻璃加热炊具等，使用越来越多。

三、玻璃包装容器的制造

玻璃由原料到制品的生产过程中，一般要经过原料的制备、玻璃液的熔制、玻璃产品的成型、玻璃制品的退火等几个阶段。即：配料—玻璃液的制备—瓶罐成型—退火—表面处理—检验、包装。

1. 配料

配料是根据瓶罐的用途确定玻璃各种配料的质量分数然后计算出各原料的实际用量。将称量后的主要原料、辅助原料及碎玻璃经过干燥、粉碎、过筛后，在混合机中混合。主要原料在熔制时形成玻璃的主体，辅助原料用于促进熔制过程或改进玻璃的某些性质，要求是混合必须要均匀。

2. 玻璃液的制备

玻璃液的熔制过程是将混合均匀的原料在高温熔窑中熔制，形成无气泡、质地均匀并符合成型要求的玻璃液。其实质是把结晶原料所组成的混合料转变为非结晶的玻璃熔体。熔制过程是玻璃生产过程最重要的环节，直接决定玻璃制品的性能好坏。

玻璃熔窑是用来熔制玻璃液的热工设备，主要有玻璃池窑和坩埚窑两大类。工业生产中广泛采用的是玻璃池窑。玻璃池窑按生产规模分类目前主要有平板玻璃池窑和马蹄焰玻璃池窑。

3. 瓶罐成型

玻璃制品的成型是指玻璃液在一定温度条件下通过成型机制成具有特定几何形状的玻璃制品的过程，成型过程与玻璃本身的传热系数、导热率、黏度、表面张力以及周围介质条件都有关系。玻璃瓶罐的成型目前主要采用机械自动化成型，成型方法主要有吹制法和压制法。吹制成型法包括：吹—吹法和压—吹法。吹—吹法是先做成瓶罐的雏形，再翻转到成型模，并向成型模吹入压缩空气制成。压—吹法是将落入雏形模的料滴用金属冲头压制成瓶罐的雏形，然后在成型模中吹制成瓶罐的形状。

4. 退火

玻璃在成型后冷却过程中产生的剩余热应力使瓶罐的机械强度和热稳定性大大降低，甚至自行破裂，玻璃容器及制品的退火就是消除玻璃中剩余热应力的热处理过程。

5. 表面处理

为了提高玻璃瓶罐的耐化学腐蚀性，增加其表面光滑性以及提高玻璃瓶罐的强度，常在瓶罐退火前后对它进行表面处理。包括涂布法、离子交换法、物理强化法和辐射固化涂敷等。

四、玻璃包装容器的发展趋势

玻璃材料在包装工业上的进一步发展，在很大程度上决定于与塑料瓶的竞争。生产塑料所需的原料价格随石油的价格而波动，而玻璃原料却是非常丰富的，玻璃作为包装材料有着化学稳定性好；阻隔性好；美观大方和原料可再回收利用等诸多优点，这些其他包装材料无法替代的优势决定了它仍然会是未来重要包装材料之一。

2011 年 3 月 1 日起，欧盟禁止生产含化学物质双酚 A（BPA）的婴幼儿奶瓶，从 2011 年 6 月 1 日起成员国禁止进口此类奶瓶。由于双酚 A 在加热时能析出到食物和饮料当中，可能扰乱人体代谢过程，对婴儿发育、免疫力都有影响，甚至致癌。而玻璃体奶瓶化学稳定性好，耐高温加热，避免了双酚 A 析出问题，从而在婴幼儿用品市场上更加受到欢迎。

未来玻璃容器的主要发展趋向：一是薄壁、轻量和强化，减少玻璃作为包装容器的缺点；二是开发利用先进的瓶口密封技术，研究新型瓶盖内外涂料及密封材料，改善密封效果，增加使用安全性和高阻隔性；三是研究微波加热玻璃瓶食品的技术，在高温加热容器方面，玻璃容器仍具有很大的发展空间。总而言之，玻璃容器以其独特的性能优势在未来食品包装市场上仍具有广阔的发展空间。

第二节　食品用玻璃包装材料及制品标准及法规

一、国内外玻璃包装制品标准概况

（一）我国主要食品玻璃包装容器产品标准

我国目前关于玻璃容器类标准众多，对原料组成、分类、结构和性能都有严格的规定，其中涉及食品包装类的主要是各种饮品罐头类的包装。几种常用玻璃包装产品标准如表 5－2 所示。

表 5－2　我国常用玻璃包装容器的产品标准

产品名称	标准号	说明
啤酒瓶	GB 4544—1996《啤酒瓶》	适用于盛装啤酒的玻璃瓶
碳酸饮料玻璃瓶	QB 2142—1995《碳酸饮料玻璃瓶》	适用于盛装碳酸饮料的玻璃瓶
葡萄酒瓶	BB/T 0018—2000《包装容器 葡萄酒瓶》	适用于盛装普通葡萄酒的玻璃瓶，不包括特殊、耐压葡萄酒瓶，容量有 750mL 和 350mL
罐头瓶	QB/T 3563—1999《500 毫升罐头瓶》	适用于食品包装 500mL 玻璃罐头瓶，按瓶口类型分为卷封式和旋开式两种

续表

产品名称	标准号	说明
500mL 白酒瓶	QB/T 3562—1999《500 毫升冠形瓶口白酒瓶》	适用于盛装 500mL 白酒的玻璃瓶，分为无色和青色两种
白酒瓶	GB/T 24694—2009《白酒瓶》	铅、镉、砷、锑溶出量有明确要求
玻璃杯	QB/T 4162—2011《玻璃杯》	适用于钠钙玻璃普通玻璃杯
啤酒计量杯	QB 2437—1999《啤酒计量杯》	
耐热玻璃器具	GB 17762—1999《耐热玻璃器具的安全与卫生要求》	适用于硼硅酸盐玻璃制品，有害物质铅、锑、砷的溶出限量要求较严格
	QB/T 2111. 1—1995《硼硅酸盐玻璃吹制耐热器具》	
	QB/T 2111. 2—1995《硼硅酸盐玻璃压制耐热器具》	

（二）国外玻璃容器类相关法令和标准概况

随着社会经济发展，国内外对于玻璃容器和器皿的需求不断增长，带动了我国玻璃行业的快速发展，自 2006 年起我国已成为玻璃器皿行业全球第一出口大国，但由于出口产品质量参差不齐，近年来因产品质量不符合进口国安全标准要求而被退回赔款的事件屡有发生。

2012 年，捷克通过欧盟食品和饲料快速预警系统（RASFF）发布 2012. 1058 号通报，我国生产的玻璃杯杯口边缘被检出铅、镉溶出量超标，其中，铅的溶出量为 3. 1mg/kg，镉的溶出量为 0. 26 mg/kg，超过欧盟相关法律法规对铅和镉溶出量的限量要求，被要求撤回。

欧盟关于玻璃杯重金属溶出量的测试标准主要是 EN1388—1：2006 和 EN1388—2：2006，其中 EN1388—2：2006 测试标准中明确规定了杯口边缘的重金属溶出量检测方法，即将玻璃杯杯口边缘（不切割样品）倒置在浸取液中，再通过测试浸取液的重金属含量。从本次通报内容来看，捷克官方实验室主要检测杯口边缘以下 2cm 区域的重金属溶出量，进而发现该批产品的重金属溶出量超标。经过分析，导致重金属超标的主要原因是该批玻璃杯的外表面杯口边缘处带有贴花等装饰，导致重金属元素溶出量超标。一般来说，玻璃制品重金属析出最多的是表面贴花彩绘部分。釉面玻璃和传统的彩绘玻璃的色彩或图案大都是由含金属成分的无机颜料勾勒而成的。塑料奶瓶双酚 A 问题曝光后，人们普遍认为玻璃奶瓶比塑料奶瓶安全，事实上外壁带有色彩或图案的玻璃奶瓶也存在着重金属溶出的安全隐患。

目前，我国对玻璃容器的重金属迁移量也有一定的要求，我国国家标准 GB 21170—2007《玻璃容器　铅、镉溶出量的测定方法》明确规定了玻璃杯的铅、镉溶出量测试方法，但是该测试方法只针对玻璃内表面，并不包括杯口边缘的外表面。目前我国出口的普通硅酸盐玻璃中，不含铅和镉等重金属元素，因此，无修饰的裸杯重金属溶出量一般不会超标，但如果在外表面杯口边缘处进行贴花等装饰，则重金属溶出量超标的可能性较大。我国玻璃容器制造商应关注杯口边缘的重金属溶出量，加强对进口国法律法规的了解，并按照进口国的要求加强对产品的检测，确保产品符合进口国的要求。同时相关部门应积极参与国家标准、国际标准的制订与修改，建立与国际接轨的玻璃行业标准体系，加强国际标准在国内企业中的推广和应用。国外主要玻璃包装容器标准见表5－3。

表5－3　国外主要玻璃包装容器标准

国家	标准号	标准中文名
美国	ASTM C 927—1980	外表用陶瓷玻璃搪瓷制品装饰的玻璃酒杯杯口及外缘析出铅和镉的标准试验方法
	ASTM C 1203—2004	陶瓷玻璃搪瓷制品标准
	ASTM C 675—1991（2006）	可反复使用的饮料瓶（玻璃容器）上陶瓷装饰耐碱性的试验方法
	ASTM C 676—2004	玻璃餐具上陶瓷装饰耐洗涤剂的标准试验方法
	ASTM C 147—1986	玻璃容器内部压强的标准试验方法
	ASTM C 148—2000	玻璃容器偏振检验的试验方法
	ASTM C 149—1986	玻璃容器热冲击的试验方法
英国	BS 6748：1986	陶瓷、玻、微晶玻璃和搪瓷制品重金属析出限制标准
欧洲	EN 1388－2—1996	与食品接触的材料和物品 硅酸盐表面 第2部分：陶瓷品之外的硅酸盐表面铅和镉溶出量的测定

二、常用玻璃包装制品标准及指标

1. 玻璃葡萄酒瓶

BB/T 0018—2000《包装容器　葡萄酒瓶》规定了三种常用瓶型及各部位名称，见图5－4和表5－4。

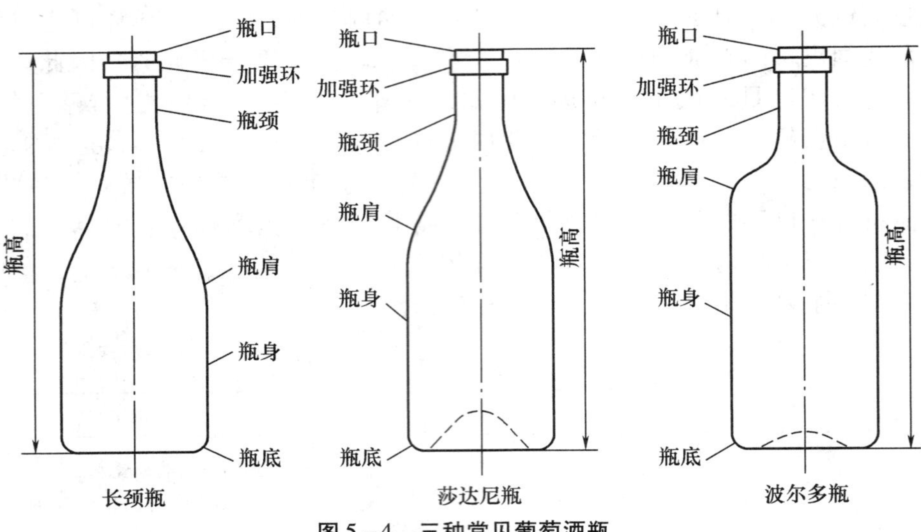

图 5－4　三种常见葡萄酒瓶

表 5－4　BB/T 0018—2000《包装容器　葡萄酒瓶》

项目		指标					
理化性能	抗热震性/℃	温差≥40					
	内表面耐水侵蚀性，级	HC3					
	内应力，级	真实应力≤4					
规格尺寸	项目	长颈瓶		波尔多瓶		莎达尼瓶	至樽瓶
		750mL	375mL	750mL	375mL	750mL	750mL
	满口容量/mL	770±10	390±7	770±10	395±7	770±10	775±10
	瓶高/mm	330±1.9	250±1.6	289±1.8	235±1.5	296±1.8	321±2
	瓶身外径/mm	77.4±1.6	64.0±1.5	76.5±1.6	62.0±1.5	82.2±1.7	74±2
	瓶口内径/mm	18.5±0.5	18.5±0.5	18.5±0.5	18.5±0.5	18.5±0.5	18.5±0.5
		距瓶口封合面 3mm 以下直径大于 17mm					
	瓶口外径/mm	≤28.0	≤28.0	≤28.0	≤28.0	≤28.0	29.6±0.35
	垂直轴偏差/mm	≤3.6	≤2.8	≤3.2	≤2.7	≤3.3	≤3.5
	瓶身厚度/mm	≥1.4	≥1.4	≥1.4	≥1.4	≥2.0	≥1.8
	瓶底厚度/mm	≥2.3	≥2.3	≥2.8	≥2.6	≥3.0	≥3.0
	瓶口倾斜/mm	≤0.7	≤0.7	≤0.7	≤0.7	≤0.7	≤0.7
	同一瓶壁厚薄差	<（2:1）					
	同一瓶底厚薄差	<（2:1）					
	圆度/mm	≤2.0					

续表

项目		指标	
	缺陷名称	指标	规定
外观质量	瓶口缺陷	口部尖刺	不许有
		封合面上致使内容物泄漏的口部缺陷	不许有
	裂纹	折光	不许有
	气泡	大于4mm	不许有
		（1～4）mm	不多于2个
		1mm以下能自测	每平方厘米不多于5个
		破气泡和表面气泡	不许有
	结石	大于1.5mm	不许有
		1.5mm以下能自测，且周围无裂纹	不多于2个
		封锁环上	不许有
	模缝线	尖锐刺手	不许有
		凸出量	不大于0.5mm
		初型模模缝线明显	不许有
	光洁性	严重明显的皱纹，条纹，冷斑，黑点和严重影响外观的缺陷	不许有
	内壁缺陷	内壁粘料，玻璃搭丝	不许有
瓶底支承面上应有点状或条状滚花			

2. 碳酸饮料玻璃瓶（见表5－5）

表5－5　QB 2142—1995《碳酸饮料玻璃瓶》

项目			质量指标		
			优等品	一等品	合格品
理化性能	抗热震性		≥42	≥40	≥38
	耐内压力/MPa		≥1.6	≥1.4	≥1.2
	内应力（真实应力/级）		≤3	≤3	≤4
	抗机械冲击强度/J		≥0.6	≥0.4	≥0.2
	耐水性		符合GB/T 4548的HC3级规定		
规格尺寸	满口容量偏差/mL	200～300	±8		
		301～400	±10		
	瓶高偏差/mm	≤220	±1.5		
		221～250	±1.6		
	垂直轴偏差/mm	≤220	2.4	2.7	3.0
		221～250	2.5	3.0	3.5
	瓶身外径偏差/mm		±1.5		
	瓶壁厚度/mm		≥2.0		
	瓶底厚度/mm		≥3.0		
	同一瓶底厚薄比		≤2.1		
	平行度/mm		≤0.8		

续表

项目		规定
外观质量	瓶口缺陷	口部尖刺不许有
		封合面上影响密封性的缺陷不许有
	瓶颈缺陷	影响灌装的缺陷不存在
	结石	大于 1.5mm 不许有
		0.3mm ~ 0.5mm 周围无裂纹，不多于 2 个
		封锁环上不许有
	气泡	有折光的不许有
		直径 >6mm 不许有
		直径为 1 ~6mm，不多于 3 个
		1mm 以下能目测的，每平方厘米不多于 5 个
		破气泡和表面气泡不许有
	模缝线	尖锐刺手的不许有
		凸出量不大于 0.5mm
		明显的初型模模缝线不许有
	光洁性	严重明显的皱纹、条纹、冷斑、黑点、油斑和影响外观的缺陷不许有
	内壁缺陷	内壁粘料，玻璃搭丝不许有

3. 啤酒瓶（见表 5 －6）

表 5 －6　GB 4544—1996《啤酒瓶》

项目		质量指标		
		优等品	一等品	合格品
理化性能	耐内压力/MPa	≥1.6	≥1.4	≥1.2
	抗热震性/℃	温差≥42	温差≥41	温差≥39
	内应力/级	真实应力≤4		
	内表面耐水性/级	HC3		
	抗冲击/J	≥0.8	≥0.7	≥0.6
规格尺寸（640mL 啤酒瓶）	项目	基本量和极限偏差		
		优等品	一等品	合格品
	满口容量/mL	670 ±10		
	瓶身外径/mm	75 ±1.4	75 ±1.6	75 ±1.8
	垂直轴偏差/mm	≤3.2	≤3.6	≤4.0
	瓶高/mm	289 ±1.5	289 ±1.8	289 ±1.8
	瓶身厚度/mm	≥2.0		

续表

项目			质量指标		
			优等品	一等品	合格品
外观质量	缺陷名称	指标	规定		
	瓶口缺陷	口部尖刺	不许有		
		封合面上影响密封性的缺陷	不许有		
	结石/个	大于1.5mm	不许有		
		0.3mm～1.5mm周围无裂纹，不多于	2		
		封锁环上	不许有		
	裂纹	折光	不许有		
	气泡/个	直径大于6mm	不许有		
		直径为1mm～6mm，不多于	3		
		1mm以下能自测的，每平方厘米不多于	5		
		破气泡和表面气泡	不许有		
	模缝线	尖锐刺手的	不许有		
		凸出量，mm不大于	0.5		
		初型模模缝线明显的	不许有		
	光洁性	严重明显的皱纹，条纹，冷斑，黑点和严重影响外观的缺陷	不许有		
	内壁缺陷	内壁粘料，玻璃搭丝	不许有		
瓶底支承面上应有点状或条状滚花					

碳酸饮料瓶和啤酒瓶对耐内压和抗热震性都有较严格的要求，以此分为不同等级。

4. 罐头瓶

罐头瓶按瓶口一般分为旋口式和卷封式两类（见表5-7）。

表 5-7 QB/T 3563—1999《500 毫升罐头瓶》

<table>
<tr><th colspan="2" rowspan="3">项目名称</th><th rowspan="3">单位</th><th colspan="4">指标</th></tr>
<tr><th colspan="2">卷封式</th><th colspan="2">旋开式</th></tr>
<tr><th>基本尺寸</th><th>极限偏差</th><th>基本尺寸</th><th>极限偏差</th></tr>
<tr><td rowspan="11">规格尺寸</td><td>公称容量</td><td>mL</td><td>500</td><td>—</td><td>500</td><td>—</td></tr>
<tr><td>满口容量</td><td>mL</td><td>540</td><td>±10</td><td>550</td><td>±10</td></tr>
<tr><td>质量</td><td>g</td><td>≤290</td><td>—</td><td>≤290</td><td>—</td></tr>
<tr><td>瓶高</td><td>mm</td><td>105</td><td>±1.5</td><td>110</td><td>±1.5</td></tr>
<tr><td>瓶身外径</td><td>mm</td><td>94</td><td>±1.5</td><td>94</td><td>±1.5</td></tr>
<tr><td>封口线外径</td><td>mm</td><td>73</td><td>±0.4</td><td>—</td><td>—</td></tr>
<tr><td>瓶口外径</td><td>mm</td><td>72</td><td>±0.4</td><td>65.8</td><td>±0.45</td></tr>
<tr><td>瓶口螺纹外径</td><td>mm</td><td>—</td><td>—</td><td>68.95</td><td>±0.45</td></tr>
<tr><td>瓶口内径</td><td>mm</td><td>62</td><td>±1.5</td><td>≥59.25</td><td>—</td></tr>
<tr><td>瓶身厚度</td><td>mm</td><td>≥1.8</td><td>—</td><td>≥1.8</td><td>—</td></tr>
<tr><td>瓶底厚度</td><td>mm</td><td>5</td><td>±2</td><td>5</td><td>±2</td></tr>
<tr><td rowspan="4">理化性能</td><td>项目</td><td colspan="5">指标</td></tr>
<tr><td>耐热急变</td><td colspan="5">极冷温差≥40℃</td></tr>
<tr><td>耐稀酸侵蚀</td><td colspan="5">酸性溶液应呈红色</td></tr>
<tr><td>内应力</td><td colspan="5">真实应力≤四级</td></tr>
<tr><td rowspan="7">外观质量</td><td colspan="4">项目名称</td><td colspan="2">指标</td></tr>
<tr><td colspan="4">色泽</td><td colspan="2">无色或淡青色</td></tr>
<tr><td colspan="4">裂纹</td><td colspan="2">不许有</td></tr>
<tr><td colspan="4">瓶口平面度/mm</td><td colspan="2">≤0.4</td></tr>
<tr><td colspan="4">口平面对底平面的平行度/mm</td><td colspan="2">≤1</td></tr>
<tr><td colspan="4">明显陷入的闷头印</td><td colspan="2">不许有</td></tr>
<tr><td colspan="4">瓶口内缘毛刺</td><td colspan="2">不许有</td></tr>
</table>

续表

<table>
<tr><td colspan="2" rowspan="3">项目名称</td><td rowspan="3">单位</td><td colspan="4">指标</td></tr>
<tr><td colspan="2">卷封式</td><td colspan="2">旋开式</td></tr>
<tr><td>基本尺寸</td><td>极限偏差</td><td>基本尺寸</td><td>极限偏差</td></tr>
<tr><td rowspan="12">外观质量</td><td rowspan="2">不透明砂粒</td><td colspan="3">0.3mm～1mm 周围无裂纹，轻击不破的，个</td><td colspan="2">≤2</td></tr>
<tr><td colspan="3">口平面、封口线、螺纹线上</td><td colspan="2">不许有</td></tr>
<tr><td rowspan="4">气泡</td><td colspan="3">0.5mm 以上气泡在口平面及封口线螺纹线上</td><td colspan="2">不许有</td></tr>
<tr><td colspan="3">圆形、直径在1mm～4mm 以内，或椭圆形、长径在5mm 以内的，个</td><td colspan="2">≤2</td></tr>
<tr><td colspan="3">任一平方厘米内，1mm 以下能目测的，个</td><td colspan="2">≤8</td></tr>
<tr><td colspan="3">破气泡</td><td colspan="2">不许有</td></tr>
<tr><td rowspan="3">合缝线</td><td colspan="3">口及封口线上影响使用的</td><td colspan="2">不许有</td></tr>
<tr><td colspan="3">尖锐刺手的</td><td colspan="2">不许有</td></tr>
<tr><td colspan="3">凸出/mm</td><td colspan="2">≤0.5</td></tr>
<tr><td rowspan="2">光洁度</td><td colspan="3">封口线、封合面上影响密封的折皱</td><td colspan="2">不许有</td></tr>
<tr><td colspan="3">严重的、明显皱皮及模具氧化斑</td><td colspan="2">不许有</td></tr>
</table>

5. 500 毫升冠形瓶口白酒瓶（见表 5－8）

表 5－8 QB/T 3562—1999《500 毫升冠形瓶口白酒瓶》

<table>
<tr><td colspan="2">项 目 名 称</td><td>单 位</td><td>指 标</td></tr>
<tr><td rowspan="6">规格尺寸</td><td>瓶高</td><td>mm</td><td>240±2</td></tr>
<tr><td>瓶身外径</td><td>mm</td><td>72±2</td></tr>
<tr><td>瓶口外径</td><td>mm</td><td>26.3±0.3</td></tr>
<tr><td>瓶口内径</td><td>mm</td><td>$16^{+1}_{-0.8}$</td></tr>
<tr><td>满口容量</td><td>mL</td><td>530±10</td></tr>
<tr><td>质量</td><td>g</td><td>≤400</td></tr>
<tr><td rowspan="5">理化性能</td><td colspan="2">项目名称</td><td>指标</td></tr>
<tr><td colspan="2">耐热急变</td><td>急冷温差≥35℃时，不破裂</td></tr>
<tr><td colspan="2">耐内压力</td><td>≥0.49MPa（5kgf/cm^2）</td></tr>
<tr><td colspan="2">内应力</td><td>真实应力≤四级</td></tr>
<tr><td colspan="2">耐稀酸侵蚀</td><td>酸性溶液应呈红色</td></tr>
</table>

续表

<table>
<tr><th colspan="4">项目名称</th><th>指标</th></tr>
<tr><td rowspan="17">外观质量</td><td colspan="3">垂直轴偏差（垂直度）/mm</td><td>≤3</td></tr>
<tr><td>不透明砂粒</td><td colspan="2">0.3mm～1mm，周围无裂纹，轻击不破的/个</td><td>≤2</td></tr>
<tr><td rowspan="4">气泡</td><td colspan="2">玻璃内气泡，1mm < 直径 < 6mm/个</td><td>≤3</td></tr>
<tr><td colspan="2">表面破气泡</td><td>不许有</td></tr>
<tr><td>1mm 以下能目测的气泡</td><td>在瓶壁上任一平方厘米内/个</td><td>≤8</td></tr>
<tr><td>1mm 以上的气泡</td><td>瓶口封合面上</td><td>不许有</td></tr>
<tr><td>裂纹</td><td colspan="2">明显折光的裂纹</td><td>不许有</td></tr>
<tr><td rowspan="3">合缝线</td><td colspan="2">尖锐刺手的</td><td>不许有</td></tr>
<tr><td colspan="2">按凸出测量</td><td>≤0.5</td></tr>
<tr><td colspan="2">初形模合缝线明显的</td><td>不许有</td></tr>
<tr><td rowspan="3">瓶口</td><td colspan="2">内立棱</td><td>不许有</td></tr>
<tr><td colspan="2">封合面上影响密封性的折皱、合缝线和砂粒</td><td>不许有</td></tr>
<tr><td colspan="2">口平面平行度/mm</td><td>≤1</td></tr>
<tr><td rowspan="3">厚度</td><td colspan="2">瓶身最薄处/mm</td><td>≥1.5</td></tr>
<tr><td colspan="2">瓶底/mm</td><td>≥3</td></tr>
<tr><td colspan="2">同一只瓶的瓶底厚薄差/倍</td><td>≤1</td></tr>
<tr><td>光泽度</td><td colspan="2">严重明显的皱纹，模具氧化印，冷斑</td><td>不许有</td></tr>
</table>

随着人们生活水平提高，白酒产品日益多样化，包装也日新月异，500mL 冠形瓶口白酒瓶标准已不能满足目前市场种类繁多的包装酒瓶要求。

6. 玻璃杯

QB/T 4162—2011 规定了钠钙硅玻璃制造的普通玻璃杯，包括压制玻璃杯和吹制玻璃杯，不适用于有柄玻璃杯、高脚玻璃杯和钢化玻璃杯（见表 5－9）。该标准替代了原有标准 QB/T 3558—1999《机吹玻璃杯》、QB/T 3559—1999《机压玻璃杯》和 QB/T 3560—1999《人工吹制玻璃杯》，规格尺寸增加了杯口圆度、口部厚薄差、口不平度和杯底厚薄差检验项目，还增加了杯子和杯口部装饰层铅、镉溶出量要求，杯子的铅、镉溶出量指标等同采用 ISO 7086－2《接触食物的中空玻璃容器铅和镉溶出量　第 2 部分：允许极限量》；杯口部装饰层铅、镉溶出量指标等同采用 DIN 51032《接触食物的陶瓷、玻璃、微晶玻璃制品铅和镉溶出量的极限值》。

表 5-9 QB/T 4162—2011《玻璃杯》

<table>
<tr><th colspan="2" rowspan="3">项目</th><th colspan="4">要求</th></tr>
<tr><th colspan="2">压制玻璃杯/mL</th><th colspan="2">吹制玻璃杯/mL</th></tr>
<tr><th><150</th><th>≥150</th><th><150</th><th>≥150</th></tr>
<tr><td rowspan="9">规格尺寸及偏差</td><td>杯口厚度/mm，≥</td><td colspan="4">0.8</td></tr>
<tr><td>杯口圆度，≤</td><td colspan="4">公称杯口外径的 2%</td></tr>
<tr><td>口部厚薄差/mm，≤</td><td colspan="2">0.5</td><td colspan="2">0.6</td></tr>
<tr><td>口不平度/mm，≤</td><td>1.0</td><td>1.5</td><td>1.0</td><td>1.5</td></tr>
<tr><td>杯底厚薄差/mm，≤</td><td colspan="2">2</td><td colspan="2">3</td></tr>
<tr><td>杯高/mm</td><td>±0.8</td><td>±1.0</td><td>±0.8</td><td>±1.0</td></tr>
<tr><td>杯口外径/mm</td><td rowspan="2">±0.6</td><td rowspan="2">±0.8</td><td rowspan="2">±0.8</td><td rowspan="2">±1.0</td></tr>
<tr><td>杯底外径/mm</td></tr>
<tr><td>容量/mL</td><td colspan="4">满口容量的 ±10%</td></tr>
<tr><td rowspan="3">理化性能</td><td>抗热震性（适用于盛装热饮的玻璃杯）</td><td colspan="4">承受≥50℃的温差，不破裂</td></tr>
<tr><td>内应力</td><td colspan="4">光程差≤20nm/mm</td></tr>
<tr><td>玻璃颗粒耐水性</td><td colspan="4">GB/T 6582 - HGB3</td></tr>
<tr><td colspan="2" rowspan="3">卫生指标</td><td colspan="2">铅、镉溶出量/（mg/L）</td><td colspan="2">杯口部装饰层铅、镉溶出量/（mg/只）</td></tr>
<tr><td>铅</td><td>镉</td><td>铅</td><td>镉</td></tr>
<tr><td>≤1.5</td><td>≤0.5</td><td>≤2.0</td><td>≤0.20</td></tr>
</table>

7. 玻璃容器 白酒瓶

GB/T 24694—2009 扩大了原有标准 QB/T 3562—1999《500mL 冠形瓶口玻璃瓶》的使用范围，结合其制造特点，对玻璃瓶有害物质及安全要求也做出了明确规定。该标准适用于盛装白酒的由晶质玻璃、高白料玻璃、普料玻璃和乳白料玻璃制成的酒瓶。这四类酒瓶是我国目前使用最广泛的产品。分别用作盛装不同档次的白酒包装。

晶质料玻璃瓶：指用总铁含量（以三氧化二铁计）不超过 0.040% 的具有较高折射率、高透射比（光透射比不低于 91.0%）的无色硅酸盐玻璃制成的酒瓶。

高白料玻璃瓶：指用总铁含量（以三氧化二铁计）不超过0.060%的无色硅酸盐玻璃制成的酒瓶。

普料玻璃瓶：指用普白料、青白料等硅酸盐玻璃制成的用于盛装各类白酒的酒瓶。

乳浊料玻璃瓶：指用白色的乳浊玻璃制成的用于盛装各类白酒的酒瓶。

其他料种的玻璃瓶，如彩色料等可以根据制作酒瓶的档次参照本标准执行。

GB/T 24694—2009适用于盛装白酒的晶质料玻璃酒瓶、高白料玻璃酒瓶、普料玻璃酒瓶和乳浊料玻璃酒瓶（见表5－10、表5－11）。

表5－10　GB/T 24694—2009《玻璃容器 白酒瓶》

<table>
<tr><th colspan="2" rowspan="2">项目名称</th><th colspan="4">指标</th></tr>
<tr><th>晶质料瓶</th><th>高白料瓶</th><th>普料瓶</th><th>乳浊料瓶</th></tr>
<tr><td rowspan="5">理化性能</td><td>耐内压力/MPa</td><td colspan="4">≥0.5</td></tr>
<tr><td>抗热震性/℃</td><td colspan="4">≥35</td></tr>
<tr><td>抗冲击/J</td><td colspan="4">≥0.2</td></tr>
<tr><td>内应力/级</td><td colspan="4">真实应力≤4（适用于透明酒瓶）</td></tr>
<tr><td>内表面耐水性/级</td><td colspan="4">HCD</td></tr>
<tr><td rowspan="5">规格尺寸</td><td>瓶身厚度</td><td colspan="4">≥1.2</td></tr>
<tr><td>瓶底厚度/mm</td><td colspan="4">≥3.0</td></tr>
<tr><td>同一截面瓶壁厚薄比</td><td colspan="4">≤（2:1）</td></tr>
<tr><td>同一瓶底厚薄比</td><td colspan="4">≤（2:1）</td></tr>
<tr><td>瓶身圆度，不超过直径的</td><td>3%</td><td>4%</td><td>5%</td><td>5%</td></tr>
<tr><td colspan="2">卫生指标</td><td colspan="4">铅、镉、砷、锑溶出允许限量应符合GB 19778的规定</td></tr>
</table>

<table>
<tr><th rowspan="2">公称容量 V/mL</th><th>满口容量</th><th colspan="2">满口容量允许误差</th></tr>
<tr><th>≥ V/%</th><th>V/%</th><th>mL</th></tr>
<tr><td>50 < V ≤100</td><td>110</td><td>—</td><td>±3</td></tr>
<tr><td>100 < V ≤200</td><td>110</td><td>±3</td><td>—</td></tr>
<tr><td>200 < V ≤300</td><td>108</td><td>—</td><td>±6</td></tr>
<tr><td>300 < V ≤500</td><td>106</td><td>±2</td><td>—</td></tr>
<tr><td>500 < V <1000</td><td>104</td><td>—</td><td>±12</td></tr>
<tr><td>V ≤ 50, V ≥1000</td><td colspan="3">由供需双方商定</td></tr>
</table>

表 5-11 白酒瓶外观缺陷

项目		要求			
		晶质料瓶	高白料瓶	普料瓶	乳白料瓶
气泡	表面气泡和破气泡	不许有			
	直径 >4mm	不许有			
	瓶口封合面及封锁环上	≥0.8mm 不许有	≥1mm 不许有		
	2 mm < 直径≤4mm	不许有	不多于 2 个	不多于 4 个	不多于 3 个
	1mm < 直径≤2mm	不多于 2 个	不多于 3 个	不多于 6 个	不多于 4 个
	0.5mm < 直径≤1mm	不多于 4 个	不多于 6 个	不多于 8 个	不多于 8 个
	>0.5mm 气泡总数	不多于 5 个	不多于 1 个	不多于 14 个	不多于 12 个
	直径≤0.5mm 且能目测的在每平方厘米内	不多于 2 个	不多于 5 个	不多于 7 个	不多于 7 个
结石	直径 >1 mm	不许有			
	0.3 mm < 直径≤1mm，且轻击不破，周围无裂纹	不多于 2 个	不多于 3 个	不多于 5 个	不多于 4 个
	瓶口封合面及封锁环上	不许有			
裂纹		不许有（表面点状撞伤不作裂纹处理）			
内壁缺陷		粘料、尖刺、玻璃搭丝、玻璃碎片不许有			
合缝线	尖锐刺手的	不许有			
	凸出量	≤0.4 mm	≤0.5 mm		
	初型模合缝线明显的	不许有			
表面质量	瓶体表面不光洁平滑，有粗糙感	不许有		明显的不许有	
	黑点、铁锈	不许有		明显的不许有	
	氧化斑、波纹、油斑、冷斑	明显的不许有			
	摩擦伤	明显的不许有		—	

续表

项目		要求			
		晶质料瓶	高白料瓶	普料瓶	乳白料瓶
瓶口	口部尖刺、高出口平面的立棱	不许有			
	影响密封性的缺陷	不许有			
文字图案		文字图案清晰、完整，位置准确			

本标准将抗冲击指标定为0.2J是基于以下理由：

（1）白酒瓶装酒后要求的内压力很低，破损后不会带来伤害性后果；并且多数白酒瓶还有不同类型的外包装，这样减轻了冲击强度。还有，白酒瓶中非圆形瓶很多，其抗冲击能力在相同壁厚下均低于圆形瓶。所以抗冲击指标不宜定得过高。

（2）如果指标定得过低，会导致企业在设计或生产白酒瓶时，不考虑白酒瓶的保护功能，造成过多的破损和资源浪费。

（3）经过大量的空瓶冲击试验和实物运输、储存试验。达到0.2J的白酒瓶，在正常条件下能够满足运输和储存的要求。

（4）检验方法GB/T 6552—1986只能检测圆形瓶，对非圆形瓶不适用，因此本标准规定了非圆形瓶的检验方法，选取酒瓶最薄弱部位或接触部位，冲击一次的方法来考核，最薄弱部位主要是指壁厚最薄处，或者应力集中的地方。

内表面耐水性指标按GB/T 4548中“HCD级”考核，低于GB 4544《啤酒瓶》和BB/T 0018《包装容器　葡萄酒瓶》的耐水性指标的HC3级要求，原因是还有相当多的企业仍在使用耐稀酸侵蚀的方法。

8. 耐热玻璃器具

耐热玻璃器具，材质多为硼硅酸盐玻璃，无色透明。

微波炉用玻璃托盘（QB/T 2297—1997）一般分为平面型、方孔型和三爪型。材质为热膨胀系数较小的硼硅酸盐玻璃，其规格外径有260mm，280mm，310mm，315mm，320mm，325mm，330mm，380mm几种规格，托盘厚度在4.5mm～8mm之间。检测项目及要求见表5－12所示。

表5－12　QB/T 2297—1997《微波炉用玻璃托盘》

项目	指标
在20℃～300℃范围内玻璃的线膨胀系数，$\times 10^{-6}K^{-1}$	$\alpha = 3.2 \sim 3.4$
耐水性能	HGB1级

续表

<table>
<tr><th colspan="2">项目</th><th>指标</th></tr>
<tr><td colspan="2">内应力</td><td>双折射光程差的数值不大于 180nm/cm</td></tr>
<tr><td colspan="2">耐热冲击温度</td><td>大于 110℃</td></tr>
<tr><td colspan="2">有害物允量</td><td>$As_2O_3 + Sb_2O_3 \leq 0.1\%$</td></tr>
<tr><td rowspan="4">外观要求</td><td>缺陷</td><td>下列缺陷不准有：裂纹、折痕 、飞边、皱迹、铁锈、铁屑、石棉印</td></tr>
<tr><td>气泡</td><td>薄皮气泡 、破皮气泡不允许存在。1mm 以下的气泡不计，但不能密集；1mm ~ 3mm 的气泡允许 5 只；3mm ~ 4mm 的气泡允许 2 只，大于 4mm 的气泡不允许存在</td></tr>
<tr><td>结石</td><td>1mm 以下的结石不计，但不能密集；1mm ~ 3mm 的结石允许 2 只；大于 3mm 的结石不允许存在</td></tr>
<tr><td>平整度</td><td>轨道平面不大于 1.0mm，平面不大于 1.5mm</td></tr>
</table>

GB17762—1999《耐热玻璃器具的安全与卫生要求》，按加工工艺分为吹制耐热玻璃器具和压制耐热玻璃器具两大类，按产品质量分为优等品和合格品。吹制耐热玻璃器具，包括玻璃煮锅、玻璃咖啡壶、冰箱用玻璃冷藏瓶和饮料用玻璃杯。压制耐热玻璃器具主要用于微波炉内盛装食品的玻璃锅、盘等器具，检测项目及要求见表 5 - 13 所示。

表 5 - 13 GB 17762—1999《耐热玻璃器具的安全与卫生要求》

<table>
<tr><th colspan="2" rowspan="2">项目</th><th colspan="2">指标</th></tr>
<tr><th>优等品</th><th>合格品</th></tr>
<tr><td rowspan="2">耐热冲击温度/℃ ≥</td><td>吹制耐热玻璃器具</td><td>170</td><td>150</td></tr>
<tr><td>压制耐热玻璃器具</td><td>120</td><td>110</td></tr>
<tr><td colspan="2">98℃耐水性能</td><td colspan="2">1 级</td></tr>
<tr><td colspan="2">内表面耐水性能</td><td colspan="2">HCl 级</td></tr>
<tr><td colspan="2">有害元素析出量</td><td colspan="2">As≤0.2mg/L，Sb≤0.7mg/L，Pb≤1.0mg/L</td></tr>
<tr><td colspan="2">内应力 双折射光程差/（nm/cm） ≤</td><td colspan="2">180</td></tr>
<tr><td colspan="2">在 20℃ ~300℃范围内玻璃线膨胀系数，α（$\times 10^{-6}K^{-1}$）</td><td>3.2 ~ 3.4</td><td>—</td></tr>
</table>

耐热玻璃器具主要用于盛装加热的食品，加热时玻璃容器内的重金属元素更易溶出，因此对铅、镉、砷、锑的溶出量有较高要求。

三、常用玻璃包装制品的卫生标准及指标

玻璃是由石英砂、纯碱、石灰石、长石等原料熔融而成的硅酸盐制品，本身就含有许多金属氧化物如氧化铅等，在玻璃的制作过程中加入的澄清剂、脱色剂等也含有有金属氧

化物如三氧化二砷等，在和食品特别是碱性食品接触的时候，碱会破坏玻璃的网状结构，使得其中的氧化物外露，因此玻璃包装在和食品接触的过程中，不可避免地就会造成金属物质的溶出，危害人体健康。

国家标准 GB 19778—2005《包装玻璃容器 铅、镉、砷、锑溶出允许限量》规定了不同容积玻璃容器铅、镉、砷、锑溶出量的允许限量，如表 5－14 所示。该标准适用于盛装食品、药品、酒、饮料、饮用水等直接进入人体的物料的各种包装玻璃容器。

表 5－14 GB 19778—2005《包装玻璃容器 铅、镉、砷、锑溶出允许限量》

包装玻璃容器类型	单位	允许限量			
		铅	镉	砷	锑
扁平容器	mg/dm^2	0.8	0.07	0.07	0.7
小容器	mg/L	1.5	0.5	0.2	1.2
大容器	mg/L	0.75	0.25	0.2	0.7
贮存罐	mg/L	0.5	0.25	0.15	0.5

第三节 食品用玻璃包装材料及制品检验方法

食品用玻璃容器制品的主要检验项目包括各种表观缺陷检验、外部尺寸检验、理化性能检验和重金属溶出量的卫生指标检验。

一、玻璃包装材料及制品相关检测项目

1. 常见玻璃包装制品检测项目见表 5－15

表 5－15 产品名称及相关检测项目

项目	啤酒瓶	碳酸饮料玻璃瓶	啤酒计量杯	500mL 白酒瓶	葡萄酒瓶	500mL 罐头瓶	白酒瓶
抗热震性	√	√	√	√	√	√	√
耐内压力	√	√		√			√
内应力	√	√	√	√	√	√	√
抗机械冲击强度	√	√	√				√
耐水性	√	√	√		√		√
规格尺寸	√	√	√	√	√	√	√
耐酸性				√		√	
外观质量	√	√	√	√	√	√	√
铅、镉溶出量							√

续表

项目	啤酒瓶	碳酸饮料玻璃瓶	啤酒计量杯	500mL 白酒瓶	葡萄酒瓶	500mL 罐头瓶	白酒瓶
砷、锑溶出量							√
垂直轴偏差		√			√		√

对于常温使用的玻璃瓶罐等液体包装容器标准主要考察产品的物理性能和重金属析出量。

（1）耐内压力

耐内压力指标主要考核玻璃瓶的强度。玻璃瓶在盛装液体饮品的过程中要求承受一定的压力，国内多数生产企业在企业标准中规定该指标值为“≥0.5MPa”。经试验证实，达到该指标的样品均具有满足正常使用的强度，如：正常罐装、包装、储运。碳酸饮料玻璃瓶和啤酒瓶由于其饮品特点，对耐内压力项目要求较高。GB 24694—2009 中白酒瓶的耐内压力指标值确定为“≥0.5MPa”。

（2）抗热震性

该指标主要考核玻璃瓶抵抗环境温度急变的能力。白酒的贮存不像啤酒需要冰箱冷藏，对温度温差变化的要求不是太高。由于夏季气温较高，人们又喜欢冷藏啤酒，因此啤酒瓶对温度急冷急热要求较高，啤酒瓶爆裂不仅是产品质量问题，更会引发人身安全事故。

（3）抗冲击

该指标主要考核玻璃瓶抵抗外部冲击的能力。抗冲击强度不仅与玻璃材质和加工工艺有关，与瓶体的壁厚、形状等因素也有关，要结合外观尺寸等要素综合考虑。例如，罐头瓶类产品一般保存期限长，瓶壁较厚，且多为圆形，抗冲击强度较高。而白酒瓶中非圆形瓶很多，其抗冲击能力在相同壁厚下均低于圆形瓶，抗冲击指标不宜定得过高。并且经过大量的空瓶冲击试验和实物运输、储存试验。达到 0.2J 的白酒瓶，在正常条件下能够满足运输和储存的要求。

（4）内应力

该指标主要考核玻璃瓶的退火状态，与加工工艺密切相关。试验方法按 GB/T 4545—2007 的规定执行，新标准和原标准检验方法稍有不同。对不透明白酒瓶内应力不作要求。

（5）关于铅、镉、砷、锑溶出允许限量

为保证食品质量安全采用 GB 19778—2005《包装玻璃容器　铅、镉、砷、锑溶出允许限量》的规定，其中铅、镉的试验方法采取 GB/T 21170—2007《玻璃容器　铅、镉溶出量的测定方法》更适合。

QB 2142—1995《碳酸饮料玻璃瓶》、QB/T 3562—1999《500 毫升冠形瓶口白酒瓶》、QB/T 3563—1999《500 毫升罐头瓶》标准尚未对重金属溶出量做出明确规定，鉴于近年食品安全问题的甚嚣尘上，铅、镉溶出量的食品安全要求也被明确列入标准内。新标准 QB/T 4162—2011《玻璃杯》和 GB/T 24694—2009《玻璃容器　白酒瓶》都明确提出了铅、镉溶出量的要求。

2. 耐热玻璃容器检测项目见表5－16

表5－16 耐热玻璃容器检测项目

检验项目	方法标准
线膨胀系数	QB/T 2298（出厂检验）
	GB/T 16920（型式检验）
耐水性能	GB/T 6582
内表面耐水性能	GB/T 4548
有害元素析出量	As：GB/T 5009.11 Sb：GB/T 5009.63 Pb：GB/T 13485 样品按 GB/T 4548 要求清洗，内装4%（体积分数）乙酸，在121℃蒸煮2h
内应力	GB/T 15726
耐热冲击温度	GB/T 6579

3. 玻璃杯制品检测项目

玻璃杯制品主要检测项目有：容量、抗热震性、内应力、玻璃颗粒耐水性、铅、镉溶出量和外观缺陷等。

国内外标准中涉及玻璃制品主要检测方法标准见表5－17。

表5－17 国内外玻璃制品检测方法及对应标准

序号	项目名称	标准代号
1	内应力	GB/T 4545—2007
		ASTM C 148—2000（2006）
2	耐内压力	GB/T 4546—2008
		ISO 7458:2004
3	抗热震性和热震耐久性	GB/T 4547—2007
		ISO 7459:2004
		GB 17762—1999
		GB 6579—1986
4	抗冲击	GB/T 6552—1986
5	垂直轴偏差	GB/T 8452—2008
		ISO 9008：1991
6	耐垂直负荷	ISO 8113：2004
7	耐水侵蚀性	GB/T 4548—1995
		ISO 4802－1—1988
		GB/T 6582—1997
		GB/T 12416.2—1990

续表

序号	项目名称	标准代号
8	玻璃密度	GB/T 5432—2008
		ASTM C 693—1993（Reapproved 2003）
9	热稳定性	GB/T 10701—2008
10	光透射	GB/T 5433—2008
11	线热膨胀系数	GB/T 16920—1997
12	铅、镉析出量	GB 17762—1999
		GB 19778—2005
		GB/T 21170—2007
		ISO 7086 – 1:2000
13	铅、镉析出量	ISO 7086 – 2:2000
		ISO 6486 – 1:1999
		ISO 6486 – 2:1999
14	规格尺寸	GB/T 21299—2007
		ISO 9058:2008
		GB/T 17449—1998
15	容量	GB/T 20858—2007
		ISO 8106:2004

二、玻璃包装材料及制品物理性能检验方法

（一）玻璃平均热膨胀系数的测定

1. 原理

平均热膨胀系数指在一定温度间隔内，试样长度变化与温度间隔及试样初始长度之比。

$$\alpha = \frac{1}{L_0} \times \frac{L - L_0}{t - t_0}$$

式中：t_0——初始温度或基准温度；

t——实际温度；

L_0——初始长度；

L——样品温度 t 时的长度。

GB/T 16920—1997 规定了标称基准温度 t_0 是 20℃，因此平均线膨胀系数表示为 $\alpha(20℃, t)$。玻璃转变温度是玻璃由脆性状态向黏滞状态的转变温度，相应于热膨胀曲线高温部分和低温部分两切线交点的温度。

2. 仪器

(1) 推杆式膨胀仪

能测出 $2\times10^{-5}L_0$ 的样品长度变化量。测长计的接触力不应超过 0.1N。

(2) 加热炉

温度上限要比预期的转变温度高 50℃左右。试验温度范围内，升温速率为 5℃/min ± 1℃/min，冷却速率为 2℃/min。

3. 试验步骤

(1) 样品制备

样品长度应为膨胀仪测长装置的测长分辨率的 5×10^4 倍。通常为棒状。样品试验前要经过退火处理。每次试验测定两个样品。

(2) 测定基准温度 t_0 时的基准长度 L_0，精度为 0.1%，然后将样品放入热膨胀仪内，5min 后开始试验。

(3) 确定温度 t_0 时膨胀仪的位置，将这个读数作为测量的长度变化量的零点。按设定加热程序开始升温，记录温度 t 和相应长度变化量 ΔL，直到达到所需的终点温度。升温速率不应超过 5℃/min。

注意：由于热电偶的热接点和试验样品之间存在温差，所以表观温度应加上修正值。

(4) 达到设定终点温度 t 后，保持炉温恒定到 ±2℃，20min 后从膨胀仪上读取 ΔL 的值。

注意：设定推杆在温度 t_0 时的热膨胀修正项 ΔL_Q，$\Delta L_Q = L_0\alpha_Q(t - t_0)$。

α_Q 样品所用材料的平均热膨胀系数，与温度对应关系如表 5－18。

表 5－18　与温度对应关系

温度范围/℃	α_Q/K^{-1}	温度范围/℃	α_Q/K^{-1}
20～100	0.54×10^{-6}	20～300	0.58×10^{-6}
20～200	0.57×10^{-6}	20～400	0.57×10^{-6}

注：当系统加热到高于 700℃，表中给出的 α_Q 值会有变化。设定膨胀仪修正项 ΔL_B，用空白试验测定。

4. 计算

$$\alpha(20,t) = \frac{1}{L_0}\times\frac{\Delta L + \Delta L_Q - \Delta L_B}{t - t_0}$$

如果 $\alpha(20℃, t) < 10\times10^{-6}\mathrm{K}^{-1}$ 取两位有效数字，$\alpha(20℃, t) \geq 10\times10^{-6}\mathrm{K}^{-1}$ 则取三位有效数字。

（二）耐垂直负荷试验方法

1. 原理

容器垂直方向上施压，测量容器承受压力不破裂的程度。

2. 仪器

压力机或类似结构的压力装置，精度至少为 2.5%。装置应配有防护罩，防护罩高度低于试样样品高度，要有垫片防止玻璃试样与金属压面直接接触。

3. 试验步骤

（1）试验前确保平板上没有玻璃颗粒，放置基底垫片在底部平板的中心，放上试样，试验容器的中心与装置的中心一致。

（2）以恒定速度增加压力，根据试验目的选择试验种类。

①通过试验

增加压力到规定值，当达到规定值时，移开压板，按预先规定的容器数量重复试验，记录破坏容器数量。

②全数递增试验

逐步增加压力直到试验容器破裂，记录容器破裂时的压力值，以 kN 表示，取平均值。

4. 注意事项

样品温度与环境温度相差不超过 5℃。

（三）内应力检验

1. 方法一：偏光仪与一套参考标准卡片对比测量法

（1）原理

该方法适用于测定光程差小于 150nm 的试样。

（2）仪器

①偏光仪：视域各处的偏振度不小于 99%，见图 5－5。

视域至少比被测瓶罐大 51mm。起偏镜与分析镜的距离应满足通过瓶口观察瓶底的检验。附有光程差为 565nm 的灵敏色片，其在观察视域中程差的变化应小于 5nm，慢轴与偏振面成 45°，这样在观察视域里能产生紫红色的背景。样品测定处的亮度至少是 $300cd/m^2$。

②标准片：一套不少于 5 片，且已知内力的标准玻璃圆片，应覆盖玻璃瓶罐生产的退火范围。圆片直径应 > 76mm，< 102mm。离开边缘 6.4mm 处的光程差应 ≥21.8nm，≤23.8nm。

图 5－5　偏光仪

（3）试验步骤

①确定最大应力位置，与标准参照片对照

对于圆柱形瓶罐，通过旋转瓶罐，找到瓶底和瓶罐侧壁应力最大处，即色图颜色最深部位，将最大应力色图与叠加的标准片对比（标准片与起偏镜平行）；

如果是方形、椭圆形和不规则形状玻璃瓶罐，用偏光仪检验瓶罐弯曲和拐角处的最大应力数。

观察最大应力处对应的标准片数，然后按照表 5－19 规则记录应力级数：当瓶底的最大应力色图大于 N 片而小于 $N+1$ 片时，它的应力级数是 $N+1$ 。

表 5－19

表观应力级数	1	2	3	4	5	6	7
标准程差片数 N	$N \leqslant 1$	$1 < N \leqslant 2$	$2 < N \leqslant 3$	$3 < N \leqslant 4$	$4 < N \leqslant 5$	$5 < N \leqslant 6$	直接法测定

②有色玻璃瓶罐的检验

旋转瓶罐寻找瓶底根部的最大应力颜色的区域。然后通过瓶口观察瓶底，选择瓶底最小光程差的最暗区域作为参照点，此点通常在瓶底的中心。然后将灵敏色片置入，把标准应力片放在瓶底的参照区域下。将参照区域的程差颜色与瓶底边缘的最大光程差颜色进行比较，如果这颜色大于参照区域的颜色就用两片或更多的标准应力片叠加起来进行比较，直到二者的颜色接近为止。按照表 5－19 的方法划分退火应力的等级。

2. 方法二：偏光仪直接测量法

（1）原理

适用于测定光程差小于 565nm 的试样。

（2）仪器

偏光仪，视域各处的偏振度不小于 99%，视域至少比被测瓶罐大 51mm。起偏镜与分析镜的距离应满足通过瓶口观察瓶底的检验。将一块具有光程差为 141nm ± 14nm 的四分之一波片插入样品和检偏镜之间，波片的慢轴随起偏镜的偏振平面而调整。偏振视域对样品的亮度至少是 300cd/m^2。检偏镜应装成能分别绕起偏镜和四分之一波片旋转，并能测定其旋转角。

（3）试验步骤

①无色玻璃瓶罐底部的检验

对于圆柱形玻璃瓶罐，先旋转检偏镜，使起偏镜的偏振面垂直于检偏镜的偏振面，此时是零位，视域呈黑色，把瓶罐放入带有灵敏色片的观测视域中进行测定。旋转瓶罐，寻找瓶底内根部的最大光程差的颜色。如果是方形、椭圆形和不规则形状玻璃瓶罐，则检验瓶罐弯曲和拐角处的最大光程差的颜色。然后移去灵敏色片，通过瓶口观察瓶底。在瓶底中心将出现暗色的消光十字，十字之间具有明亮的区域，如果瓶罐的光程差较低，十字就模糊不清。如果在观察处推入灵敏色片或将瓶罐放在具有灵敏色片的偏光仪里观察，十字将出现紫红色而不是黑色。旋转检偏镜，使十字分离成两条暗色圆弧，且直径相等方向相反，朝着瓶底根部的方向移动。随着两条圆弧向外移动，在圆弧的凹侧便出现蓝灰色，在凸侧便出现褐色，当测定瓶罐某一选定点的光程差时，旋转检偏镜，直到在选定点上蓝灰色刚好被褐色取代为止。旋转瓶罐的中心轴，确定此点是否为最大光程差，如果不是，进一步旋转检偏镜，使最大光程差处的蓝灰色刚好被褐色取代为止。旋转角度与应力级数的换算见表 5－20。

表 5－20　旋转角度与应力级数的换算

表观应力级数	检偏镜旋转角度/℃
1	0.0～7.3
2	7.4～14.5
3	14.6～21.8
4	21.9～29.0
5	29.1～36.3
6	36.4～43.6
7	43.7～50.8
8	50.9～58.1
9	58.2～65.4
10	65.5～72.6

②玻璃瓶罐侧壁的检验

把瓶罐放入偏光仪中，使其纵向轴与偏振面成 45°。这时在观察视域里没有暗十字出现。把瓶壁上会出现亮暗不同的区域。此时，旋转分析镜直到暗区会聚并完全取代瓶壁上的明亮区域为止。然后把分析镜旋转的角度按表 5－20 换算成退火应力级数。

③有色玻璃瓶罐的检验

试验步骤与无色制品相同。测定有色制品的消光点较困难，这是因为蓝色和褐色不易区分，以及有色制品对光的吸收导致光的强度减弱所致。这时可采用平均的方法来确定终点。首先旋转起偏镜直到暗十字分离并暗区正好取代选择点的亮区。记录旋转的度数。然后将分析镜旋转到正好消光位置。再向相反方向旋转起偏镜使亮区刚好出现。记录旋转度数。取两次读数的平均值。

（四）内表面耐水性检验

1. 原理

该试验是一种表面试验法，用规定的水注入待试验容器到一规定的容量，并且在规定条件下将未紧密封顶的容器加热。通过滴定淬取液来测量水对容器内表面侵蚀程度。

2. 仪器与试剂

高压釜或蒸汽消毒器能够承受至少 $2.5\times10^5\mathrm{N/m^2}$ 的压力和能进行加热循环的仪器；恒压调节器，容器的内径至少 300mm、一个温度计或一个经校准过的热电偶、一个压力计、一个释放压力安全装置、一个旋塞以及一个放置试样用的支架。

蒸馏水，不许含有重金属（特别是铜），也不含二氧化碳之类的溶解气体，试验用水应对甲基红呈现中性。

盐酸标准溶液，$c(\mathrm{HCl})=0.01\mathrm{mol/L}$；

盐酸溶液，$c(\mathrm{HCl})=2\mathrm{mol/L}$；

氢氟酸，$c(\mathrm{HF})=22\mathrm{mol/L}$（即≈400g/L）；

甲基红指示剂。

滴定管应有 50mL，25mL，10mL 或 2mL 等适当容量，滴定管容量应根据预测的盐酸耗用量选择。

锥形烧瓶　250mL 和 100mL 容量两种

3. 试验步骤

（1）容量小于 30mL 的平底玻璃容器

在 (22 ± 2)℃的温度条件下，将干燥的玻璃容器放置在水平板上，用触液板覆盖，使小孔近似置于玻璃容器的中心，用滴定管将蒸馏水通过触液板的小孔注入玻璃容器，直到弯液面恰好与小孔底面平为止，且界面无气泡。从滴定管读取蒸馏水体积，精确到两位小数，这个体积就是玻璃容器的满口容量。

（2）玻璃容器容量大于或等于 30mL 的平底玻璃容器

对每个盖有触液板的容器称重，精确到 0.1g，除去触液板，并用蒸馏水注入容器到接近顶部，然后盖上触液板并使小孔置于玻璃容器的中心，用滴定管通过小孔继续注入蒸馏水至于小孔底面相平。将盛水容器与触液板一起称重，计算出容器所含水质量，并用 mL 表示。

试样清洗

用室温的蒸馏水对每个试样至少冲洗两次后排空，用试验用水再冲洗一次，完全排干。

灌装和加热按所测的满口容量灌注容器，然后放置在盛有室温蒸馏水的高压釜支架上，应确保试样高于容器中水的液面，关紧高压釜的门，打开排气旋，以恒定速率加热，在20～30min之后排出水蒸汽，约10min，关闭排气旋塞，以1℃/min的速率升温至121℃并保持（60±1）min，后以0.5℃/min的速率将温度冷却到100℃，排出气体。

从高压釜中取出试样，将它们放入80℃的水浴锅中，冷却水将样品冷却至室温。

表5－21　不同容量所需萃取液体积

容量/mL	一次滴定所需萃取液的体积/mL	滴定次数	锥形瓶容积/mL
≤3	25.0	1	100
>3，≤30	50.0	2	250
>30，≤100	100.0	2	250
>100	100.0	3	250

按玻璃容器满口容量，取混合萃取液转移入锥形瓶中，用吸管将试验用水吸入装被测萃取液的锥形瓶中，每25mL试验用水中加入2滴甲基红指示液，并用盐酸进行滴定，直到出现的颜色完全与参比溶液的颜色一致。

4. 计算

计算滴定结果平均值，以每100mL萃取液耗用盐酸溶液的毫升数表示，试验结果也可以表示为每100mL萃取液中含氧化钠（Na_2O）毫克数。1mL浓度为0.01mol/L的盐酸溶液相当于310μg的氧化钠。

（五）抗机械冲击试验

1. 仪器

摆式冲击仪。

摆端点的打击物用GB/T 308.1—2013《滚动轴承　球　第1部分：钢球》所规定的球径为25.4mm的滚珠轴承用钢球；摆的打击点和重心轨迹应在同一垂直平面内。包括打击物在内，摆的质量为608g～618g；摆的支点与其重心连线成水平时，由支点和打击点把摆支承起来后，摆在打击点的悬挂荷重为4.85N～4.95N；从打击点对摆支点与重心连线的延长线作垂线时，其交点与支点的距离为290～295mm，交点与打击点的距离为28.0～31.0mm。

2. 试验步骤

通过性试验：将试样放置在支撑台上，紧靠后支座；调节支撑台，将打击部位调节到需要检查的部位，再在水平方向调节支撑台，使摆处于自由静止状态而打击物则轻微触及试样表面。以规定的冲击能量打击瓶身周围相距约120°的三个点，检查瓶子有无破坏。

递增性试验：试验方法同上，提高冲击能力重复试验，直至瓶子破坏。

（六）抗热震性和热震耐久性（GB/T 4547—2007）

1. 原理

抗热震性是指容器承受热震而不破损的能力，以摄氏度表示。热震耐久性指大约50%容器破损时的抗热震值。

2. 仪器

配有水循环器、温度控制组件和温度调节装置的冷水槽和热水槽，网篮，见图5－6。

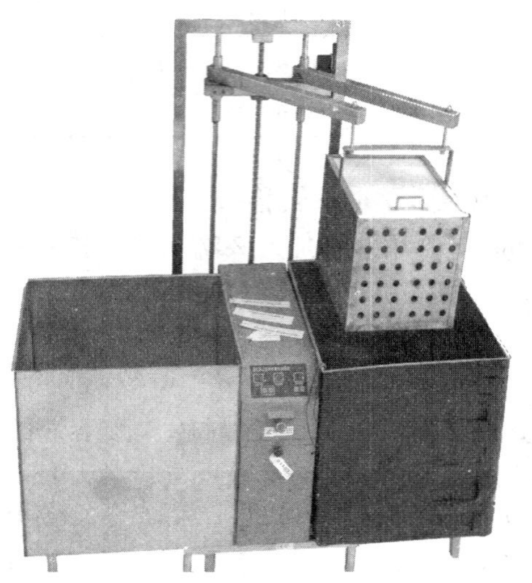

图5－6 抗热震性测定仪

3. 试验步骤

向冷水槽中注入至少每千克试验玻璃 $8dm^3$ 体积的水，并且使其有足够的深度浸没容器顶部至少50mm。调节水温到规定的下限温 t_2 ±1℃内。向热水槽中注入至少同样体积的水，然后加热并维持温度在规定的上限温度 t_1 ±1℃内。

将空容器放入网篮中使它们直立并分离，然后盖紧网盖并将网篮浸入热水槽，直到容器中完全充满水并使其瓶口顶部低于水面至少50mm。必要时，调节加热器维持水温在规定的上限温度 t_1 ±1℃内，保持容器在这个温度下被浸没至少5min。在最多16s的时间内，将装有容器的网篮从热水槽转入冷水槽并使容器完全浸没于冷水中。保持30s，然后将装有容器的网篮从冷水槽中取出。

尽可能快地逐个检查每一处的破裂或破碎，以确定试验后容器破损的数量。

通过试验的容器应按上述方法，但随 t_1-t_2 值的增加反复试验，直到达到所有容器破损为止，并记录每一温差下容器的破损数。热震耐久性是容器破损为50%时的概率温差值，用内推法从累积破损百分数对破损温差的曲线图中求得。

（七）垂直轴偏差

1. 仪器

应包括两个部分：带有自动定心夹紧装置的旋转底盘或附有V形块的底板，另一部分为带有一个水平尺或百分表或读数显微镜的垂直立柱。

2. 试验步骤

玻璃瓶罐夹持在水平旋转底盘上，旋转底盘360°。如用附有V形块的底板时，则将样品紧靠在V形块上。测量时与水平面成45°方向上对样品施加一个向下的压力，旋转玻璃瓶罐360°。记下瓶口边缘外侧与固定点之间的最大与最小距离，垂直轴偏差是测得的最大值与最小值之差的一半。测量的精度为0.1mm。按精度修正由实测得到的垂直轴偏差。

3. 注意事项

保证玻璃瓶罐底部水平放置状态下测得瓶口与垂直轴的偏差；测量偏差的工具应放在瓶口边缘外侧；非圆形的玻璃瓶罐应使用能使其夹持在旋转底板中心的仪器测量。

（八）容量

1. 原理

按照GB/T 20858—2007《玻璃容器　用重量法测定容量试验方法》测定，该标准规定了重量法测定玻璃容器的公称容量和满口容量的方法及其容量准确度极限。由容器内所灌装的水，根据水温用容积修正系数修正后，计算出玻璃容器的容量。

2. 仪器

通用温度计、天平、触液板、深度规。

3. 试验步骤

使用通用温度计测量水温，在整个试验过程中保持水温波动在±1℃以内。

使用天平称量空容器质量。向置于水平平面上的容器中注水至容器内水的液面的顶部与瓶口齐平为止，测定广口容器时，将触液板盖在瓶口上，直到上升的液面刚刚触到触液板为止。

在测定公称容量时，注水至灌装面。应将调至规定液面深度的深度规垂直居中地插入容器的颈口内。应使用流量控制装置向容器内注水，直到液面的中心与量规的测头刚刚接触为止，对灌装后的容器立刻进行称量。

4. 计算

$$实际容量 = m \times K$$

式中：m ——所测得的水的质量，g；

K ——在试验温度下的容积修正系数，mL/g。

三、玻璃包装材料及制品卫生性能检验方法

（一）铅、镉溶出量检测

铅、镉的试验方法按照 GB/T 21170—2007《玻璃容器　铅、镉溶出量的测定方法》检测。

1. 原理

用4%乙酸溶液（体积分数），在22℃ +2℃温度，浸泡24h，萃取玻璃容器表面溶出的铅、镉，用原子吸收分光光度计进行测定。

2. 仪器与试剂

原子吸收分光光度计：仪器灵敏度是1%铅（波长217. 0nm）浓度为0. 2 mg/L或1%铅（波长283. 3nm）为0. 45mg/L，1%镉（波长228. 8nm）为0. 02mg/L。

铅、镉空心阴极灯。

用具：应具有耐化学腐蚀且不含铅、镉物质的硼硅质玻璃或聚氯乙烯等类似器皿。

二次蒸馏水、冰乙酸、4%乙酸（体积分数）、硝酸铅［Pb（NO_3）$_2$］：优级纯、氧化镉（CdO）。

3. 标准溶液的配制

（1）1000mg/L铅标准溶液

精确称取经105℃ ~110℃烘2h的硝酸铅1. 5895 ±0. 0001g置于400mL烧杯中，用40mL冰乙酸温热溶解后，冷却，移入1000mL容量瓶中，用蒸馏水稀释到刻度，摇匀备用。

（2）100mg/L铅标准溶液

准确移取浓度为1000mg/L的铅标准溶液100mL于1000mL容量瓶中，以4%乙酸溶液稀释到刻度，摇匀。

（3）铅标准系列溶液

移取100mg/L铅标准溶液0mL，0. 5mL，1. 0mL，2. 0mL，3. 0mL，4. 0mL，5. 0mL，6. 0mL，7. 0 mL，分别置于100mL容量瓶中，用4%乙酸稀释至刻度，即得到含铅量分别为0mg/L，0. 5mg/L，1. 0 mg/L，2. 0mg/L，3. 0mg/L，4. 0mg/L，5. 0mg/L，6. 0mg/L，7. 0mg/L标准系列溶液。

（4）1000mg/L 镉标准溶液

精确称取经105℃～110℃烘2h的氧化镉1.1423g±0.0001g置于400mL烧杯中，用40mL冰乙酸温热溶解后，冷却，移入1000 mL容量瓶中，用蒸馏水稀释到刻度，摇匀备用。

（5）10mg/L 镉标准溶液

准确移取浓度为1000mg/L的镉标准溶液10mL于1000mL容量瓶中，以4%乙酸溶液稀释到刻度，摇匀。

（6）镉标准系列溶液

移取10mg/L镉标准溶液0mL，0.5mL，1.0mL，2.0mL，3.0mL，4.0mL，5.0mL，6.0mL，7.0mL分别置于100mL容量瓶中，用4%乙酸稀释至刻度，即得到含镉量分别为0mg/L，0.05mg/L，0.10mg/L，0.20mg/L，0.30mg/L，0.40mg/L，0.50mg/L，0.60mg/L，0.70mg/L标准系列溶液。

4. 试验步骤

容积小于20mL的试样，用4%乙酸溶液注至溢出口边缘，其余制品注至离口边缘5mm处。必要时测定浸泡液的体积，准确到±3%。

一般玻璃容器室温条件下，浸泡24h，用耐腐蚀和不含铅、镉的器皿遮盖，以防溶液蒸发。如果是耐热玻璃容器，则需在98℃温度下再加热2h±10min。

用玻璃棒搅拌萃取液，然后将萃取液移入容器中保存并尽快测定。

（1）标准曲线法测定铅、镉溶出量

将制备的铅（或镉）标准系列溶液，在原子吸收分光光度计上测量其吸光度—浓度标准曲线。同时，在仪器工作条件相同的情况下测量试样溶液的吸光度，直接由标准曲线上查得试样中铅或镉的浓度。

（2）紧密内插法测定铅、镉溶出量

5. 计算

根据溶液大概含量取上、下紧密相邻的标准溶液与试样溶液同时比较测定，记下每份溶液三次以上吸光度（A）读数，取平均值，按下式计算。

$$c = \frac{A - A_1}{A_2 - A_1}(c_2 - c_1)$$

式中：c——浸泡液铅或镉的含量，mg/L；

A——浸泡液铅或镉的吸光度；

A_1——较低浓度标准溶液的吸光度；

A_2——较高浓度标准溶液的吸光度；

c_2——较高浓度标准溶液的浓度，mg/L；

c_1——较低浓度标准溶液的浓度，mg/L。

铅结果精确到0.1mg/L，镉结果精确到0.01mg/L。

（二）砷溶出量检测

砷溶出量按 GB/T 5009. 11—2003 进行测试。

1. 原理

见第二章第三节食品包装用纸包装材料及容器主要卫生性能的测试方法中砷的测定。

2. 仪器与试剂

见第二章第三节食品包装用纸包装材料及容器主要卫生性能的测试方法中砷的测定。

3 样品处理

浸泡法，取待测试样，在与食品接触面加入 4% 乙酸，按接触面积每平方米加 2mL、容器中则加入浸泡液至 2/3 ~4/5 容积为准，60℃条件下浸泡 2h。

4. 试验步骤

吸取 20mL 乙酸浸泡液到 150mL 锥形瓶中加 6. 5mL 浓盐酸，加水至 50mL。加 150g/L 碘化钾 3mL，加 0. 5mL 氯化亚锡静止 15min，加入 3g 无砷锌粒，立即塞上装有乙酸铅棉花的导气管，并使管尖端插入预先盛有 4mL 的 DDCAg 氯仿的吸收液下，常温下反应 45min 后，取下吸收管，加氯仿补足到 4mL ，在比色 1h 前开启分光光度计设置波长 λ 为 520nm，同时按同一操作方法做试剂空白和样品空白以试剂空白为零点，用 1cm 比色杯测试吸光度。

标准曲线的绘制

吸取 0mL，2. 0mL，4. 0mL，6. 0mL，8. 0mL，10. 0mL 砷标准液（1μg/mL）（相当于 0μg，2. 0μg，4. 0μg，6. 0μg，8. 0μg，10. 0μg），分别置于 150mL 锥形瓶中加入浓盐酸 6. 5mL，加水至 50mL，以下操作方法按上述检验步骤操作。用 1cm 比色杯，以零管调节零点于波长 520nm 处测吸光度，绘制标准曲线。

5. 计算

见第二章第三节食品包装用纸包装材料及容器主要卫生性能的测试方法中砷的测定。

（三）锑溶出量检测

锑溶出量按 GB/T 5009. 63—2003 测试。

1. 原理

将锑还原为三价锑，然后再氧化成五价锑，五价锑离子在 pH7 时能与孔雀绿作用形成绿色络合物，生成的络合物用苯提取后与标准比较定量。

2. 仪器与试剂

苯、磷酸（1 + 1）、盐酸（5 + 1）、过氧化氢（30%）、氯化亚锡一盐酸溶液

（100g/L）、亚硝酸钠溶液（200g/L）、尿素溶液（500g/L）、孔雀绿溶液（2g/L）。

锑标准溶液：精密称取0.1g纯锑于250mL烧杯中，加入100mL盐酸（5+1），并滴加少量30%过氧化氢加速溶解，再加热除去溶液中过氧化氢后冷却，移入1000 mL容量瓶中以盐酸（5+1）稀释至刻度，混匀。此溶液每毫升相当于100μg锑。

锑标准使用液：吸取10.0mL锑标准溶散于100mL容量瓶中，加盐酸（5+1）至刻度，混匀。此溶液每毫升相当10.0μg锑。

仪器：可见光分光光度计。

3. 试验步骤

取50.00mL试样浸泡液于蒸发皿中，加盐酸1滴，置沸水浴上蒸干，冷却后以6mL盐酸（5+1）分两次洗涤，将洗液移于125 mL分液漏斗中，并以6mL水洗蒸发皿，洗液并入分液漏斗中，滴加2滴氯化亚锡—盐酸溶液（100 g/L）混匀后，静置5min。吸取0mL，1.00mL，2.00mL，3.00mL，4.00mL，5.00mL锑标准使用液（相当0μg，10μg，20μg，30μg，40μg，50μg锑），分别置于125 mL分液漏斗中，各加6mL盐酸（5+1）及6mL水混匀，再各加2滴氯化亚锡—盐酸溶液（100g/L）混匀后，静置5min。于各分液漏斗中加1mL亚硝酸钠溶液（200g/L）混匀，再加2 mL尿素溶液（500g/L），振摇直至气泡逸完。再各准确加入10.0mL苯、5mL磷酸，0.5mL孔雀绿溶液及10 mL水，振摇2min。静置分层后，弃去水层，用干燥脱脂棉过滤苯层至1cm比色杯内，以零管调节零点，于波长620nm处测吸光度，绘制标准曲线比较定量。

4. 计算

$$X = \frac{m \times 1000}{V \times 1000}$$

式中：X——浸泡液中锑的含量，mg/L；

m——测定时所取试样浸泡液中锑的质量，μg；

V——测定时所取试样浸泡液的体积，mL，

计算结果表示到两位有效数字。

第六章 食品用陶瓷包装材料及制品检验

第一节 食品用陶瓷包装材料及制品概述

陶瓷是指以黏土为主要原料与其他天然矿物经过粉碎混炼、成型，经装饰、施釉后高温煅烧而制成的各种制品，是一种多晶、多相的硅酸盐材料。陶瓷由于其硬度高，对高温、水和其他化学介质有抗腐蚀力及特殊的光学和电学性能，在包装工业中得到广泛的应用。陶瓷产品是人类历史上最早制造和使用的食物包装容器，至今，陶瓷包装容器然在包装工业中占有相当的比例；由于陶瓷在造型、色彩方面体现了强烈的中华历史文化特色，作为一种具有文化历史底蕴的包装容器在市场上独领风骚。

陶瓷包装材料的主要性能特点为：具有高耐热性、高化学稳定性、高阻隔性不老化性、高的硬度和良好的抗压能力，但由于陶瓷制品不透明，脆性高，烧结温度低，内部气孔多，抗拉、抗弯性能差，并且难于密封，在一定程度上也限制了陶瓷制品的应用。

一、陶瓷的组成、结构和性能

（一）陶瓷的原料组成

陶瓷的主要原料可归纳为四大类：①具有可塑性的黏土类原料；②具有非可塑性的石英类原料；③能生成玻璃相的长石、滑石、钙镁的碳酸盐等溶剂性原料；④各种特殊原料作为助剂，如助磨剂、助滤剂、解凝剂、增塑剂、增强剂等，以及作为陶瓷釉料的各种化工辅助原料。

黏土是陶瓷的主要成分，在细瓷配料中黏土类原料的用量常达40%～60%，在陶器中用量还要更多。

黏土在陶瓷成型中有以下作用：

（1）塑化作用　塑造成各种形状，是陶瓷生产的工艺基础；

（2）结合作用　形成陶器主体结构；

（3）成瓷作用　煅烧陶瓷坯体。

石英包括脉石英、石英砂岩、石英岩（变质）、石英砂等，以 SiO_2 为主，其他杂质很少。石英属于瘠性材料（减黏物质），可降低坯料的黏性，对坯料的可塑性起调节作用。在烧成时，黏土因失水而收缩很容易产生龟裂，石英对黏度的降低和加热膨胀性可部分抵消坯体收缩的影响。在瓷器中，大小适宜的石英颗粒可以大大提高坯体的强度，还能使瓷器的透光度和强度得到改善。

长石主要分为钾长石、斜长石。长石的主要成分是含钾、钠、钙的铝硅酸盐。在陶瓷制品生产过程中起到助溶、提高机械强度和化学稳定性和提高透光度的作用。长石属于溶剂原料，高温下熔融后可以溶解一部分石英及高岭土分解产物，形成玻璃状的流体，并流入多孔性材料的孔隙中，起到高温胶结作用，并形成无孔性材料。

除上述三类主要原料外，有时还加入以下一些其他溶剂型材料。

（1）烧制骨瓷时要加入动物的骨灰，它可以增加半透明性和强度。

（2）碳酸盐类辅料如石灰石、菱镁矿可降低烧结温度，缩短烧结时间，也有增加产品透明度的作用。

（3）滑石等含水碳酸镁盐类辅料在降低烧结温度的同时，还能改善陶瓷的性能，如白度、透明度、机械强度和热稳定性。

（二）陶瓷材料的结构和性能

陶瓷材料种类较多，性能受许多因素影响。活动范围很大，但还是存在一些共同的特性。

1. 陶瓷材料的物理和化学性能

（1）硬度

硬度和刚度一样，硬度也决定于化学键的强度，所以陶瓷也是各类材料中硬度最高的，这是陶瓷的最大特点。例如，各种陶瓷的硬度多为1000HV～5000HV，淬火钢为500HV～800HV。陶瓷的硬度随温度的升高而降低，但在高温下仍有较高的数值。

（2）强度

按照理论计算，陶瓷的强度应该很高，为0.1E～0.2E，但实际上一般只为0.001E～0.01E，甚至更低。例如，普通玻璃的强度约为70MPa，均约为其弹性模量的千分之一的数量级。陶瓷的实际强度受致密度、杂质和各种缺陷的影响很大。热压氮化硅陶瓷，在致密度增大，气孔率近于零时，强度可接近理论值；刚玉陶瓷纤维，因为减少了缺陷，强度提高了1～2个数量级；而微晶刚玉由于组织细化，强度比一般刚玉高许多倍。陶瓷对压力状态特别敏感，同时强度具有统计性质，与受力的体积或表面有关，所以它的抗拉强度很低，抗弯强度较高，而抗压强度非常高，一般比抗拉强度高一个数量级。

（3）塑性、韧性或脆性

陶瓷在室温下几乎没有塑性。陶瓷塑性开始的温度约0.5 T_m（T_m 为熔点的绝对温度，K），例如氧化铝为1237℃，二氧化硅为1038℃。由于开始的塑性变形的温度很高，所以陶瓷都有较高的高温强度。陶瓷受载时不发生弹性变形就在较低的压力下断裂，因此韧性极低或脆性极高。脆性是陶瓷的最大缺点，是阻碍其广泛应用的主要障碍，因此是当前被研究的主要课题。为了改善陶瓷韧性，可以从以下几个方面去努力：第一，预防在陶瓷中特别是表面上产生缺陷；第二，在陶瓷表面造成压应力；第三，消除表面的微裂纹，目前，在这些方面已取得了一定的成果。例如，在表面加预压应力，能降低工作中承受约拉应力，而可作为“不碎”的陶瓷。

（4）热膨胀

热膨胀是温度升高时物质的原子振动振幅增大，原子间距增大所导致的体积长大现象。其膨胀系数的大小与晶体结构和结合键强度密切相关。键强度高的材料热膨胀系数低；结构较紧密的材料热膨胀系数大。所以陶瓷的线膨胀系数比聚合物低，也比金属低得多。

（5）导热性

导热性为在一定温度梯度作用下热量在固体中的传导速率，陶瓷的热传导主要依靠于原子的热振动。由于没有自由电子的传热作用，陶瓷的导热性能比金属小，受其组成和结构的影响。陶瓷中的气孔对传热不利，所以陶瓷多为较好的绝热材料。

（6）热稳定性

热稳定性就是抗热震性，指陶瓷材料承受温度剧烈变化而不破坏的性能，为陶瓷在不同温度范围波动时的寿命，它取决于坯釉料配方的化学组成、矿物组成、相组成及显微结构。由于瓷质内外层受热不均匀，坯与釉的热膨胀系数差异而引起热应力，当热应力超过强度时，出现开裂现象。瓷胎的热稳定性取决于玻璃相、莫来石、石英及气孔的相对含量、粒径大小及分布状况，陶瓷制品的热稳定性在很大程度上取决于坯釉的适应性。

日用陶瓷容器盛装加热的食物时，产品盛装前后的温度不一样，外界热冲击在产品中产生内应力，当应力过大而不能承受时就会产生裂纹或破裂，因此热稳定性指标是涉及日用陶瓷使用安全的一项指标。

（7）吸水率

日用陶瓷试样开口气孔吸附的水的质量与干燥试样质量之比称为该试样的吸水率，以百分数表示。通常用吸水率来反映陶瓷产品的烧结程度，陶瓷材料的机械强度、化学稳定性和热稳定性等与其吸水率有密切关系。从配料与工艺上可以采取措施提高陶瓷制品的致密度，从而使吸水率降到最低限度。

2. 光学性能

（1）白度

光线照射在陶瓷表面上，漫反射的分数决定了陶瓷表面的白度。在可见光谱区，光谱漫反射比均为100%理想表面的白度为100度，光谱漫反射比均为零的绝对黑表面白度为零度。通过白度仪测量出试样的 X,Y,Z 三个刺激值，用规定的公式计算出白度值。同时还引入了色调角和彩度的概念，在测定白度时可知坯体是否偏色，偏什么色。影响陶瓷产品白度的主要因素是坯、釉料的组成、加工工艺和烧成气氛等。

瓷器的白度因坯釉中着色氧化物含量的增加而下降，其中以氧化铁的影响最为显著。

（2）透光度

透光性是光能通过材料后剩余光能所占的百分比。

日用瓷具有多相结构，物质的透光性能主要取决于各物相的吸收、反射与散射系数。陶瓷的吸收系数非常小，陶瓷的透光型主要取决于陶瓷基体与玻璃相的折射率差异上。玻璃相含量愈多，透光度愈高。晶相和气孔越多透光度越低。透光度还与组成中着色氧化物的含量有关。当着色氧化物的含量提高时，着色氧化物对某个波长范围的光有较强的吸收，透光度降低。在相同成分和相同的工艺条件下，影响透光度的主要因素是瓷坯的厚度。研究指出，在不考虑光能量损失的前提下，透光度与瓷坯的厚度成指数关系，即制品愈厚，透光度愈小。

日用瓷器中，陶器和炻器不透光，透光度一般指细瓷器的半透明性，一些重要的高档日用细瓷，半透明性或透光度是主要鉴定指标。通常构成瓷体的物相是折射率接近1.5的玻璃、1.64的莫来石和1.55的石英。莫来石对降低透光率起着主要作用，因此提高瓷器透光度的主要方法是提高玻璃含量，减少莫来石含量。

（3）釉面光泽度

陶瓷表面的光泽度是由入射光线形成的镜面反射决定的。而镜面反射主要取决于材料表面粗糙度与材料的折射率。为了获得高光泽度的陶瓷釉面，通常在釉料中加入折射率大的组分。

影响光泽度的主要因素：釉的折射率与釉表面的光滑平整度。当折射率高或釉面平整光滑时，光线以镜面反射为主，光泽度就高；反之，则以漫反射为主，光泽度就差。

二、陶瓷包装容器的分类和应用

陶瓷包装容器按原来及坯体致密度可以分为以下种类。

（1）粗陶器

粗陶器是最原始最低级的陶瓷器，一般以一种易熔黏土制造。在某些情况下也可以在黏土中加入熟料或砂与之混合，以减少收缩。这类制品的烧成温度变动很大，要依据黏土的化学组成所含杂质的性质与多少而定。烧成后坯体的颜色，决定于黏土中着色氧化物的含量和烧成气氛，在氧化焰中烧成多呈黄色或红色，在还原焰中烧成则多呈青色或黑色。粗陶器结构较为疏松，致密度较差，不透明、有一定吸水率，断面粗糙无光，敲之声音粗哑，通常用作缸器，吸水率一般要保持5%~15%之间。

（2）精陶器

精陶器按坯体组成的不同，又可分为：黏土质、石灰质，长石质、熟料质四种。黏土质精陶接近普通陶器。石灰质精陶以石灰石为熔剂，其制造过程与长石质精陶相似，而质量不及长石质精陶。长石质精陶又称硬质精陶，以长石为熔剂，是陶器中最完美和使用最广的一种。熟料精陶是在精陶坯料中加入一定量熟料，目的是减少收缩。

（3）瓷器

瓷器是陶瓷器发展的更高阶段。瓷器为白色，表面光滑，吸水率为0~0.5，基本上不吸水，具有半透明特性，断面呈石状或贝壳状，主要用于包装容器和家用器皿。

硬质瓷性能最好，坯体已完全烧结，完全玻化，因此很致密，对液体和气体都无渗透性，胎薄处半透明，断面呈贝壳状。软质瓷（soft porcelain）的熔剂较多，烧成温度较低，因此机械强度不及硬质瓷，热稳定性也较低，但其透明度高，富于装饰性，所以多用于制造艺术陈设瓷。至于熔块瓷（Fritted porcelain）与骨灰瓷（bone china），它们的烧成温度与软质瓷相近，其优缺点也与软质瓷相似，应同属软质瓷的范围。这两类瓷器由于生产中的难度较大（坯体的可塑性和干燥强度都很差，烧成时变形严重），成本较高，生产并不普遍。英国是骨灰瓷的著名产地，我国唐山也有骨灰瓷生产。

（4）炻器

炻器在我国古籍上称“石胎瓷”，是介于陶器和瓷器之间的一种制品，分为粗炻器和细炻器两种，主要用作缸坛容器。炻器坯体致密，已完全烧结，这一点已很接近瓷器。但它还没有玻化，仍有2%以下的吸水率，坯体不透明，对原料纯度的要求不及瓷器那样高，原料获取容易。炻器具有很高的强度和良好的热稳定性，很适应于现代机械化的洗涤方式，并能顺利地通过从冰箱到烤炉的温度急变，在国际市场上由于旅游业的发达和饮食的社会化，炻器比之搪瓷陶具有更大的销售市场。

根据使用特点不同，常见日用陶瓷包装容器又包括餐具、茶具、缸，坛、盆、罐、盘、碟、碗等。

三、陶瓷包装容器的生产工艺流程

陶瓷容器的生产过程，一般要经过原料的制备、坯体成型、坯体的干燥烧成和施釉几个阶段。即：备料—成型—干燥烧成—施釉—检验。

（一）陶瓷坯料的烧成

陶瓷坯料熔制过程中要经过一系列物理化学变化，按照温度变化可以分为：低温阶段（温度低于300℃），此阶段脱分子水；坯体质量减小，气孔率增大；

中温阶段（温度介于300℃ ~950℃），此阶段石英相变和非晶相形成；

高温阶段（温度大于950℃），此阶段各种反应完全并在高温状态保温一定时间，通常来说，一般陶器：温度1150℃ ~1250℃，保温时间1h；精陶：温度1220℃ ~1250℃，保温时间2h ~3h；日用瓷：温度1280℃ ~1400℃，保温时间1h ~2h；釉面砖：温度1150℃ ~1250℃，保温时间1min；

冷却阶段：急冷（温度大于850℃）→缓冷（850℃ ~400℃）→终冷（室温）

（二）陶瓷包装容器的成型加工

陶瓷器在焙烧与彩饰之前，需要采用不同的成型方法制成坯体。依照包装容器形状的不同，成型方法主要分为三大类。

1. 可塑法成型与加工

以手捏、雕塑、模压和滚压等方式，将泥料成型为一定形态的实体后，再进行焙烧等的加工方法称为可塑法。其工艺流程为：成型→干燥→脱模→干燥→修坯→素烧→施釉→清理→检验。该方法适用于坯料含水量 <26%，主要用于盘状、杯状的陶瓷包装容器的成型。不同产品采用的成型工艺也不相同：

（1）挤压成型：管形陶瓷。

（2）车坯成型：复杂柱形。

（3）旋坯成型：杯、盘子、碟子等，分为内旋和外旋。

（4）滚压成型：目前采用较多的方法，由旋坯发展而来，分为内滚和外滚。

2. 空心注浆法成型与加工

坯料含水量<38%，适于制造外廓复杂或呈细颈瓶型陶瓷包装容器。方法是将泥浆注入石膏模内，利用石膏的吸水性使泥浆分散粘附在模壁上，干燥收缩后脱模取出。成型时在石膏模具内注满泥浆，靠近模壁处的泥浆水分被模型吸收而形成泥层，待泥层达到坯体所要求厚度时，再倒出多余的泥浆，坯体逐渐随模具干燥。最后脱模取出坯体。显然，坯体的外形取决于模具内壁的形状，坯体的厚度取决于泥浆在模具内停留的时间。

3. 压制成型法

压制成型法是将配合料置入金属模具中，加压、脱模、成型。坯料含水量<3%。压制成型可进一步分为干压法和等静压法。

（三）陶瓷坯体的干燥烧成

干燥是排除坯体中水分的工艺过程。在干燥以后要进行烧成。所谓烧成，是指对成型干燥后的陶瓷坯体进行高温处理的工艺过程。

烧成分为一次烧成和二次烧成。一次烧成即瓷釉一次烧成，特点是工艺流程简化；劳动生产率高；成本低，占地少；节约能源。二次烧成即先素烧后施釉。特点是避免气泡，增加釉面的白度和光泽度；素烧可增加坯体的强度，适应施釉、降低破损率；成品变形小，（因素烧已经收缩）；可降低次品率。

（四）陶瓷包装容器的修饰

1. 施釉

为使陶瓷容器表面具有一定的硬度、光洁度和不吸水性，必须进行单面施釉。釉是熔融在陶瓷制品表面上一层很薄而均匀的玻璃质层。以玻璃态薄层施敷的釉层，不仅可以提高制品的机械强度，防止渗水和透气。同时也赋予制品平滑光亮的表面，增加制品的美感并保护釉下装饰。

釉料用量一般占烧成制品量的5%～9%。坯体成分可以分类瓷釉和陶釉；按制备方法可以分为生料釉、熔块釉、盐釉。按釉的成熟温度还可以分为高温釉（$T \geqslant 1250$℃）、中温釉（1150℃～1250℃）和低温釉（$T \leqslant 1100$℃）。当包装容器阻隔性要求较高时，还可在容器内表面施釉。

普通釉料分为白釉和色釉。白色瓷器给人以洁净之感，适用于包装药品和酒类商品。色釉是在白釉加入适量的焙烧而成的陶瓷颜料，操作较为简便，成本也不高。除可遮盖坯体上的缺陷以外，具有良好的装饰效果。目前，新型陶瓷颜料和色釉的品种不断出现，因而可制作出五彩缤纷的陶瓷包装容器。

2. 彩绘

在生坯体或家烧坯体上彩绘，然后施加一层透明釉再进行釉烧的方法，称为釉下彩绘。而在釉烧坯体上用低温颜料彩绘，然后在低于釉烧的温度下（600℃ ~ 900℃）彩烧，称为釉上彩绘。这两种彩绘多是采用手工绘画，育花瓷、釉里红是我国名贵的传统釉下彩绘制品。还有一种价廉、简便的装饰方法叫做贴花，它是将印有图案的塑料膜或花纸用胶直接贴在陶瓷容器的表面上。此种方法更适用于包装容器的装饰。

第二节　食品用陶瓷包装材料及制品标准及法规

一、国内外陶瓷包装制品标准概况

（一）我国主要陶瓷包装容器产品标准

我国目前主要陶瓷食品包装制品标准如表6－1所示。

表6－1　陶瓷包装容器主要产品标准

标准号	标准名称	说明
GB/T 13522—2008	骨质瓷器	适用于以磷酸三钙为主要成分的日用骨质瓷器
GB/T 3532—2009	日用瓷器	适用于日用细瓷、普瓷、炻器类产品；不适用于另有制定国家标准和行业标准的产品。按产品等级分为优等品、一等品、合格品
GB/T 10816—2008	紫砂陶器	
QB/T 1222—1991	普通陶器缸类	适用于普通陶器缸类，按产品外观质量分为一级品、二级品、三级品、四级品
QB/T 3732. 3—1999	普通陶器包装坛类	只适用于普通陶器包装坛类，按容量分为小型、中型、大型，按外观质量可分为一级品、二级品、三级品
GB/T 10815—2002	日用精陶器	
GB/T 10813. 4—1989	青瓷系列标准 食用青瓷包装容器	
GB/T 10811—1989	青花日用细瓷器	

续表

标准号	标准名称	说明
GB/T 10812—1989	青花玲珑日用细瓷器	
QB/T 2579—2002	普通陶瓷烹调器	胎体质地、防渗漏性一般、耐热性能一般，热稳定性温差不低于280℃（按中、小型产品判定）的陶瓷烹调器皿
QB/T 2580—2002	精细陶瓷烹调器	胎体细腻、釉面光润、防渗漏性能好、耐热性能高、热稳定性温差不低于380℃的陶瓷烹调器皿
QB/T 10814—2009	建白日用细瓷器	

（二）国际陶瓷容器类相关法令和标准

自20世纪50年代末开始，美国FDA、欧盟委员会及欧盟成员国陆续颁布了一系列食品接触材料与制品安全性的相关法令，其中涉及陶瓷日用产品的检测标准亦相当多，中国作为陶瓷制品第一出口大国，必须明确这些标准的具体要求，保证出口产品质量符合当地规定。见表6-2。

表6-2　主要国家日用陶瓷制品相关检验标准

国家	标准
美国	《符合性政策指南》中的CPG 7117.06和CPG 7117.07以法规的形式对日用陶瓷中镉和铅的溶出作出的规定 ASTM C 675—1991《可反复使用的饮料瓶（玻璃容器）上陶瓷装饰耐碱性的标准试验方法》 ASTM C676—2004《玻璃餐具上陶瓷装饰耐洗涤性的标准试验方法》 ASTM C 735—2004《可反复使用的饮料瓶（玻璃容器）上陶瓷装饰耐酸性的标准试验方法》 ASTM C 927—1980《外表用陶瓷玻璃釉装饰的玻璃酒杯杯口及外缘析出铅和镉的试验方法》 ASTM C 1466—2000《用石墨原子反应堆吸收光谱法测定陶瓷餐具中铅镉溶出的标准试验方法》 ASTM C 1607—2006《陶瓷器皿在微波炉中加热安全性标准测试方法》

续表

国家	标准
日本	《陶瓷制品安全标志管理委员会管理规则》 JIS S 2400—2000《耐热陶瓷餐具》 JIS S 2401—1991《骨瓷制餐具》
欧盟	84/500/EEC 指令《关于与食物接触的陶瓷制品分析方法标准的采纳和执行声明》（2005/31/EC 指令对其修订） EN1388－1—1996《与食品接触的材料和物品 硅酸盐表面 第 1 部分：陶瓷品中铅和镉溶出量的测定》 EN1388－2—1996《与食品接触的材料和物品 硅酸盐表面 第 2 部分：陶瓷品之外的硅酸盐表面铅和镉溶出量的测定》

国际上对陶瓷产品的检测和监管主要集中在陶瓷铅、镉溶出限量方面。2009 年 11 月 10 日，欧盟 RASFF 通报：湖南省瑞祥瓷业有限公司生产的出口到芬兰烤外花白瓷杯铅溶出量超标，根据芬兰实验室的检测，判定产品外口沿铅溶出量不符合芬兰国贸易和工业部门制订的 268/1992 决定和欧盟 1935/2004/EC 法规。经查实，由于合同约定铅、镉溶出量检测标准为 2005/31/EC，而 2005/31/EC 无口沿相关要求，因而未检测口沿铅含量。1935/2004/EC 规则是 2005 年欧盟颁布的针对与食品接触物质的法律框架指令，该指令指定的陶瓷铅镉溶出测试方法及限量为 2005/31/EC。2005/31/EC 标准是对 84/500/EEC 标准的修订，上述标准并没有对陶瓷产品口沿的检测方法及相应允许极限提出要求。而芬兰国贸易和工业部门 268/1992 决定中指明了重金属转移的最大水平，虽然该法规只对产品内表面有检测要求，不与食品接触的口沿外部表面没有要求，但通报显示芬兰对“与食物接触部位”的理解，已提高到口沿与嘴唇接触的部位，从而导致被欧盟通报。

随着国际贸易竞争的日益激烈和对食品安全问题的重视，许多国家对陶瓷制品的质量问题都做了更为严格的要求。

（1）2009 年 7 月 30 日，美国众议院通过了《食品安全改进法案》（H. R. 2749 RFS），该法案对现有的美国联邦《食品、药品和化妆品法案》作出了 70 年来最大的修订，对食品监管的全过程都进行了修正和加强，将给食品及食品接触容器企业带来深远的影响。该法案包括了含铅釉陶瓷餐厨具新声明规定，要求如果使用了含铅釉或装饰物的陶瓷餐厨具，必须在产品及其包装上声明：“本产品制造时带有的含铅釉，符合 FDA 有关铅的指南要求”或“本产品符合《美国联邦法规》第 21 卷第 109. 16 节（或任何后续法规）中适用于修饰和装饰性陶瓷产品的规定的要求”。

（2）2009 年 11 月，欧盟委员会对第 84/500/EEC 号指令《关于与食品接触的瓷器制品的性能标准与合格声明》进行了修订。新指令对仪器分析方法检出的与食品接触瓷器制品铅和镉的限量标准由原来的 4. 0mg/L、0. 3mg/L 分别修订为 0. 2mg/L、0. 02mg/L，提高了此类产品进入欧盟市场的门槛。该指令指出，从 2010 年 5 月 20 日起，不符合该指令的瓷器制品将禁止生产和进口。新指令对在欧盟产销的、可能与食品接触的瓷器制品，提出须附有生产商和销售商提供的书面声明，注明瓷器最终制品生产厂家和欧盟进口商的身份和地址、瓷器制品的特性、日期及声明符合相关要求。此次指令的发布实施，势必对辖区出口陶瓷企业造成更大的出口压力。

（3）芬兰国贸易和工业部门268/1992决定中指明了重金属转移的最大水平，虽然该法规只对产品内表面有检测要求，对不与食品接触的口沿外部表面没有要求，但芬兰对“与食物接触部位”的理解，已提高到口沿与嘴唇接触的部位。

（4）厄瓜多尔标准协会（INEN）以“保护人类健康和安全，防止由使人误解的广告或标签引起的欺诈行为或虚假说明，以及保护环境”为由计划在2009年2月7日份开始对国内生产或进口的陶瓷餐具、厨房器具、其他家庭用品及盥洗室用具实施产品认证。

二、常用陶瓷包装制品标准及指标

（一）日用瓷器

日用瓷器是对日用陶瓷包装制品的总称，CCGF213.1—2010《日用陶瓷产品质量监督抽查实施规范》中规定：日用陶瓷是以黏土类及其他天然矿物岩石为原料经加工烧制成的上釉或不上釉。

供日常生活使用的各类陶瓷产品按使用功能可分为：①盛装食品类产品指用于短期盛装食品的陶瓷产品，如盘、碗、碟、杯等；②烹饪食品类产品指用于明火或电加热烹饪食品的陶瓷产品，如烹调器、炖锅等；③包装食品类产品是用于长期包装食品的产品，如酒瓶、菜坛等。

陶瓷制品按形状可分为：①扁平制品——内深小于25mm的陶瓷制品；②空心制品——内深大于或等于25mm的陶瓷制品。

陶瓷制品按容量大小又分为：①大空心制品——容量大于或等于1100mL；小空心制品——容量小于1100mL。

表6-3为GB/T 3532—2009《日用瓷器》标准，该标准适用于一般陶瓷日用瓷器，对于另有制定国家标准和行业标准的产品不适用。

表6-3 GB/T 3532—2009《日用瓷器》

项目		指标
吸水率		细瓷类产品不大于0.5%，普瓷类产品不大于1.0%，拓器类产品不大于5.0%
抗热震性	成套	180℃至20℃热交换一次不裂
	非成套	小中型产品180℃至20℃热交换一次不裂，大、特型产品160℃至20℃热交换一次不裂

续表

<table>
<tr><th>项目</th><th colspan="5">指标</th></tr>
<tr><td rowspan="7">铅、镉溶出量</td><td rowspan="2">器型</td><td colspan="2">非特殊装饰产品</td><td colspan="2">特殊装饰产品</td></tr>
<tr><td>铅/（mg/L）</td><td>镉/（mg/L）</td><td>铅/（mg/L）</td><td>镉/（mg/L）</td></tr>
<tr><td>扁平制品</td><td>5.0</td><td>0.50</td><td>7.0</td><td>0.50</td></tr>
<tr><td>除杯类以外的小空心制品</td><td>2.0</td><td>0.30</td><td>5.0</td><td>0.50</td></tr>
<tr><td>杯类</td><td>0.5</td><td>0.25</td><td>2.5</td><td>0.25</td></tr>
<tr><td>除罐以外的大空心制品</td><td>1.0</td><td>0.25</td><td>2.5</td><td>0.25</td></tr>
<tr><td>罐</td><td>0.5</td><td>0.25</td><td>1.0</td><td>0.25</td></tr>
<tr><td></td><td>优等品</td><td colspan="2">一等品</td><td colspan="2">合格品</td></tr>
<tr><td>白度</td><td>≥70.0</td><td colspan="2">≥60.0</td><td colspan="2">≥55.0</td></tr>
<tr><td>光泽度</td><td colspan="3">≥85.0</td><td colspan="2">≥80.0</td></tr>
<tr><td>色差</td><td>≤1.0</td><td colspan="2">≤2.0</td><td colspan="2">≤3.0</td></tr>
<tr><td>微波炉适应性</td><td colspan="5">产品标明微波炉适用时，按 GB/T 3532—2009《日用瓷器》6.6 规定试验方法，一次循环不裂和无电弧产生</td></tr>
<tr><td>冰箱到微波炉适应性</td><td colspan="5">产品标明微波炉适用时，按 GB/T 3532—2009《日用瓷器》6.7 规定试验方法，一次循环不裂和无电弧产生</td></tr>
<tr><td>冰箱到烤箱适应性</td><td colspan="5">产品标明烤箱适用时，按按 GB/T 3532—2009《日用瓷器》6.8 规定试验方法，一次循环不裂</td></tr>
<tr><td rowspan="3">产品规格误差</td><td>口径误差</td><td colspan="4">口径大于 200mm，误差允许 ±1%；
口径在 60mm ~ 200mm 间的误差允许 ±1.5%；
口径小于 60mm 的误差允许 ±2.0%</td></tr>
<tr><td>高度误差</td><td colspan="4">±3.0%</td></tr>
<tr><td>质量误差</td><td colspan="4">±6.0%</td></tr>
<tr><td>外观质量</td><td colspan="5">产品不允许有炸釉、磕碰、裂穿和渗漏缺陷；
成套产品的釉色、花面色泽应基本一致；
产品的底沿应磨光、放在平面上应平稳；
有盖产品的盖与口应吻合，倾斜 70℃ 时不脱落，当盖子向一方移动时，盖子与壶口的距离不超过 3mm，壶嘴的口部不低于壶口 3mm. 底部标志应正确、清晰，不得有明显歪斜与偏心；
产品各等级的外观缺陷应符合 GB/T 3532—2009《日用瓷器》表 3 的规定</td></tr>
</table>

（二）包装坛

坛类属于陶瓷制品中陶器类。以黏土和砂土为主要原料，质地一般，烧成温度600℃左右，结构不够致密，吸水率高。外形不够美观，表面粗糙，多为赤褐色。我国一些地方风味的酱菜、调味品，至今仍然采用古色古香、乡土气息浓厚的陶器包装。尤其是我国一些高档名酒，采用陶器包装也极具特色。粗陶包装已逐渐成为具有中国传统文化象征意义的器具。各种包装坛器具见图6－1，指标和技术要求见表6－4。

图6－1　各种包装坛类

表6－4　QB/T 3732.3—1999《普通陶器　包装坛类》

指标	技术要求
吸水率	≤10%
铅、镉溶出量	与食物接触面的铅溶出量不大于5mg/L，镉溶出量不大于0.5mg/L
渗漏	凡一、二级品不得有裂穿和渗漏现象，三级品允许经修理后不得有渗漏现象
外观缺陷	产品根据表2规定的缺陷范围分级
	a 一级品每件产品不得超过3种缺陷
	b 二级品每件产品不得超过4种缺陷
	c 三级品每件产品不得超过5种缺陷

QB/T 3732.3—1999只适用于普通坛类容器，坛类容器多为粗陶器，吸水率较高。

（三）紫砂陶器

紫砂陶器产品呈赤褐、淡黄、绿、紫、黑等色。原料为紫砂矿，属粉砂质沉积岩，以硅、铝和铁为主，紫砂泥中以石英、高岭土、赤铁矿和云母为主。由于紫砂泥具有质地细腻，可塑性强，结合力高，缩性小（约 <2%）、变形小的优点，所以，制品形体规整，精细多变。多用来制作中、小型日用器皿和陈设陶器，如小型单壶（执壶）、茶具、花瓶、花钵、水坛等。见图 6-2。

紫砂陶器用氧化焰烧成，一般烧成温度介于 1100℃ ~1200℃。有一定的吸水性，气孔率介于陶器和瓷器之间。

图 6-2 紫砂壶和紫砂煲

GB/T 10816—2008《紫砂陶器》中对紫砂产品的技术要求见表 6-5。

表 6-5 GB/T 10816—2008《紫砂陶器》

理化性能	吸水率：壶类、杯类、盘碟类、蒸（汽）锅类：2.5% ~6.0%
	抗热震性：180℃至 20℃水中热交换一次不裂
	口径或高度误差：±2.0%
	有盖产品的盖与口应吻合
	壶类产品倾斜 70°时，盖子不应脱落
	成套产品的色泽应基本一致
	除花盆类以外的所有等级产品不应有渗漏、磕碰缺陷
	所有产品表面装饰不得采用有机物加工处理
外观质量	产品外观质量应符合 GB/T 10816—2008 规定要求
卫生指标	铅、镉溶出量允许极限按 GB 12651 规定执行

表 6-6 GB/T 10816—2008 中外观缺陷

序号	缺陷名称	单位	型号	一级品	二级品	三级品
1	底裂	长度，mm	小型	不超过直径的 13%，裂宽 ≤1.0	不超过直径的 26%	不超过直径的 36%
			中型	不超过直径的 14%，裂宽 ≤1.5	不超过直径的 28%	不超过直径的 38%
			大型	不超过直径的 15%，裂宽 ≤1.5	不超过直径的 30%	不超过直径的 40%

续表

序号	缺陷名称	单位	型号	一级品	二级品	三级品
2	底周裂	长度，mm	小型	不超过周长的13%	不超过周长的26%	不超过周长的36%
			中型	不超过周长的14%	不超过周长的28%	不超过周长的38%
			大型	不超过周长的14%	不超过周长的30%	不超过周长的40%
3	身裂	长度，mm	小型	≤30	≤60	≤90
			中型	≤40	≤80	≤120
			大型	≤50	≤100	≤150
4	沿裂	长度，mm	小型 中型 大型	颈条内限40 颈上部、外部不许可	长60，限一处	裂纹不到坛身
5	底角裂	长度，mm	小型	≤30，裂宽≤1.0，限2处	≤40，裂宽≤2.0，限3处	不太严重
			中型	≤40，裂宽≤1.5，限2处	≤50，裂宽≤2.5，限3处	
			大型	≤50，裂宽≤1.5，限2处	≤60，裂宽≤2.5，限3处	
6	口部变形	长度，mm	小型 中型 大型	不超过口径的5%	不超过口径的7.5%	不超过口径的10%
7	磕碰	面积，mm^2	小型	总面积≤100，深度≤3mm	总面积≤250，深度≤3mm	总面积≤500，深度≤5mm
			中型	总面积≤100，深度≤3mm	总面积≤500，深度≤3mm	总面积≤1200，深度≤8mm
			大型	总面积≤400，深度≤8mm	总面积≤900，深度≤8mm	总面积≤2000，深度≤10mm
8	欠火		小、中、大型	不明显	不太明显	不太严重
9	火刺	面积，mm^2	小、中、大型	不超过坛体面积的1/3	不超过坛体面积的1/2	不太严重

续表

序号	缺陷名称	单位	型号	一级品	二级品	三级品
10	坯爆		小、中、大型	身部、肩部不许可	身部、肩部不许可	不太严重
11	坯泡	高度，mm	小型	≤4，限 2 处	≤6，限 3 处	≤10，限 4 处
			中型	≤5，限 2 处	≤7，限 3 处	≤11，限 4 处
			大型	≤6，限 2 处	≤8，限 3 处	≤12，限 4 处
12	烟熏		小、中、大型	釉面有光泽	釉面略暗	釉面灰暗
13	粘疤	面积，mm^2	小型	外部≤400，内部≤200	外部≤800，内部≤400	外部≤1200，内部≤600
			中型	外部≤700，内部≤300	外部≤1400，内部≤600	外部≤2100，内部≤900
			大型	外部≤1000，内部≤400	外部≤2000，内部≤800	外部≤3000，内部≤1200
14	身部变形	深度，mm	小型	≤10	≤12	≤20
			中型	≤12	≤15	≤25
			大型	≤15	≤20	≤30
15	熔洞	直径，mm	小、中、大型	≤8，限 3 处	≤10，限 4 处	≤15，限 5 处

由于声称天然无污染、富含矿物质、补铁补血、有益身体健康等优点，紫砂煲系列产品在推向市场后一直颇受欢迎。2009 年，央视《每周质量报告》曝光某品牌紫砂煲内胆由普通黄土添加化学原料制成，并非天然紫砂，不但无紫砂之保健功能，反而可能给人体健康造成一定危害，一时间多种知名品牌的紫砂煲产品大量下架，紫砂有益健康的说法被证明是一个用来勾起消费者购买欲望的谎言。此次紫砂煲事件引起了消费者的恐慌和专家的热烈讨论，有制陶专家指出，纯料紫砂土其导热性不如陶土好，骤冷骤热也会引起爆裂，需添加耐火耐热材料烧制，所以盲目的相信紫砂功效是错误的。某公司售价上千元、宣称“选用纯正紫砂烧制”的内胆，实际上是用田土、黑土和黄土等添加铁红粉、二氧化锰等化学颜料配制加工而成的“伪紫砂”。

从食品安全角度讲，二氧化锰和氧化镍等化工原料都有一定毒性，是否对人体构成危害与剂量有关。

“铁红粉”也叫“红土”，化学名称为三氧化二铁，溶于酸，着色力和遮盖力强，无油渗性和水渗性，主要用于油漆、橡胶、塑料和建筑的着色，是一种化工原料。

二氧化锰常用于干电池中，具有毒性和致癌性、致畸性，还会对人的大脑造成损伤。氧化镍也同样具有毒性，长期接触，易导致过敏性肺炎、支气管炎等。孕妇食入后，即使剂量很小，也容易导致早产和流产。

目前并没有行业标准明确对紫砂煲的材质问题做出规定，GB/T 10816—2008《紫砂陶器》标准中也仅规定铅、镉溶出量允许极限参照 GB 12651 规定执行，对于紫砂食具容器类的相关安全标准还有待进一步完善。

（四）骨质瓷器

骨质瓷学名骨灰瓷，最早产生于英国，是以动物的骨炭、黏土、长石和石英为基本原料，经高温素烧和低温釉烧两次烧制而成的瓷器，目前主要用于高档瓷质餐饮具，根据英国所设骨瓷标准，应含有30%来自动物骨骼中的磷酸三钙，且成品具有透光性，方称为骨瓷。

由于骨灰瓷原料中含有大量的骨粉，使得黏土的黏性变小、故在制作过程中，成形制作需格外的细心。成形后以1250℃的高温烧成，由于骨瓷收缩率非常大，故窑烧后成品会收缩20%（一般瓷器收缩7%），因此形状易变形，盘、碗等必须放在特制模具之上来长时间烧焙。骨瓷上色方法，是在白色质地成品上贴纸，以820℃烧制而成。见图6-3。

图6-3 骨瓷茶具

表6-7 GB/T 13522—2008《骨质瓷器》

项目		指标
吸水率		不大于0.5%
抗热震性	成套	140℃～20℃热交换一次不裂
	非成套	140℃～20℃热交换一次不裂
白度		不低于80%
磷酸三钙		素胎中磷酸三钙含量不低于36%
规格误差	口径误差	口径大于200mm的误差允许±1.0%，口径在60mm～200mm的误差允许±1.5%，口径在60mm一下的误差允许±2.0%
	高度误差	允许±2.0%
	质量误差	小、中型产品允许±5.0%，特型产品允许±3.0%
外观质量		产品不允许有炸釉、磕碰、裂穿和渗漏缺陷； 瓷质细腻，釉面滋润，透明度好； 成套产品的釉色、花面色泽应基本一致； 产品的底沿应磨光、放在平面上应平稳； 有盖产品的盖与口应吻合，倾斜70℃时不脱落，当盖子向一方移动时，盖子与壶口的距离不超过3mm，壶嘴的口部不低于壶口3mm； 底部标志应正确、清晰，不得有明显歪斜与偏心； 产品各等级的外观缺陷应符合GB/T 13522—2008表2的规定

GB/T 13522—2008 标准中磷酸三钙含量规定为不低于 36%，高于日本 JIS 3401—1999《骨灰瓷餐具》中 30% 以上的要求，抗热震性试验中规定试验方法更为严格，各类骨质瓷的铅、镉溶出限要求也要严于 JIS 3401—1999。

（五）建白日用细瓷器

表 6－8　GB/T 10814—2009《建白日用细瓷器》

项目	技术要求
吸水率	不大于 0.5%
抗热震性:	成套或系列产品，180℃～20℃热交换一次不裂
	非成套或系列产品，小、中型产品 180℃～20℃热交换一次不裂，大型产品 160℃～20℃热交换一次不裂
白度	≥75.0
光泽度	≥85.0
色差	≤1.0
铅、镉溶出量	符合 GB 12651 规定
微波炉适应性	产品标明微波炉适用时，按 GB/T 10814 的 6.6 规定试验方法，一次循环不裂和无电弧产生
冰箱到微波炉适应性	产品标明微波炉适用时，按 GB/T 10814 的 6.7 规定试验方法，一次循环不裂和无电弧产生
冰箱到烤箱适应性	产品标明烤箱适用时，按 GB/T 10814 的 6.8 规定试验方法，一次循环不裂
口径误差	口径大于 200mm，误差允许 ±1%
	口径在 60mm～200mm 间的误差允许 ±1.5%
	口径小于 60mm 的误差允许 ±2.0%
高度误差	±1.5%

（六）普通陶瓷烹调器

QB/T 2579—2002《普通陶瓷烹调器》规定了普通陶瓷烹调器是胎体质地、防渗漏性一般，耐热性能一般，热稳定性温差不低于 280℃（按中、小型产品判定）的陶瓷烹调器皿。产品按其外口径或容量分为小、中、大型，按外观质量要求分为优等品、一等品、合格品，外观缺陷要求见标准 QB/T 2579—2002 的 5.1.1 所示。产品配件（包括耳、把、纽等）应与主体基本适应并牢固。微波炉专用产品不得有金属装饰和金属附件；

产品热稳定性（不包括盖）：中、小型产品自 300℃～20℃热交换一次胎不裂；大型产品自280℃ ~20℃热交换一次胎不裂；

铅、镉溶出量应符合 GB 8058—2003 的规定；

产品在规定时间内盛水不得渗漏；

与电加热器配套使用的产品，其底部与电加热板应基本吻合，底部不平度应不大于0.5 mm。

（七）精细陶瓷烹调器

QB/T 2580—2002《精细陶瓷烹调器》规定了精细陶瓷烹调器是胎体细腻、釉面光润、防渗漏性能好、耐热性能高、热稳定性温差不低于380℃（按中、小型产品判定）的陶瓷烹调器皿。

产品按其外口径或容量分为小、中、大型，按外观质量要求分为优等品、一等品、合格品，外观缺陷要求见标准 QB/T 2580—2002 的5.1.1 所示。

产品配件应与主体基本适应并牢固。微波炉专用产品不得有金属装饰和金属附件。

产品热稳定性（不包括盖）中、小型产品自400℃ ~20℃热交换一次胎不裂；大型产品自350℃ ~20℃热交换一次胎不裂；

铅、镉溶出量应符合 GB 8058—2003 的规定；

产品在规定时间内盛水不应渗漏；

与电加热器配套使用的产品，其底部与电加热板应基本吻合，底部不平度应不大于0.5mm。

三、常用陶瓷包装制品的卫生标准及指标

铅和镉是釉料和釉上颜料中常常采用的金属元素，在酸液作用下会不断溶出。如盛菜的盘、碗等，铅、镉会被菜中的草酸醋酸溶解，铅、镉元素随食物进入人体后不能排泄出来，长期积累至一定含量就会对人体健康造成危害。随着技术进步和对健康问题的关注，人们对日用陶瓷铅、镉溶出量提出了更严格的要求。因此铅、镉溶出量是一项关系人体健康的重要安全卫生指标，也是日用陶瓷标准中的强制性指标。

表6-9　GB 13121—1991《陶瓷食具容器卫生标准》

感官指标	理化指标	
	项目	指标
内壁表面光洁、釉彩均匀，花饰无脱落现象	铅（Pb，4%乙酸浸泡液中），mg/L	≤7
	镉（Cd，4%乙酸浸泡液中），mg/L	≤0.5

GB 13121—1991《陶瓷食具容器卫生标准》对陶瓷铅、镉溶出限作了明确规定，它适用于以黏土为主，加入长石、石英调节其工艺性能并挂上釉彩后经高温烧

制的粗陶、精陶和瓷质的各种食具、如陶瓷碗、杯、碟类，但不包括陶瓷烹调容器。

世界各国对铅、镉溶出量均有严格的限制标准。如中国高级日用细瓷产品质量标准中规定“与食品接触的产品表面铅溶出量不得超过百万分之七（≤7 mg/kg）”，欧美等国家对此有更严格的要求。要使含铅的釉料、彩料的铅溶出量等于零几乎是不可能的，但是可以采取适当措施使铅溶出量降到最低限度。

中国、美国、英国及 ISO 对日用陶瓷铅、镉溶出量指标的规定见表 6－10 ~ 表6－14。

1. 中国

（1）GB 12651—2003《与食物接触的陶瓷制品铅、镉溶出量允许极限》规定任何单一制品铅、镉溶出量的允许极限值不超过表 6－10 给定值。

表 6－10　GB 12651—2003《与食物接触的陶瓷制品铅、镉溶出量允许极限》

器型	非特殊装饰产品		特殊装饰产品	
	铅/（mg/L）	镉/（mg/L）	铅/（mg/L）	镉/（mg/L）
扁平制品	5.0	0.50	7.0	0.50
除杯、大杯以外的小空心制品	2.0	0.30	5.0	0.5
杯、大杯	0.5	0.25	2.5	0.25
除罐以外的大空心制品	1.0	0.25	2.5	0.25
罐	0.5	0.25	1.0	0.25

该标准适用于与食物接触的瓷器、炻器，有釉和无釉制品，不适用于食品制造工业、包装和陶瓷烹调器。

（2）GB 14147—1993《陶瓷包装容器铅、镉溶出量允许极限》适用于包装食物用的缸、坛、罐、瓶类陶瓷包装容器，标准中规定当采用 GB 3534 标准规定的检测方法测定时，任何单一制品与食物接触面的铅、镉溶出量允许极限值：Pb≤1.0mg/L；Cd≤0.10mg/L。

（3）GB 8058—2003《陶瓷烹调器铅、镉溶出量允许极限和检测方法》规定了陶瓷烹调器类（包括普通陶瓷烹调器和精细陶瓷烹调器）的铅、镉溶出量的允许极限值为铅小于等于 3.0mg/L，镉小于等于 0.30mg/L。

2. 美国

（1）美国 FDA（CPG 7117.0.6.7117.07 准则）对日用陶瓷铅、镉溶出量的允许限量要求见表 6－11。

表 6 - 11

器型		运算基数	Pb/（mg/L）	Cd/（mg/L）
扁平≤25mm		六件中的任何一件	3.0	0.5
小空心 >25mm，<1.1L	杯、大杯		0.5	0.5
	其他小空心		2.0	0.5
大空心 >25mm，<1.1L	罐		0.5	0.25
	其他大空心		1.0	

（2）美国加州 PROP 65 准则指标，见表 6 - 12。

表 6 - 12

器型	运算基数	Pb/（mg/L）	Cd/（mg/L）
扁平≤25mm	六件中的任何一件	0.226	3.164
小空心 >25mm，<1.1L		0.1	0.189
大空心 >25mm，<1.1L		0.1	0.049

该项要求是世界上目前已颁布的对日用陶瓷铅、镉溶出量限量最严格的指标，所用日用陶瓷产品在该地区销售时，都应符合该地区的标准限量要求。

3. 英国

BS 6748：1986 指标，见表 6 - 13。

表 6 - 13

器型	单位	Pb	Cd
类型 1（扁平≤25mm）	mg/dm^2	0.8	0.07
类型 2（空心，不属于 1 和 3）	mg/L	4.0	0.3
类型 3（容量 >3 升和烹调器）	mg/L	1.5	0.1

表 6 - 13 中扁平类制品的溶出量按面积计算，其他器型按容量计算。

4. ISO

国际标准（ISO 6486 - 2：1999）要求见表 6 - 14。

表 6 - 14

器型	运算基数	单位	Pb	Cd
扁平	平均不大于	mg/dm^2	0.8	0.07

续表

器型	运算基数	单位	Pb	Cd
小空心	任一件不大于	mg/L	2	0. 5
大空心		mg/L	1	0. 25
存贮容器		mg/L	0. 5	0. 25
杯和大杯		mg/L	0. 5	0. 25
烹调器皿		mg/L	0. 5	0. 05

通过比较可以看出，美国加州地区的限量要求最高，我国 GB 12651 标准和美国 FDA 要求比较接近，总体上严于欧盟、英国和 ISO 国际标准，这些标准在器型单列和计算单位方面也存在差别。

在我国，每年因日用陶瓷铅、镉溶出量超标引起曝光和投诉的例子不胜枚举，主要原因是生产企业在产品用料和生产过程中的质量控制不到位，对产品销售地域的铅、镉溶出量限量要求不明确，因此企业在接单和生产前，必须明确产品销售地对铅、镉指标的具体要求，确保产品符合当地的铅、镉溶出量限量要求。

第三节　食品用陶瓷包装材料及制品检验方法

在陶瓷包装材料的物理性能检测方面，主要涉及外观、透光度、吸水率、白度、抗热震性等的物理性能检测和卫生性能检测。

一、陶瓷包装材料及制品相关检测项目

表 6－15　陶瓷制品相关检测方法标准

标准号	标准名称	说明
GB 5009. 62—2003	《陶瓷制食具容器卫生标准的分析方法》	规定了食品直接接触的陶瓷容器具的感官指标和铅、镉溶出量的分析方法
GB/T 5009. 12—2010	《食品中铅的测定》	
GB/T 4741—1999	《陶瓷材料抗弯强度测定方法》	规定了用三点负荷法测定陶瓷材料室温抗弯强度的方法
QB/T 1503—1992	《日用陶瓷白度测定方法》	
GB 14147—1993	《陶瓷包装容器铅、镉溶出量允许极限》	
GB12651—2003	《与食物接触的陶瓷制品铅、镉溶出量允许极限》	
GB/T 3299—1996	《日用陶瓷器吸水率测定方法》	规定了真空法、煮沸法两种测试陶瓷容器吸水率的方法
GB/T 3298—2008	《日用陶瓷器抗热震性测定方法》	适用于各种陶瓷容器具，试样要求无裂纹、破损缺陷

续表

标准号	标准名称	说明
GB/T 5003—1999	日用陶瓷器釉面耐化学腐蚀性的测定	
GB/T 3296—1982	日用瓷器透光度的测定方法	
GB/T 3300—2008	日用陶瓷器变形检验方法	
GB/T 3301—1999	日用陶瓷的容积、口径误差、高度误差、重量误差、缺陷尺寸的测定方法	
GB/T 3302—2009	日用陶瓷器验收、包装、标志、运输、储存规则	
GB/T 3534—2002	日用陶瓷器铅、镉溶出量测定方法	
GB/T 4734—1996	陶瓷材料及制品化学分析方法	
GB/T 4736—1984	日用陶器透气性测定方法	
GB/T 4737—1984	日用陶器渗透性测定方法	
GB/T 4738. 1—1984	日用陶瓷材料耐酸、耐碱性能测定方法（块状法）	适用于有釉或无釉吸水率大于5%的日用陶瓷制品
GB/T 4738. 2—1984	日用陶瓷材料耐酸、耐碱性能测定方法（颗粒法）	适用于有釉或无釉吸水率小于5%的日用陶瓷制品
GB/T 4740—1999	陶瓷材料抗压强度试验方法	
GB/T 4741—1999	陶瓷材料抗弯强度试验方法	
GB/T 4742—1984	日用陶瓷冲击韧性测定方法	
GB/T 4966—1985	日用陶瓷抗张强度测定方法	
GB/T 5003—1999	日用陶瓷器釉面耐化学腐蚀性的测定	
GB 8058—2003	陶瓷烹调器铅、镉溶出量允许极限和检测方法	适用于与食物接触的砂锅、汽锅、火锅、炒锅、热煲等各类陶瓷质烹调制品
GB 12651—2003	与食物接触的陶瓷制品铅、镉溶出量允许极限	
GB 14147—1993	陶瓷包装容器铅、镉溶出量允许极限	
QB/T 1321—1991	陶瓷材料平均线热膨胀系数测定方法	
QB/T 2434—1999	日用陶瓷原料含水率的测定	
QB/T 2435—1999	日用陶瓷原料筛余量的测定	
QB/T 3731—1999	日用陶瓷器釉面维氏硬度测定方法	

二、陶瓷包装材料及制品物理性能检验方法

(一) 吸水率

GB/T 3299—2011《日用陶瓷器吸水率测定方法》适用于日用陶瓷器、炻器、瓷器的吸水率测定，规定了煮沸法、真空法测定日用陶瓷器吸水率的方法。

1. 原理

采用真空或煮沸的方法，将干燥的陶瓷试样置于水中吸水至饱和，所吸的水的质量与干燥陶瓷试样的质量之比为吸水率。

2. 仪器

感量为 0. 001g 天平一台；温差能控制在 ± 5℃ 的烘箱一台；真空度不低于 0. 095MPa,并能保持 60min 的真空装置一套；煮沸装置一套；装有变色硅胶的干燥器一只；蒸馏水或去离子水；表面平整的全棉棉布。

3. 试验步骤

1）试样制备

每件制品底部取 2 块无裂纹试样，各试样总表面积基本相等，对不能取出 2 块试样的制品可取 1 块试样，磨去坯釉结合层和尖利的边角，磨后试样质量 10g 左右，达不到 10g 的试样尽量保持最大质量。将试样磨料和磨耗物冲洗干净。

2）测试步骤

①试样放在 110℃ ±5℃ 的烘箱中干燥至恒重，放入装有硅胶的干燥器内冷却至室温，称量并记录 m_0，精确至 0. 001g。

②吸水饱和

煮沸法　将试样放入盛有蒸馏水的煮沸装置中，试样间及试样与煮沸装置互不接触，加热水至沸腾并保持 3h，煮沸期间保持水面高出试样 10mm 以上，停止加热使试样在水中冷却至室温。

真空法（仲裁法）将试样放在真空容器中，试样间及试样与真空容器互不接触，抽真空至0. 095MPa，缓慢向真空容器中注入蒸馏水，至水面高出试样 10mm 以上，维持 0. 095MPa真空 1h。

③用吸水饱和的布揩去试样表面的附着水，迅速称量并记录 m_1，精确至 0. 001g。

4. 计算

$$\omega = \frac{m_1 - m_0}{m_0} \times 100\%$$

ω ——试样吸水率，%；

m_0 ——干燥试样质量，g；

m_1 ——吸水饱和后试样质量，g；

5. 制品的吸水率

以每件制品 2 块试样的吸水率平均值为每件制品的吸水率；

以 3 件制品的吸水率算术平均值为该测试批的吸水率。

（二）日用陶瓷器变形检验方法

变形试验方法按 GB/T 3300—1991《日用陶瓷器变形检验方法》标准执行。该标准适用于日用陶器、炻器、瓷器，不包括陈列美术制品。

1. 原理

用口缘最高度差和外口径直径差分别量度扁平制品和空心制品的变形。

2. 仪器

（1）玻璃平板

使用 10 级精度钢尺来检验玻璃平板的不平度，要求玻璃平板与钢尺之间无明显的空隙，玻璃平板的尺寸必须大于被测制品的尺寸。

（2）阶梯钢尺

阶梯钢尺共 16 阶，每阶长 10mm，总长 160mm，尺宽 3mm。第一阶高度 0. 5mm，按顺序每阶高度递增 0. 5mm，至第十二阶，高度 6mm，以后每阶高度递增 1mm。

阶梯钢尺用 45 号钢制成，表面光洁，梯棱清晰，阶梯高度公差不允许超过 ±0. 05mm，每阶长度公差不超过 ±0. 1mm，宽度公差不超过 ±0. 3mm。

3. 试验步骤

（1）扁平制品的高度差的测定

用阶梯钢尺测得的读数，即为扁平制品的高度差。将被测制品自然倒扣在玻璃平板上。阶梯钢尺平放于玻璃平板上，在不明显触动制品的前提下，推入制品边缘与玻璃平板之间的最大空隙处，其最高阶梯的读数为所测的高度差。

（2）圆形空心制品外口直径差的测定

根据被测制品所要求的测量精度，选择测量精度高一个数量级的量具。测量制品外口径的最大值和最小值，其差值即为外口径差。

4. 注意事项

就目前国际市场上对产品变形缺陷的检测，除口沿部位变形按 GB 3300—1991 检验外，对于底部位变形检验也较为严格，其检验方法是把产品放在玻璃平板上产品底部与玻璃平板全部接触无缝隙为合格产品。

（三）透光度

1. 原理

入射光经过透镜成为平行光，经过光栅垂直照射到硒光电池上，产生光电流 I_0，然后将此光垂直照射到陶瓷样品上，透过样品的光由硒光电池接受，产生光电流 I_1，I_1 与 I_0 之比 即为该陶瓷样品的相对透光度。

2. 仪器

光电透光度仪

3. 试验步骤

试样为长方形（20mm×25mm）或圆形（ϕ20mm），厚度为2mm，1.5mm，1mm，0.5mm，四种不同规格的薄片应从同一部位切取，要求平整、光洁，研磨后烘干，加工方法可参照反光显微镜磨光片方法进行。

（1）接通电源，指示灯亮。

（2）检流计校零　先打开检流计电源开关，光点应正对标尺零位，否则需旋动检流计下方旋钮调整。

（3）调满度100　选择量程开关为×10挡把满度调整旋钮反时针旋到头时，按下电源开关，然后旋动满度调整旋钮，使检流计光点指在标尺为100的地方。

（4）测定相对透光度　拉动仪器右侧旋钮，抽出试样盒，将待测试样放入光样，即可在检流计上读取相对透光度数值。当检流计标尺读数小于10时，应把量程开关再按下，即调到×1挡，再取读数，×1挡的满度值等于×10挡满度值的1/10。

（5）测定结果　标明试样的名称、厚度、相对透光度的算术平均值。

（四）白度

传统的测定方法是在日用陶瓷器白度测定方法规定的条件下，测定照射光逐一经过主波长为620μm、520μm、420μm三块滤光片后，试样对标准白板的相对漫反射率，并按规定的公式计算。目前国际上普遍用于表征白度的公式有CIE82白度公式（甘茨白度），波长为457nm的蓝光白度（基于坦伯函数所定义的白度）。

测定白度有两种方法，第一种是传统白度计测定，是工厂中经常采用的方法。第二种是采用CIE1964XYZ补充标准色度系统。

CIE1964XYZ补充标准色度系统测定白度方法

1. 原理

入射光经过透镜成为平行光，经过光栅垂直照射到硒光电池上，产生光电流，用本标准规定的条件，测量出试样的三刺激值。先计算色调角，再用所规定的分色调类型公式计算出其白度和彩度。

2. 仪器

采用CIE标准照明体D65，标准照明观测条件为o/d（垂直/漫射）或d/o（漫射/垂直），o/d为仲裁条件，白度测定的示值误差不大于1．0度；

测色模式采用CIE1964XYZ补充标准色度系统；

粉体压样器；

标准白板及工作白板，标准白板白度应大于87度，工作白度为表面平整、无刻痕、无裂纹和无疵点的有釉的白色陶瓷板，其白度值应在80度左右。

3. 试验步骤

①按各自有关产品标准规定的取样方法取样。测定前，样品应过孔径为0.104mm筛，在105～110℃干燥1h后，置于干燥器中冷至室温后备用。测定时取一定量注入粉体压样器中，压制成表面平整、无裂纹和无疵点的试样板。

日用陶瓷器：试样3件，平整面大小应满足仪器探头的测定要求。试样待测面必须清洁、平整、无彩饰、无裂纹及其他伤痕。

②按仪器操作规程，预热仪器；用工作白板校准仪器，按仪器操作逐件对试样进行测量。

③计算公式

$$x = \frac{X}{X + Y + Z}$$

$$y = \frac{Y}{X + Y + Z}$$

$$a^* = 500\left[\left(\frac{X}{X_n}\right)^{\frac{1}{3}} - \left(\frac{Y}{Y_n}\right)^{\frac{1}{3}}\right]$$

$$b^* = 500\left[\left(\frac{Y}{Y_n}\right)^{\frac{1}{3}} - \left(\frac{Z}{Z_n}\right)^{\frac{1}{3}}\right]$$

x,y为色品坐标，a^*、b^*为均匀色品指数；X_n、Y_n、Z_n为CIE标准照明体D65的三刺激值（$X_n = 94.81, Y_n = 100.00, Z_n = 107.32$），按1976CIELAB色调角公式计算试样的色调。

$$H_{ab} = \mathrm{arcctg}\left(\frac{b^*}{a^*}\right)$$

式中，h_{ab}为色调角，当$135° \leqslant h_{ab} < 315°$时，为青白；当$h_{ab} < 135°$，$h_{ab} \geqslant 315°$，为黄白；

分色调计算试样的白度值W

· 当$135° \leqslant h_{ab} < 315°$时，$W = Y - 250(x - x_n) + 3(y - y_n)$

式中，$x_n = 0.3138$；$y_n = 0.3310$

· 当$h_{ab} < 135°$，$h_{ab} > 315°$时，$W = Y + 818Y(x - x_n) - 1365(y - y_n)$

试样彩度计算公式为： $C_{ab}{}^* = (a^{*2} + b^{*2})^{1/2}$

试样色差计算公式为：$\Delta E_{ab}{}^* = [(\Delta L^*)^2 + (\Delta a^*)^2 + (\Delta b^*)^2]^{1/2}$

ΔL^*——两被测试样对于明度指数的差值；

Δa^*、Δb^*——两被测试样对于色品指数的差值。

试样的白度、色调角、彩度和色差的测定结果保留小数点后一位数字。

（五）光泽度

1. 原理

用制品釉面对标准黑玻璃平板的相对反射率来表示。一般采用光电光泽度计，即用硒光电池测量照射在釉表面的反光量，并规定折射率 $N = 1.567$ 的黑色玻璃的反光量为100%，将被测陶瓷釉面的反光能力与此黑色玻璃的反光能力相比较，得到的数据即为釉面的光泽度。

2. 仪器

SS－75 型光电光泽度计。测定光泽度的标准板，每年至少校正一次。图 6－4 为光电光泽度计示意图。

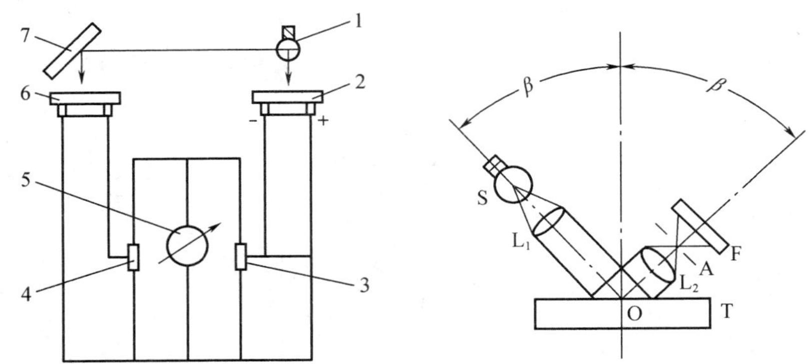

图 6－4 光电光泽度计示意图

1—光源；2—硒光电池；3，4—可变电阻器；5—检流计；6—硒光电池；7—被测瓷片；
S—光源；L_1—透镜；T—被测瓷片；L_2—透镜；A—光栅；F—硒光电池

3. 试验步骤

仪器安放在水平台上，接通电源，拨开电源开关，标准板表面用擦镜纸擦拭干净。参数调节按钮反时针调零，并使读数器上的光点在标度尺上对准板的规定参数。将测头移放到经擦拭后的试样表面，读数器光点在标尺上对应的刻度即为测定的光泽度。

4. 计算

测试 5 次光泽度值，计算算术平均值和标准偏差。

（六）热稳定性

1. 原理

将试样置于电加热炉内逐渐升温至 220℃，保温 30min，迅速将试样投入染有红色的 20℃水中 10min，取出试样擦干，检查有无裂纹。

2. 仪器

可控制温度的加热炉一台，温差不大于 ±5℃，能保证放入试样后在 15min 内回升到测试温度。

流动水槽：可保持温度在（20±2）℃流动水的水槽，水与试样的质量比大于10:1，试样投入水中后，水面应高出试样约20mm，水温增加不超过4℃。

染色溶液，如红墨水，亚甲基蓝溶液等。

3. 试验步骤

（1）取样。同一生产批的规格型号相同、无裂纹缺陷的5件产品。

（2）将样品固定在试样筐内或固定在试样夹具上。开启加热炉和流动水槽温度控制系统，待温度均达到规定要求后，将样品筐或夹具水平放入加热炉内，待温度回升至测定温度后，保温30min。

（3）保温结束后，在15s内急速取出并投入流动水槽内，保持10min。

（4）取出试样擦干水，再将试样表面涂上合适的染色溶液（如墨水、亚甲基蓝溶液），待稍干后擦净表面。用肉眼在距试样25cm～35cm，光源照度约300lx的光照条件下，观察试样是否有裂纹、破损等缺陷。静置24h复查一次。

4. 注意事项

欧洲标准要求加热设备温度从与水温的温差为100℃开始试验，依次增加20℃，按上述方法试验，直到温差达到200℃为止。美国标准要求加热设备温度从149℃开始，每次增加15℃直到加热设备温度为266℃为止，中国标准要求加热设备温度与水温的温度为140℃（骨灰瓷）、160℃（釉下、釉中彩瓷等）、180℃（细瓷等）、400℃（耐热瓷）。

（七）坯釉适应性

抗釉裂性又称坯釉适应性，指陶瓷制品由高温冷却至室温时，由于坯釉热膨胀系数差异导致收缩不一致，引起开裂的现象。

1. 原理

将样品放入具有蒸气压力的容器内，升压至规定值后保压一定时间，然后迅速将压力降至大气压，反复几次完成，检查样品是否开裂。

2. 试验步骤

（1）将样品清洗干净，检查样品是否完好。

（2）将一支架放入压力容器内，支架面应高于水面5cm，保证样品与水面有明显距离，使水不能渗入样品，在支架上放置样品，样品与样品之间有充分的空隙，以助于水蒸气的充分渗入，样品数量按各国要求而不同，欧洲标准要求为7件，美国标准不少于10件。

（3）在不超过1h时间内，使蒸气压力达到340kPa，保压一段时间（欧洲2小时，美国1小时）。

（4）打开排气阀，减压至大气压力，并使样品自然冷却至室温。

（5）检查样品是否开裂。

（6）重复上述步骤或按 340kPa 压力的间隔递增，直到样品全部破裂或压力达到 1.7MPa 为止（美国标准）。

3. 注意事项

一般而言，对于吸水率较大的制品，抗热震性指标和抗釉裂性指标均要检验，而对吸水率较小的制品（≤0.5%），其吸湿膨胀较小，故只需做抗热震性检验。

（八）化学稳定性

陶瓷的化学稳定性是陶瓷或釉抵抗酸、碱、盐及气体侵蚀的能力。它取决于陶瓷坯釉的化学组成和结构特征。

1. 原理

测定方法有失重法和滴定法。国家标准规定方法为失重法，是将规定试样在浓硫酸（或 10% 氢氧化钠）腐蚀介质中微沸 1h，未被腐蚀部分的试样重量与原有试样重量的比值，即为日用陶瓷的酸（碱）度。

2. 仪器与试剂

分析天平（感量 0.0001g），电热干燥箱，有回流冷凝器的耐酸耐碱仪器装置，附 200 ~ 250mL的烧瓶，无灰滤纸，漏斗及过滤设备，筛子，瓷坩埚，三角烧瓶。

试剂：浓硫酸（化学纯）、氢氧化钠 10% 溶液、甲基橙 0.1% 指示液、酚酞 1% 指示液、硝酸银溶液、碳酸钠溶液。

3. 试验步骤

（1）样品制备

根据陶瓷吸水率不同又区分为块状法和颗粒法，GB/T 4738.1—1984 中规定对于吸水率大于 5% 的陶瓷制品采用 30mm × 20mm × 6mm 的块状试样，分别从两件同种制品的上、中、下部位截取试样各一块，厚度精确到 ± 1mm，对于厚度小于 6mm 的制品，可取其制品厚度，磨去釉层。GB/T 4738.2—1984 中规定对于吸水率小于 5% 的陶瓷制品采用0.9 ~ 1.6mm 颗粒的试样。从两件同种制品上敲下总重约 100 ~ 200g 若干碎片，放入研钵研磨，用分样筛取 0.9 ~ 1.6mm 范围内的颗粒，蒸馏水清洗后，在 105℃ ~ 110℃ 烘干。

（2）耐酸度测定

①称取试样，精确至 0.0004g，放入三角烧瓶，均匀分散于烧瓶底部。

②测定耐酸度时，注入浓硫酸；

③将三角烧瓶和冷凝器相连接，并在瓶底进行加热，加热至微沸并保持加热 1h，关闭电炉，待烧瓶外壁冷却至 50℃ ~ 60℃ 后从冷凝管上取下。

④加入蒸馏水约 100mL，加热至微沸，反复摇匀，沉淀后以滤纸过滤清液部分，并用蒸馏水冲洗瓶内残渣，用甲基橙指示剂检测至中性为止。

⑤然后加入 5% 碳酸钠溶液约 100mL，加热微沸约 10min ~ 15min，将洗液倒入前面所

用滤纸上，并用蒸馏水反复冲洗残渣，以酚酞指示剂检测至中性为止。将所有残渣移至滤纸上。

⑥将所得试样转移至瓷坩埚中，置于900℃马弗炉中灰化处理，灼烧至恒重。

⑦计算公式：

$$R_H = \frac{G_1}{G_0} \times 100$$

式中：R_H ——试样耐酸度,%；

G_1 ——腐蚀后试样质量，g；

G_0 ——试样原始质量，g。

（3）耐碱度测定

①称取试样，精确至0.0004g，放入三角烧瓶，均匀分散于烧瓶底部。

②测定耐碱度时，注入10%氢氧化钠溶液。

③将三角烧瓶和冷凝器相连接，并在瓶底进行加热，加热至微沸并保持加热1h，关闭电炉，待烧瓶外壁冷却至50℃～60℃后从冷凝管上取下。

④倒出碱液，将残渣转移至滤纸上，用加入盐酸的蒸馏水反复冲洗，直到洗液用硝酸银溶液检验不含氯离子为止。

⑤将所得试样转移至瓷坩埚中，置于900℃马弗炉中灰化处理，灼烧至恒重。

⑥计算公式

$$R_{OH} = \frac{G'_1}{G_0} \times 100$$

式中：R_{OH} ——试样耐酸度,%；

G'_1 ——腐蚀后试样质量，g；

G_0 ——试样原始质量，g。

（4）滴定法测定耐酸碱度

①用万分之一天平称样3g～4g，放入烧瓶内加0.01mol/L盐酸50mL。

②装上回流冷凝器，加热煮沸保持1.5h。

③过量盐酸以甲基红为指示剂，用0.01mol/L的NaOH溶液滴定。

④读取消耗的NaOH溶液体积。

（九）釉面硬度

硬度是衡量材料软硬程度的一项力学性能，一般是指材料表面层抵抗变形或破裂的能力。

陶瓷器釉面硬度常用莫氏硬度和显微硬度计测定。显微硬度计是通过光学放大，测出在一定负荷下由金刚石棱锥体压头在被测试样上压出压痕，用仪器的读数显微镜测出压痕的对角长度。再按公式计算出表示硬度的数值，称为显微硬度。

釉面硬度也可采用莫氏硬度表示的各种矿物在釉面划线的方法进行测定，一般日用瓷器的釉面硬度为5～7 。

釉面硬度对于日用瓷餐具是一个重要指标，硬度高则餐具瓷的釉面能承受刀叉的经常磨刻而不致出现刻痕。

硬度的测定方法分为压入法和刻划法。

QB/T 3731—1999 规定了日用陶器、炻器、瓷器的釉面维氏硬度测定方法，属于刻划法的一种。

1. 原理

用一相对两面夹角 136°的金钢石正四棱锥形压头，在一定负荷作用下，压入被测定试样的表面，经规定的保荷时间后，卸除负荷，测盘其压痕对角线长度来确定的。因而本方法测得的硬度实质是试样表面对金钢石压头的相对硬度。

2. 仪器

维氏硬度计见图 6－5。

图 6－5　维氏硬度计

3. 试验步骤

①从产品平整部位取下一小块作为试样，试样表面应清洁、平整，不应有裂纹、伤痕等缺陷。

②仪器在无振动和无腐蚀性气体的环境中水平安置，在每次更换压头或进行大批试样测定前，用维氏硬度为 500HV ~800HV 的二等标准硬度块进行校准。

③把试样牢固、平稳地放置在载样台上。

④所用负荷可按其试样硬度大小选用适当大的负荷级，通常选用 100 或 200 克砝码，保荷时间为 10. 15s。压痕打好后，卸除负荷，转动测微计，记下读数，精确到 0. 001mm，求出对角线长度 d 。

⑤每块试样至少测定五点。

4. 计算

取数值接近的三点压痕对角线的算术平均值，查表或代入公式计算，求出硬度值。

$$H_v = \frac{2P\sin\frac{136^\circ}{2}}{d^2} = \frac{1.8544P}{d^2}$$

式中：H_v ——维氏硬度值，kg/mm^2；

P ——负荷，kg；

d ——压痕对角线长度，mm。

（十）特殊要求检验

不同产品根据使用特性和材质特点，往往会有不同于其他陶瓷制品的特点。随着社会的发展和人们对健康、安全问题的重视，对日用陶瓷的要求也在不断提高，新的检验要求也不断产生，下面简单介绍几种新的检验方法。

1. 手把、嘴的承受力检验

空心制品如杯、壶、罐等，多用于盛装食物，而这些制品外部均有手把、嘴等外接部件，可用于提起物品移动，若承受力不够，易产生脱离现象发生，尤其内盛加热食品时，可能会产生人员伤害。

手把、嘴承受力检验可模拟盛装食物提起移动的过程，如在杯、壶、罐等内加入一定量的湿石英砂或铁球，检验手把、嘴的承受力。

2. 表面划痕检验

陶瓷制品在使用过程中，相互之间或使用刀、叉（两餐）会引起表面的划痕现象出现，影响美观。划痕现象的出现，与釉的表面硬度有很大关系，维氏硬度标准规定的检验方法得出的数据与实际使用有一定的区别，因而现在有些公司采用莫氏硬度、金属刀、叉划痕或用砂纸磨擦的方法进行检验。

（1）莫氏硬度：用标准的莫氏岩石硬度块（分 10 级、15 级或更多）在陶瓷制品的表面划，确定在何级别的岩石能在陶瓷釉面上留下划痕，报告其等级。

（2）金属刀、叉划痕：用金属刀、叉在陶瓷制品上来加划，检验是否在制品表面留下划痕。

（3）砂纸磨擦：用一定细度的砂纸在陶瓷制品表面施加一定力的情况下，来回磨擦规定的次数，洗净后涂上染色剂，检查其磨损情况。

3. 耐洗碗机检验

对耐洗碗机检验而言，主要是检验在洗碗机洗涤过程中耐酸性洗涤液，耐碱性洗涤液，耐中性洗涤液的能力。

对陶瓷制品而言，分别对釉上装饰产品和釉中（下）装饰产品规定一定的洗涤循环次数（如釉上 750 个循环、釉中（下）1000 个循环），分别在酸性、碱性、中性洗涤性条件下，完成试验，检查对装饰面和釉面的影响。

4. 耐微波炉检验

耐微波炉检验可分为三种检验。

（1）微波对装饰面损害的检验

将有装饰图案的陶瓷放入微波炉（一般微波功率为1000W），在满负荷功率的情况下，工作5min，检查装饰面有否损害。

（2）微波对制品表面温度的影响检验

将陶瓷制品放入微波炉，满负荷工作5min，用表面温度计测量制品表面的温度。

陶瓷制品可先放在水中静置一段时间，然后擦干表面水分进行试验，尤其是对吸水率较大的制品应先进行此类处理。

（3）微波对产品损坏的检验

微波对陶瓷产品损坏的检验可分为两种。

①将一块浸饱水分的海绵放入陶瓷制品内，盖上盖或一层薄膜，保持在4℃环境下24h，放入微波炉在满负荷工作5min，冷却至室温，循环一定次数，检验样品的损坏情况。

②将陶瓷制品放入冷冻条件下16h，放入微波炉在满负荷工作10min，检查样品的损坏情况。

三、陶瓷包装材料及制品卫生性能检测方法

国标GB/T 5009.62—2003《陶瓷制食具容器卫生标准的分析方法》规定了直接接触食品的各种陶瓷制作的食具、容器以及食品用工具的各项卫生指标的测定方法。

日用陶瓷铅、镉溶出量检测一般采用溶出法。美国是采用4%醋酸溶液室温下浸泡24h，用原子吸收法定量。规定铅溶出量在7mg/kg以下，镉溶出量在0.5 mg/kg以下。德国是把瓷器放在4%的醋酸溶液中煮沸30min，用容量法分析定量。沸水中煮24h，每$250cm^2$面积的铅溶出量不得超过2mg。

我国采用的检测方法是用体积分数4%乙酸溶液在（20±2）℃温度下浸泡24h，萃取制品表面溶出的铅镉，用原子吸收分光光度计测定含量。该方法适用于与食物接触的日用瓷器、有釉和无釉陶器的测定。

样品前处理－酸浸泡法：

先将样品用浸润过微碱性洗涤剂的软布揩拭表面后，用自来水洗刷干净，再用水冲洗，晾干后备用。加入沸乙酸（4%）至距上口边缘1cm处（边缘有花彩者则要浸过花面），加上玻璃盖，在不低于20℃的室温下浸泡24h。不能盛装液体的扁平器皿的浸泡液体积，以器皿表面积每平方厘米加2mL计算。即将器皿划分为若干简单的几何图形，计算出总面积。如将整个器皿放入浸泡液中时，则按两面计算，加入浸泡液的体积应再乘以2。

可把乙酸（4%）浸泡液直接注入原子吸收分光光度计进行分析，当灵敏度不足时，取浸泡液一定量经蒸发、浓缩、定容后再进行测定。

（一）铅溶出量

火焰原子吸收光谱法：

1. 原理

试样经处理后，铅离子在一定 pH 条件下与 DDTC 形成络合物，经 4－甲基－2－戊酮萃取分离，导入原子吸收光谱仪中，火焰原子化后，吸收 283.3nm 共振线，其吸收量与铅含量成正比，与标准系列比较。

2. 仪器与试剂

原子吸收光谱仪火焰原子化器

仪器参考条件：空心阴极灯电流 8mA，共振线 283.3nm，狭缝 0.4nm，空气流量 8L/min，燃烧器高度 6mm，BCD 方式。

混合酸：硝酸＋高氯酸（9＋1）；

硫酸铵溶液（300g/L）：称取 30.0g 硫酸铵，用水溶解并加水至 100mL；

柠檬酸铵溶液（250g/L）：称取 25.0g 柠檬酸铵，用水溶解并加水至 100mL；

溴百里酚蓝水溶液（1g/L）；

二乙基二硫代氨基甲酸钠（DDTC）溶液（50g/L）：称取 5g 二乙基二硫代氨基甲酸钠，用水溶解并加水至 100mL；

氨水（1＋1）；4－甲基－2－戊酮（MIBK）

铅标准溶液：操作同玻璃包装容器材料铅标准使用液的配制方法，浓度为 10μg/mL。

3. 试验步骤

萃取分离：取试样浸泡液 25.0～50.0mL，分别置于 125mL 分液漏斗中，补加水至 60mL，加 2mL 柠檬酸铵溶液，溴百里酚蓝指示剂（3～5）滴，用氨水（1＋1）调 pH 至溶液由黄变蓝，加硫酸铵溶液 10.0mL，DDTC 溶液 10mL，摇匀。放置 5min 左右，加入 10.0mL MIBK，剧烈振摇提取 1min，静置分层后，弃去水层，将 MIBK 层放入 10mL 带塞刻度管中备用。分别吸取铅标准溶液 0.00L，0.25L，0.50L，1.00L，1.50L，2.00mL 于 125mL 分液漏斗中，与试样同方法萃取。

萃取液直接进样，适当减小乙炔气的流量。

$$X = \frac{(C_1 - C_0) \times V_1 \times 1000}{m \times V_3/V_2 \times 1000}$$

式中：X——试样中铅的含量，mg/kg 或 mg/L；

C_1——测定用试样液中铅的含量，μg/mL；

C_0——试剂空白液中铅的含量，μg/mL；

m——试样质量或体积，g 或 mL；

V_1——试样萃取液体积，mL；

V_2——试样处理液的总体积，mL；

V_3——测定用试样处理液的总体积，mL。

结果保留两位有效数字。

在重复性条件下获得的两次独立测定结果的绝对差值不得超过算术平均值的20%。

双硫腙法：

1. 原理

试样经消化后，在pH8.5～9.0时，铅离子与二硫腙生成红色络合物，溶于三氯甲烷。加入柠檬酸铵、氰化钾和盐酸羟胺等，防止铁、铜、锌等离子干扰，与标准系列比较定量。

2. 仪器与试剂

仪器：分光光度计　玻璃仪器用硝酸浸泡24h以上；

氨水（1+1）；

盐酸（1+1）：量取100mL盐酸，加入100mL水中；

酚红指示液（1g/L）；

盐酸羟胺溶液（200g/L）：称取20.0g盐酸羟胺加水溶解至50mL，加2滴酚红指示液，加氨水（1+1），调pH至8.5～9.0（由黄变红，再多加2滴），用二硫腙三氯甲烷溶液提取至三氯甲烷层绿色不变为止，再用三氯甲烷洗二次，弃去三氯甲烷层，水层加盐酸（1+1）呈酸性，加水至100mL。

柠檬酸铵溶液（200g/L）：称取50g柠檬酸铵，溶于100mL水中，加2滴酚红指示液，加氨水（1+1），调pH至8.5～9.0，用二硫腙三氯甲烷溶液提取数次，每次10mL～20mL，至三氯甲烷层绿色不变为止，弃去三氯甲烷层，再用三氯甲烷洗两次，每次5mL，弃去三氯甲烷层，加水稀释至250mL。

氰化钾溶液（100 g/L）。

三氯甲烷：不应含氧化物。

硝酸（1+99）、二硫腙三氯甲烷溶液（0.5 g/L）。

硝酸—硫酸混合液（4+1）。

铅标准溶液：精密称取0.1598 g硝酸铅，加10 mL硝酸（1+99），全部溶解后，移入100 mL容量瓶中，加水稀释至刻度。此溶液每毫升相当于1.0 mg铅。

铅标准使用液：吸取1.0 mL铅标准溶液，置于100 mL容量瓶中，加水稀释至刻度。此溶液每毫升相当于10.0μg铅。

3. 试验步骤

量取10.0 mL浸泡液，加水准确稀释至100mL，取25mL带塞比色管两只，一只加入10.0 mL浸泡稀释液，一只加入7.0 mL铅标准溶液（相当于7μg铅）及1 mL乙酸（4%），再加水至10 mL。于两管内分别加1.0 m L柠檬酸铵溶液、0.5 m L盐酸羟胺溶液和1滴酚红指示液，混匀后滴加氨水至红色再多加1滴，然后加入1.0 mL氰化钾溶液，摇匀。再各加5.0mL双硫腙三氯甲烷液，振摇2min，静置后进行比色，试样管的红色不得深于标准管，否则用 1 cm 比色杯，以三氯甲烷调节零点，于波长 510 nm 处测吸光度，进行比较定量。

4. 计算

$$X = \frac{A_t \times m \times 1000}{A_s \times V \times 1000}$$

式中 X——浸泡液中铅的含量，mg/L；

A_s——铅标准溶液的吸光度；

m——铅标准溶液的质量，μg；

A_t——浸泡液的吸光度；

V——浸泡液取用体积，mL。

（二）镉溶出量

1. 火焰原子吸收光谱法

（1）原理

浸泡液中镉离子导入原子吸收仪中被原子化以后，吸收 228. 8nm 共振线，其吸收量与测试液中的含镉量成比例关系，与标准系列比较定量。

（2）仪器与试剂

原子吸收分光光度计。

镉标准溶液：准确称取 0. 1142g 氧化镉，加 4mL 冰乙酸，缓缓加热溶解后，冷却，移入 100mL 容量瓶中，加水稀释至刻度。此溶液每毫升相当于 1. 00mg 镉。镉标准使用液：吸取 1. 0mL 镉标准液，置于 100mL 容量瓶中，加乙酸（4%）稀释至刻度。此溶液每毫升相当于 10. 0μg 镉。

（3）试验步骤

标准曲线制备：吸取 0mL，0. 50mL，1. 00mL，3. 00mL，5. 00mL，7. 00mL，10. 00mL 镉标准使用液，分别置于 100mL 容量瓶中，用乙酸（4%）稀释至刻度，混匀，每毫升各相当于 0μg，0. 05μg，0. 10μg，0. 30μg，0. 50μg，0. 70μg，1. 00μg 镉，将仪器调节至最佳条件进行测定，根据对应浓度的峰高，绘制标准曲线。

将测定仪器调至最佳条件，然后将样品浸泡液或其稀释液，直接导入火焰中进行测定，与标准曲线比较定量。

测定条件：波长 228. 8nm，灯电流 7. 5mA，狭缝 0. 2nm，空气流量 7. 5L/min，乙炔气流量 1. 0L/min，氘灯背景校正。

（4）计算

$$X = \frac{m \times 1000}{V \times 1000}$$

式中 X——试样浸泡液中镉的含量，mg/L；

m——测定时所取试样浸泡液中镉的质量，μg；

V——测定时所取试样浸泡液。

2. 双硫腙法

（1） 原理

镉离子在碱性条件下与双硫腙生成红色络合物，可以用三氯甲烷等有机溶剂提取比色，加入酒石酸钾钠溶液和控制 pH 可以掩蔽其他金属离子的干扰。

（2） 仪器与试剂

仪器：可见分光光度计；

三氯甲烷；

氢氧化钠—氰化钾溶液（甲）：称取400g 氢氧化钠和10g 氰化钾，溶于水中，稀释至1000mL；

氢氧化钠—氰化钾溶液（乙）：称取400g 氢氧化钠和0.5g 氰化钾，溶于水中，稀释至1000mL；

双硫腙三氯甲烷溶液（0.1g/L）；

双硫腙三氯甲烷溶液（0.02g/L）；

酒石酸钾钠溶液（250g/L）；

盐酸羟胺溶液（200g/L）；

酒石酸溶液（20g/L）：贮于冰箱中；

镉标准使用液同1 火焰原子吸收光谱法中规定。

（3） 试验步骤

取125mL 分液漏斗两只，一只加入0.5mL 镉标准使用液（相当5μg 镉）及9.5mL 乙酸（4%），另一只加10mL 试样浸泡液分别向分液漏斗中各加1mL 酒石酸钾钠溶液，5mL 氢氧化钠 - 氰化钾溶液及1mL 盐酸羟胺溶液，每加入一种试剂后，均应摇匀。加入15mL 双硫腙三氯甲烷溶液（0.1g/L），振摇2min（此步应迅速进行）。

另取第二套分液漏斗，各加25mL 酒石酸溶液，将第一套分液漏斗内的双硫腙三氯甲烷溶液放入其中，用10mL 三氯甲烷洗涤第一套分液漏斗，将三氯甲烷洗涤液也放入第二套分液漏斗中。将第二套分液漏斗振摇2min，弃去双硫腙三氯甲烷溶液，再各加6mL 三氯甲烷，振摇后弃去三氯甲烷层。向分液漏斗的水溶液中各加入1.0mL 盐酸羟胺溶液、15.0mL 双硫腙三氯甲烷溶液（0.02 g/L）及5 mL 氢氧化钠—氰化钾溶液（乙），立即振摇2min。擦干分液漏斗下管内壁，塞入少许脱脂棉用以滤除水珠，将双硫腺 - 三氯甲烷溶液放入具塞的25 mL 比色管中，进行比色，试样管的红色不得深于标准管。否则以3cm 比色杯，用三氯甲烷调节零点，于波长518 nm 处测吸光度，进行定量，计算方法同铅含量检测方法（双硫腙法）。

第七章 食品用竹木与可降解包装材料及制品检验

第一节 食品用竹木与可降解包装材料及制品概述

一、木制品包装材料及制品

木材作为包装材料，具有悠久的历史，虽然在食品包装领域已被其他优质包装材料取代，但由于木材具有的诸多特点，使其在现今的包装工业中仍占据重要地位。木质材料的优点主要有：分布广，可就地取材；质轻强度高，有一定弹性，能承受冲击和震动；容易加工；具有很高的耐久性且价格低廉等。尤其重要的是木材对环境没有影响，是典型的绿色包装材料。但木制材料也有一定的缺点：如组织结构不匀，各向异性；易受环境温度、湿度的影响而变形、开裂、翘曲和降低强度；易腐朽、易燃、易被白蚁蛀蚀等多种天然疵病。不过这些缺点，经过适当的处理可以消除或减轻。

木质材料在食品包装方面的应用也有几千年历史。如面酱、腌制品等包装，就用枝条和竹条编织成篓，然后在篓的内外糊上防漏水材料制作而成。另外各种怕挤压食品更需要木制品包装。而如今的食品包装的概念已不再局限于食品的外包装的范围，它包含了所有与食品直接接触的产品，包括包装类、容器类和工具类产品。因为中国人对木制品的独特的喜爱，食品用木制品包装在现今的应用更为广泛，已有碗、筷子、牙签、木勺、木竹砧板、笼屉、瓶盖、餐盒、礼品盒等30多种产品出现在人们日常生活中。然而要了解木制品包装的特性，就需要对木材的构造和性能有一定的认识。

（一）木材的构造

木材的构造是决定木材性能的重要因素，为了掌握木材的性能，必须了解木材的构造。因此研究木材的构造是决定木材合理使用的重要手段。

用肉眼或放大镜来观察木材，构造是不均匀的，必须从不同方向进行观察其特征，才能了解木材的性能。一般采用横切面、径切面、弦切面三个基本切面来观察和研究，木材构造见图7-1。

横切面是垂直于树轴的剖面。在横切面上可以看到树皮、形成层、木质部、年轮、导管、髓心、心材、边材等。

与树轴平行的剖面为纵切面。通过树轴的纵切面为径切面，又称辐切面。不通过树轴的纵切面称为弦切面。

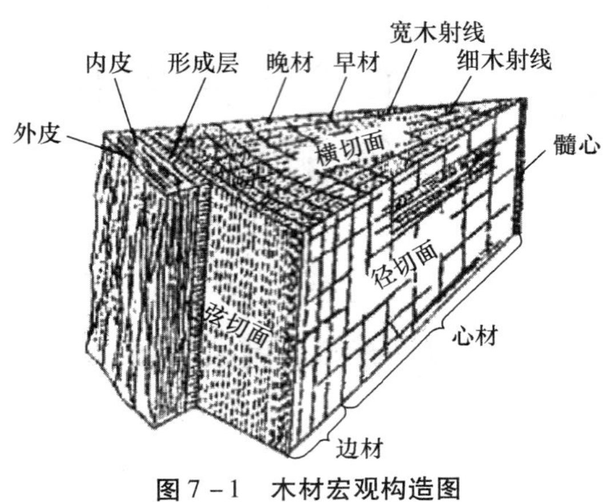

图 7－1　木材宏观构造图

1. 树皮

树皮是树干最外的一层，由外皮软木组织（或称栓皮）和肉皮组成。它的颜色、形态和厚薄随树种、树龄而异。一般树种的树皮约占横切面积的 5% ~20%。它是树木的保护层，可以储存及向根部输送给叶子制造的养分。

2. 新生层

新生层位于树皮肉皮和木质的交界之间，形成一层极薄的黏膜。新生层由活细胞组成，是木质和树皮二者细胞的起源。每年新生层的细胞分裂增生时，在其内侧表面长出新的木质细胞，同时在其外侧表面生长出树皮细胞。细胞分裂形成以后，木质细胞立即开始在直径和长度两个方向长大，构成木质部。春季新生层增生很快，冬季几乎停止增生，所以在一年中树木生长快慢是不均匀的。

3. 木质部

木质部是新生层多年生长积累的结果。每年春季树木生长最旺盛，多生成薄壁宽腔的导水细胞，因而木质松软、颜色较浅，称为春材，又称早材。随着季节的变迁，树木生长逐渐减慢，细胞逐渐增生厚壁窄腔的支撑细胞，其木质坚硬、颜色较深，称为夏材，又名晚材。由于冬季树木停止生长，因此在树木横切面上，可以看出各年生长的木质分界线，称为年轮。

4. 髓心和髓线

髓心在木质的中心，是最初生成的木质。各种树木髓心的大小一般差异较小，其直径约 3 ~5mm 之间，由髓心长出，成辐射状并与树轴垂直，输送和储存养分，并穿过各层的径向管道，称为髓线或射出髓、木射线等。其在韧皮部分的髓线称为韧皮射线。各种树木的髓线宽细不同，针叶树的非常细小，目力不易辨别，阔叶树的髓线较多，其中某些树种如麻栎、青冈栎等的髓线则宽大易见。

5. 心材和边材

靠近髓心的木质是由年老或已死的细胞组成的，已无活力，木质变硬，原有孔隙也多为树脂和单宁填充，从而色深，耐腐且有较高的强度，称为心材。木质的边缘部分由年轻或新生的细胞组成，具有旺盛的活力，含有较多的水分，淀粉和油类等物质，色浅易腐，强度也低，称为边材。心材质量虽佳，由于靠近髓心，木节较多，不便于弯曲。边材质软，节少，便于弯曲。

（二）木材的物理性质

木材的质量，主要决定于它的物理、力学、化学和工艺等性质。这些性质中起主要作用的是物理性质，尤其是它的吸湿性。几乎木材所有的性能都受到木材含水率的影响。

木材的主要物理性质有：外观、吸湿性、变形、含水率等。

1. 外观

各种树木的木质都具有一定的颜色、纹理、和气味。如受到年龄、生长环境、虫害、外伤等的影响。虽会改变木材的原有特征，但仍可由木材的外观粗略地鉴别木材的树种和品质。

2. 吸湿性和含水率

木材自空气中吸收水分的能力，称为木材的吸湿性。它随着环境的温度、空气的相对湿度而改变。当环境温度越低或湿度越大时，木材的吸水性能也越强。如环境温度升高或空气的相对湿度降低时，则木材能向空气中散发水分，这种性能称为木材的还水性。木材的吸湿和还水过程是木材内部水分与空气中水分平衡的过程。当木材所含水分与周围空气的相对湿度达到平衡时，此时木材既不吸水也不散失水分。木材中的水分含量根据不同情况和不同含水率可分为相对含水率、绝对含水率、饱和含水率、平衡含水率。

3. 变形

水分在木材中的移动速度在不同方向上是不一致的，顺纤维方向最快，径向次之，弦向最慢。此外，还随着木材的致密度较小而增高。从木材构造上看，边材中的水分常比心材中的变动得快。木材在干燥过程中，各部分的干燥速度就不同，而且木材细胞的体积又随着含水量的增减而膨胀，从而木材各部分体积的变动也很不一致，极易引起木材的变形，甚至由于应力增长而开裂。所以在其制品使用过程中易发生干缩与湿胀、变形与翘曲、开裂等现象。

（三）木材的化学性能

木材是一种天然材料，由高分子物质和低分子物质组成。构成木材的主要物质是三种高聚物—纤维素、半纤维素和木质素，约占木材重量的97% ~99%。在高聚物中以多糖居多，约占木材重量的65% ~75%。除高分子物质外木材还含有少量的低分子物质。木材中的化学组成如图7－2所示。

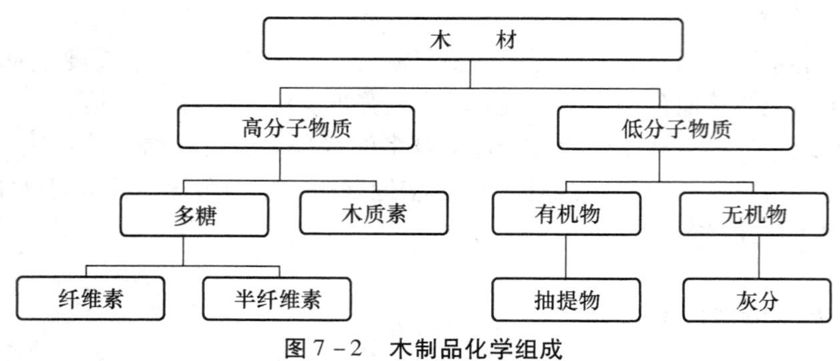

图 7-2 木制品化学组成

1. 高分子物质

纤维素是木材的主要组分，约占木材质量的 50%，可以简单地表述为是一种由 β-D-葡萄糖组成的线性的高分子聚合物。在木材细胞壁中起骨架作用，其化学性质和超分子结构对木材性质和加工性能有重要影响。

半纤维素是细胞壁中与纤维素紧密联结的物质，起粘结作用，主要由己糖、甘露糖、半乳糖、戊糖和阿拉伯糖等五种中性单糖组成，有的半纤维素中还含有少量的糖醛酸。其分子链远比纤维素的短，并具有一定的分枝度。

木质素其分子构成与多糖完全不同，是由苯基丙烷单元组成的芳香族化合物，针叶材中含有的木质素多于阔叶材，且针叶树材与阔叶树材的木质素结构也有不同。在细胞形成过程中，木质素最后沉积阻碍细胞壁中的一种高聚物，它们贯穿着纤维，起强化细胞壁的作用。

2. 低分子物质

低分子物质仅占木材重量的一小部分，但它影响着木材的性质和加工质量。所含有的化学组分种类繁多，很难十分准确地划分开来，通常简单地把这些分成有机物和无机物；一般称这些有机物为抽提物，无机物为灰分。

（1）木材的抽提物

木材中除了含有数量较多的纤维素、半纤维素和木质素等主要成分外，含还有多种次要成分，其中比较重要是的木材的提取物。木材的提取物事用乙醇、苯、乙醚、丙酮等有机溶剂以及水抽提出来的物质的总称。木材抽提物包含许多种物质，目前经鉴定约 700 多种，主要有丹宁、树胶、精油、色素、生物碱、脂肪、蜡、甾醇、糖、淀粉和硅化物等。其中有些提取物含有毒性的化学成分，如松木木心才抽提物中含有 3，5-二羟基乙烯，柏木类木材中含有卓酚酮，均具有较强的毒性。这类木材不宜用于食品包装。另有一些提取物散发出浓厚的气味，使人体感觉不是。这类木材也不宜用于食品包装。

（2）木材的灰分

木材的组分为有机物质，但还有少量的次要组分——无机物质。木材燃烧后无机物成为灰分。木材中的灰分含量，一般约占绝干木材质量的 0.3% ~1.0%。灰分可分为两类，一类能溶于水，约为全部灰分的 10% ~25%，其中主要是钾、钠的碳酸盐类；另一类不溶于水，占全部灰分的75%～90%，其中主要为钙、镁的碳酸盐类、硅酸盐和磷酸盐。已知木材的灰分中含有下列一些元素：硫（S）、磷（P）、钾（K）、钙（Ca）、镁（Mg）、铁（Fe）、锰（Mn）、锌（Zn）、硼（B）、铜（Cu）、钼（Mo）等。木材的无机物多数呈分散状存在于细胞壁中。

二、竹制品包装材料及制品

竹材属于内长树类，种类很多是亚洲的特产。我国约有200多种，年产量约在20亿根以上。竹材具有生长快、质轻强度高、弹性大、不易骤然折断、比木材价廉等特点。但竹材易于吸水和失水，引起体积不稳定而开裂，且易被虫菌蛀蚀。因而竹材只能代替木材的部分用途。

竹材是我国使用十分广泛的食品包装材料，尤其在南方地区。南方江浙地区竹资源丰富，很多日常用品都是竹子制作的，最常见的就是竹编制品。早在新石器时期的良渚文化遗址中，就已经出现了竹编器具。如今仍被广泛使用，多用于摆放各类食品，如竹篮、竹筐、竹篓等。除此之外竹材还作为一种特色用于盛放食品，如竹筒饭、特质竹餐盘等。

（一）竹材的构造

用于包装工业制品的竹材，主要是竹的地上茎部（俗称竹竿），由青竹（表皮），竹肉（纤维管束与基本组织）和髓部所组成。沿竹茎纵向每隔一定距离有一环状突出，称为竹节，竹枝即生于节上。竹节能增加竹茎的刚度。两竹节之间称为节间，靠近地面部分节间最短。纤维管束是组成竹材的主要部分，为传递水分和养料的通道，在竹的横切面上呈现为许多斑点。纤维管束在纤维构造上又可分为导管、纤维、筛管和细胞腔等。竹青部分的纤维管束含有较多的木质素，分布致密，强度比木材高数倍。靠近髓部的纤维管束分布较稀，强度不及木材。因此，竹材各部分的强度，是沿着横切面半径方向自内向外逐渐增大的。

竹材基本组织由薄壁细胞构成，分布在纤维管束的周围，用以储存养分，其强度不高。节间部分的细胞呈扭结状，纤维数量减少，其强度仅为节间的50%左右。

（二）竹材的化学组成

1. 竹材的有机组成

竹材的有机组成和木材相似，主要由纤维素（约55%）、木素（约25%）和半纤维素（戊聚糖约20%）构成。但半纤维素的成分几乎全为多缩戊糖，而多缩已糖含量甚微。

竹材的有机物组成受竹龄和竹壁部位而有变化。竹笋和成熟竹材木素含量有显著差异。正在生长的竹材从基到顶处于不同的木质化阶段，每个节内的木质化是从上而下进行的，横向是由内而外进行。竹杆的木质化工程在一个生长季节内完成，以后不再出现任何变化，在生成的一年内，竹材中的木素和糖的比例有变化，以后化学组成相当稳定。

竹材的木素是典型的草本木素，由三种苯基丙烷单元——对羟基苯丙烷、愈疮木基苯丙烷和紫丁香基苯丙烷按10:68:22分子比组成。这表明，竹类木素定性而非定量地类似于阔叶树材木素。

2. 竹材灰分中的组成

竹材无机元素中以硅含量最高，硅在各部位中，以竹节含量最高，竹青次之，而竹黄很少。

（三）竹材的物理性质

竹材的性质呈各向异性。其物理性质较木材为稳定。

1. 含水率

竹材的纤维管束中含有能溶于热水、酒精的戊糖、果胶和淀粉等物质（占重量的6%～13%），故有强烈的吸湿性和还水性。其含水量随外界温度和湿度而变化，但无明显的纤维饱和点。当含水量在15%左右时，其强度随含水量的减小而增强，但含水量小于7%左右时，则强度随水分减少而降低。当含水量介于15%～30%时，强度略减。含水量大于30%时则强度变化很小。

2. 体积胀缩

竹材体积胀缩随含水量的多少而变化，各个方向不相一致，弦向最大（约0.274），径向次之（约0.255%），纵向最小（约0.222%）。竹青的弦向收缩为髓部的三倍，纵向收缩小于髓部的收缩。因此，竹材在干燥过程中极易翘曲和开裂，

3. 重量

竹材的重量随纤维管束分布情况，有无竹节，以及部位的不同而改变。通常竹节部分略重于节间，竹青较竹肉约重50%，基部重于稍部。竹材的容重更受含水量的影响，应以烘干后为准，介于0.6g/cm^3～1.2g/cm^{3}之间。

三、可降解包装材料及制品

随着人们环保意识的觉醒，近些年来可降解材料作为环境保护材料和包装容器材料的研究发展十分迅速，并在食品包装材料领域开始得到广泛应用。可降解食品包装材料是以淀粉、蛋白、纤维、脂类、合成塑料等食品级可再生资源为原料，采用先进的专用设备和工艺制备的一类新型食品包装材料。具有可降解性、选择通透性、安全、方便等优点。可降解食品包装材料主要包括可食性食品内包装膜、食品可食性涂膜、可降解一次性食品包装膜、可降解一次性食品包装餐饮具等。可降解食品包装材料的大规模工业化生产与商业应用，替代石油基非降解食品包装材料，有利于解决“白色污染”，确保食品安全，对缓解我国生态环境恶化和资源短缺，促进我国循环经济和低碳产业的发展具有重大的意义。

（一）可降解材料的分类

食品包装用可降解材料，按降解程度可分为部分降解和全降解材料。部分降解材料是

指石油基非降解塑料与可完全降解材料共混制成的一类，此类材料只可部分降解，无法降解部分对环境的污染仍然是存在的。全降解材料可完全降解，目前食品包装行业用的材料有：淀粉基生物降解塑料、聚乳酸树脂、改性大豆蛋白塑料、聚己内脂树脂、聚丁烯琥珀酸酯、植物纤维、可降解纸、PET 合成衍生的聚酯等。

按照降解机理可分为三类，一类为光降解材料，指在太阳光作用下，聚合物分子链有序地进行断裂而导致其破坏和降解的一类材料。其主要是通过共聚反应在高分子主链上引入光敏基团（如羧基）或在高分子材料中添加光敏剂、光引发剂等而使传统塑料具有光降解特性。其降解原理是自然环境中的光照、热等作用在光降解材料上，诱发高分子主链上的光敏基团或高聚物中的添加剂分解，促使塑料大分子分解成小分子，最终被微生物吞噬消化，实现降解。另一类为生物降型，通常意义上是指能够被霉菌、红菌、海藻等微生物消化分解的高分子材料。生物降解材料的降解环境为自然环境或堆肥、厌氧消化、水性培养液中等特定条件。其最终产物为水、二氧化碳、甲烷、所含元素的矿化无机盐以及新的生物质等。第三类为复合降解型，同时能为光和生物降解的高分子材料称为复合降解。它结合了光和生物全面降解作用，以达到高分子材料的完全降解。这将是未来可降解材料研究的重要方向之一。

（二）部分全降解材料概况

1. 淀粉

淀粉是由葡萄糖组成的天然高分子链聚合物，其分子量可达数十万。淀粉的分子链结构可分为直链和支链两部分，其中直链淀粉可溶于水，属于一种热塑性高分子材料。可以通过分子改性而具备良好的抗润胀性、成膜性和力学性能。用直链淀粉制成的薄膜具有好的透明度、柔韧性、抗张强度和水不溶性，可应用于密封材料。在微生物作用下，最终降解为对环境无害的二氧化碳和水。

2. 聚乳酸

聚乳酸（PLA）是一种生物原料制品，具有很好的生物降解性、生物相容性和生物可吸收性，在降解后不会遗留任何环保问题。PLA 的聚合方法一般有两种，一种是以谷物为原料，在溶液中直接由乳酸聚合，另一种是经过环状二单体丙交酯聚合而成。PLA 树脂有足够的强度、热稳定性和热塑性能，可以熔融纺丝，其长丝的性能介于 PA6 和 PET 之间。

3. 植物纤维

植物纤维在食品包装领域中，常用于制作一次性植物纤维餐饮容器。利用废弃农作物秸秆等天然植物纤维为原料，添加符合食品包装材料卫生标准的安全无毒成型剂，经独特工艺和成型方法制造可完全降解的绿色环保产品。该产品耐油、耐酸碱、耐冷冻。强度优于泡沫塑料和纸制餐具。该产品不仅杜绝了白色污染，还为秸秆等植物纤维的综合利用提供了有效途径。

4. 聚己内酯

聚己内酯（PCL）是合成降解高分子材料脂肪族，是唯一不溶于水而能被水降解的塑料，它是一种半结晶聚合物，力学性能与聚烯烃相似，并可以完全生物降解。可以分解的微生物广泛分布于喜氧和厌氧条件下的各种环境。常作为共混材料与淀粉、聚丁烯琥珀酸酯、聚乳酸或通用塑料等复合共混，制成完全生物降解材料。

（三）常见的可降解材料在食品包装上的用途见表 7－1。

表 7－1　常见的可降解材料在食品包装上的用途

名称	性能	用途
热塑淀粉	生物降解	塑料杯
多乳酸塑料	谷物为原料由发酵的乳酸聚合而成，可以生物降解	生产食品包装袋
玉米淀粉树脂塑料	玉米中的糖分被提炼出来，经过发酵蒸馏萃取出制造塑料和纤维的基础材料—碳，在被加工成聚交酯细微颗粒，可以通过燃烧、生化分解和被昆虫吃食等方式处理	食品包装袋或餐具
植物纤维	生物降解	一次性塑料餐具
PET 合成衍生的聚酯	由合成聚酯制成，可以生物降解	各类食品用薄膜和包装用品
聚乳酸	具有良好的生物相容性和生物降解性，用它制成的各种制品埋在土壤中 6～12 个月可完成自动降解	购物袋和一次性塑料餐具

第二节　食品用竹木与可降解包装材料及制品标准及法规

一、竹木制品包装材料及制品的标准

我国目前已制定的涉及食品接触竹木类材料标准如表 7－2 所示。

表 7－2　食品用竹木包装材料及制品标准

标准号	标准名称
GB 19790. 1—2005	木筷
GB 19790. 2—2005	竹筷
GB/T 23778—2009	酒类及其他食品包装用软木塞
GB/T 24398—2009	植物纤维一次性筷子
LY/T 1159—2006	木牙签
LY/T 1512—2003	木质卫生筷子

续表

标准号	标准名称
LY/T 1061—1992	竹质卫生筷
SN/T 2611—2010	食品接触材料木制品中游离甲醛的测定　气相色谱法
SN/T 2204—2008	食品接触材料木制品类食品模拟物中五氯苯酚的测定气相色谱—质谱法
SN/T 2203—2008	食品接触材料 木制品类 食品模拟物中多环芳烃的测定
SN/T 2594—2010	食品接触材料 软木塞中铅、镉、铬、砷的测定 电感耦合等离子体质谱法
SN/T 2595—2010	食品接触材料检验规程 软木、木、竹制品类

美国 FDA、欧盟委员会及欧盟成员国、日本等国家，自 20 世纪中期开始，陆续颁布了一系列食品接触材料与制品安全性的相关法令。其中有一部分涉及木制品包装材料，但数量较少，涉及面较窄。涉及的标准有：ISO 10106《软木塞 全迁移量的测定》、ISO 10718《软木塞　在乙醇介质中能够生长的酵母、霉菌和细菌菌落形成单位的统计》、ISO/DIS 21128《软木塞　氧化剂残留量的确定　碘量滴定方法》等。

二、可降解包装制品的标准

我国目前已制定的与可降解包装材料相关的标准如表 7－3 所示。

表 7－3　可降解包装制品标准

标准号	标准名称
QB/T 2461—1999	包装用降解聚乙烯薄膜
GB/T 18006. 1—1999	一次性可降解餐饮具通用技术条件
GB/T 18006. 2—1999	一次性可降解餐饮具降解性能实验方法
GB/T 20197—2006	解塑料的定义、分类、标志和降解性能要求
HBC 01—2001	一次性餐饮具的技术要求

其中 QB/T 2461—1999 中的堆肥试验方法和霉菌侵蚀试验方法分别非等效采用采用了 ASTM D 5338—1998 受控堆肥化条件下测定可生物降解塑料需养生物降解的实验方法和 ISO 846—1997 塑料—真菌和细菌作用下行为的测定，直观检验法用于测定其降解性能。GB/T 18006. 2—1999 中的堆肥试验方法和霉菌侵蚀试验方法也采用可了 ASTM D 5338 和 ISO 846—1997 方法，并用霉菌繁殖级数和堆肥条件下生物降解度来评价其降解性能。而 HBC 01—2001 中将降解分为生物降解、光—生物降解材料和易于回收利用材料三大类，其中规定餐具的环境降解性能试验方法依据 GB 18006. 1—2009，但提高了某些技术指标，并提高了对降解塑料制品堆肥能力的要求。

第三节 食品用竹木与可降解包装材料及制品检验方法

食品用竹木与可降解包装材料及制品的检验，主要是从物理性能、理化性能和卫生性能三个方面展开的。

一、食品用竹木与可降解包装材料及制品主要物理性能检测方法

食品用竹木包装制品主要的物理性能检测项目有外观、含水率、拔塞力、回弹率、密度、掉渣量、密封性能、聚合体结构稳定性等，检测项目见表7－4。

表7－4 竹木制品包装物理性能检测项目

标准	项目名称	检测内容
GB 19790.1—2005《一次性筷子 第1部分：木筷》	产品类型分类	A、B、C型
	产品等级分类	一、二、三级
GB 19790.2—2005《一次性筷子 第2部分：竹筷》	产品类型分类	A、B、C、D、E型
	感官要求	一次性竹筷应洁净、光滑，与食物接触端6cm范围内不允许有毛刺。无污染、无异味、无虫蛀、无霉变、无腐朽、无破裂
GB/T 23778—2009《酒类及其他食品包装用软木塞》	感官要求	色泽、气味、外观质量
	尺寸要求	直径允许偏差、长度允许偏差、不圆度允许偏差
	物理特性	含水率、拔塞力、回弹率、密度、掉渣量、密封性能、聚合体结构稳定性

食品用可降解包装制品物理性能能检测项目有容积偏差、耐温性能、负重性能、盖体折叠试验、跌落试验、天然材料制品含水量、尺寸偏差等，检测项目见表7－5。

表7－5 可降解材料制品物理性能检测项目

标准	项目名称	检测内容
GB/T 18006.1—1999《一次性可降解餐饮具通用技术条件》	容积偏差/%	±5
	耐温试验（95℃ ±5℃的油、水，60℃环境恒温30min）	无变形、起皮、起皱、无阴渗、漏
	餐具负重试验（室温下负重3kg）	高度变化≤5%
	盖体对折试验15次	无断裂
	跌落试验1次	无裂损
	天然材料制品含水量/%	≤7
QB/T 2461—1999《包装用降解聚乙烯薄膜》	感官要求	无洞孔及影响使用的缺陷
	尺寸偏差	宽、厚度及偏差
	物理机械性能	符合 GB/T 4456 标准中4.3的规定

（一）含水率测定

1. 原理

一般状态下的竹木及其制品，都会有一定数量的水分。我国把木材中所含水分的重量与绝干后木材重量的百分比，定义为木材含水率。木制品制作完成后，造型、材质都不会再改变，此时决定木制品内在质量的关键因素主要就是木材含水率和干燥应力。生产制造企业需要正确掌握木制品的含水率。当木制品使用时达到平衡含水率以后，这个时候的木材最不容易开裂变形。因此，含水率测定是食品用竹木包装检测时的一项重要物理性能指标。

2. 仪器

（1）天平：精确0.0002g；

（2）电热恒温干燥箱；

（3）干燥器：装有干燥剂；

（4）称量皿：内径60mm～70mm，高35mm以下。

3. 试验步骤

取洁净称量皿于（103±2)℃干燥箱中，皿盖斜支于称量皿边，加热0.5h～1.0 h，盖好取出，置干燥器内冷却0.5h，称量，并重复干燥至质量恒定。准确称取1g～2g（精确至0.0002 g）试样，放入此称量皿中，加盖，精密称量后，置（103±2)℃干燥箱中，皿盖斜支于皿边，加热2h～4 h后，盖好取出，置干燥器内冷却0.5h，称量。然后放入(103±2)℃干燥箱中干燥1h左右，取出，放干燥器内冷却0.5h后再称量。至前后两次质量差不超过2 mg，即为质量恒定。

4. 计算

试样的含水率按下式计算：

$$\omega_1 = \frac{m_1 - m_2}{m_1 - m_3}$$

式中　ω_1——试样含水率,%；

m_1——铝制称量皿和未经处理原样品的质量，g；

m_2——铝制称量皿和样品干燥到质量恒定时的质量，g；

m_3——铝制称量皿的质量，g。

在重复性条件下获得三次独立测定含水率的算术平均值，即为所测试样的含水率，计算结果精确至0.1%。

（二）密封性能

1. 原理

用于检测酒类及其他食品包装用软木塞的密封性能。

2. 仪器和试剂

（1）压力仪（压力表精确度为0.01MPa）；

（2）亚甲基蓝染色的10%（体积分数）乙醇水溶液；

3. 试验步骤

用丙酮洗清标准柱，晾干。取软木塞10只，用打塞机将软木塞压入酒瓶瓶颈相仿的标准柱内，静置30min，注入3mL～5mL亚甲基蓝染色的10%（体积分数）乙醇水溶液，将每个标准柱放到压力仪（压力表精确度为0.01MPa）上，每个标准柱的底部放置一片滤纸并接触软木塞。对标准柱内的彩色溶液施加气压：天然软木塞在0.15MPa气压下，保持30min；聚合软木塞、贴片软木塞在0.20MPa气压下，保持3h。通过滤纸上的流动液体，观察软木塞有无渗漏现象。

（三）掉渣量

1. 原理

适用于检测酒类及其他食品包装用软木塞的掉渣量的检测。

2. 仪器

（1）天平：精确0.0002g；

（2）电热恒温干燥箱；

（3）振荡器。

3. 试验步骤

以4只软木塞作为一组，去两组做平行试验。将1.2μm滤膜放入103℃±4℃烘箱中烘干至恒重后取出，用万分之一的天平称重（m_1）。把每组软木塞放入盛有250mL，10%（体积分数）乙醇水溶液的500mL锥形烧杯中，置于振荡器（震荡频率为140r/min）中振荡10min，倒入过滤器过滤，再用50mL，10%（体积分数）乙醇水溶液冲洗锥形瓶和过滤器。将滤膜置于烘箱中烘干后取出，放入干燥器内冷却30min称重，使样品达到恒重（m_2）（连续两次称重不超过10mg即为恒重）。

4. 计算

掉渣量按下式计算：

$$X = \frac{m_2 - m_1}{4} \times 1000$$

式中　X——试样的掉渣量，mg/只；

m_2——过滤后烘干至恒重的滤膜质量，g；

m_1——过滤前烘干至恒重的滤膜质量，g。

计算两组试样的算术平均值，精确至小数点后一位。

二、食品用竹木与可降解包装材料及制品理化指标检测方法

食品用竹木包装制品主要理化检测项目有以下几项：二氧化硫浸出量、噻苯咪唑、邻苯基苯酚、联苯、抑霉唑、氧化剂残留、游离甲醛、五氯苯酚、其他。

食品用可降解包装制品的理化检测项目有：蒸发残渣、高锰酸钾消耗量、重金属、荧光性物质、甲苯二胺、氟、有机磷农药残留量、黄曲霉素、脱色试验、和降解性能试验里的野外曝晒架曝露试验、氙灯光源曝露试验、纤维素霉菌侵蚀试验。

（一）二氧化硫浸出量

1. 原理

二氧化硫对有漂白和防腐作用，使用二氧化硫能够达到使产品外观光亮、洁白的效果，是食品加工中常用的漂白剂和防腐剂，但必须严格按照国家有关范围和标准使用，否则，会影响人体健康。天然竹木材料色泽上存在差异，生产厂家会生产过程中会使用二氧化硫作为漂白剂和防腐剂，因此对食品用竹木包装制品的二氧化硫浸出量检测有重要的意义。适用于一次性木筷二氧化硫浸出量的检验。

2. 试验步骤

取样：从抽取的实验室样品中随机抽取样品 5 双，把附在试样上的木屑、碎片等清除干净。将每双一次性木筷切成长约 2 cm 的木棍，装入清洁密封的样品袋中密封，作为检测试样。

直接称取制备的样品 5g ~ 10g（准确至 0.01g ）于蒸馏瓶中，按 GB/T 5009. 34—2003 第二法（蒸馏法）9. 2 进行测定，控制蒸馏时间为 15min。

（二）噻苯咪唑、邻苯基苯酚、联苯、抑霉唑残留

1. 原理

噻苯咪唑：白色或米黄色结晶或粉末。味微苦，无臭。是一广谱驱肠虫药，对蛔、钩、鞭、蛲、粪圆线虫和旋毛虫感染，均有驱除作用；以驱蛲虫效果最佳；亦是粪圆线虫的首选药物。可引起食欲不振、恶心、呕吐、腹痛、腹泻、眩晕、头痛、嗜睡及黄视等。

邻苯基苯酚：邻苯基苯酚及其钠盐作为防腐杀菌剂还可用于化妆品、木材、皮革、纤维和纸张等，一般使用浓度为 0. 15% ~ 1. 5% 。美国环境保护局（EPA）允许使用的以邻苯基苯酚或其钠盐为主要成分的杀菌皂、杀菌除臭洗剂、防腐保鲜剂品种有近两百种，并且认为该类产品是无毒的。

联苯：是重要的有机原料，广泛用于医药、农药、染料、液晶材料等领域。可以用来合成增塑剂、防腐剂，还可以用于制造燃料、工程塑料和高能燃料等。在食品用竹木包装生产过程中用于防腐。如果使用过量会中毒，主要表现为神经系统和消化系统症状，如头

晕、头痛、眩晕、嗜睡、恶心、呕吐等，有时可出现肝功能障碍。高浓度接触，对呼吸道和眼睛有明显刺激作用。长期接触可引起头痛、乏力、失眠以及呼吸道刺激症状。可致过敏性或接触性皮炎。

抑霉唑：抑霉唑是一种内吸性杀菌剂，在食品用竹木包装生产过程中用于杀菌。抑霉唑中毒可引起食欲不振、恶心、呕吐、腹痛、腹泻、眩晕、头痛、嗜睡及黄视等。

适用于一次性竹筷中噻苯咪唑、邻苯基苯酚、联苯、抑霉唑残留量的检验。

2. 仪器和试剂

高效液相色谱仪配二极管阵列检测器或紫外检测器、旋涡混匀器、超声波清洗器、离心机：4000r /min。

乙腈，液相色谱级。

甲醇，液相色谱级。

磷酸，85%。

十二烷基磺酸钠，分析纯。

噻苯咪唑标准品：纯度≥98.3%。

邻苯基苯酚标准品：纯度≥95.5%。

联苯标准品：纯度≥99.5%。

抑霉唑标准品：纯度≥99.0%。

标准溶液：分别准确称取适量噻苯咪唑、邻苯基苯酚、联苯或抑霉唑，用甲醇溶解并定容至100 mL，配制成为噻苯咪唑100μg/mL、邻苯基苯酚100μg/mL、联苯100μg/mL或抑霉唑1000μg/mL浓度的标准储备液。根据需要再用甲醇将标准储备液稀释成适当浓度的混合标准工作液。

所有试剂除特殊注明外，均为分析纯，水为重蒸馏水。

3. 试验步骤

(1) 提取

将制备的试样再劈成厚约1mm、长小于1cm的竹条，准确称取1g（准确至0.001g）试样于30mL具塞离心管中，准确加入5.0 mL甲醇，具塞混匀，置超声波清洗器中超声30min，然后在旋涡混匀器上混匀3 min，于2000 r/min离心5min，上清液过0.45 μm微孔滤膜后，上HPLC测定，外标法定量。

(2) 测定

①色谱条件

色谱柱：ODS柱（25 cm×4.6 mm ID，5μm）或类似柱；

流动相：称取十二烷基磺酸钠0.681g，加入350mL甲醇，50mL乙腈，100mL水和1mL磷酸溶解，过0.45μm微孔滤膜；

流速：0.5 mL/min；

检测波长：噻苯咪唑、邻苯基苯酚、联苯检测波长为247nm，抑霉唑的检测波长为 226nm；

进样量：10μL；

柱温：40℃。

②色谱测定

根据样液中噻苯咪唑、邻苯基苯酚、联苯和抑霉唑的含量情况，选定峰面积相近的标准工作溶液。

标准工作溶液和样液中噻苯咪唑、邻苯基苯酚、联苯和抑霉唑的响应值均应在仪器的检测线性范围内。

对标准工作溶液和样液等体积参插进样测定。在上述色谱条件下，噻苯咪唑、邻苯基苯酚、联苯和抑霉唑的保留时间约为 8. 1 min，8. 6 min，14. 0 min 和 11. 1 min。标准品色谱图见图 7 -3 和图 7 -4。

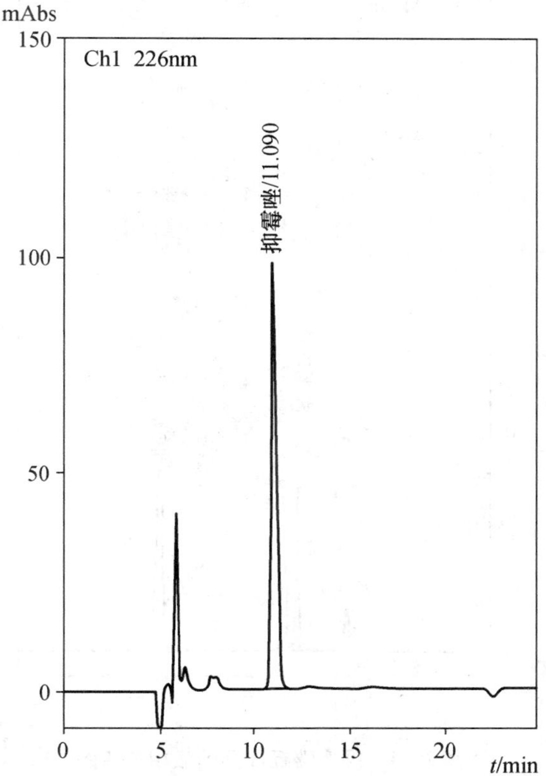

图 7 -3 噻苯咪唑、邻苯基苯酚、联苯混合标准品的液相色谱图

空白实验除不加试样外，按上述测定步骤进行。

4. 计算

用色谱数据处理机或按下式计算试样中噻苯咪唑、邻苯基苯酚、联苯和抑霉唑的残留量，计算结果需扣除空白值。

$$w_2 = \frac{A \cdot C_s \cdot V}{A_s \cdot m}$$

式中：w_2——试样中噻苯咪唑、邻苯基苯酚、联苯和抑霉唑的残留量，mg/kg；

A_s——样液中噻苯咪唑、邻苯基苯酚、联苯和抑霉唑峰面积，mm^2；

C_s——标准工作液中噻苯咪唑、邻苯基苯酚、联苯和抑霉唑的浓度，μg/mL；

A——标准工作液中嘎苯咪哇、邻苯基苯酚、联苯或抑霉哇的峰面积，mm^2；

V——样液最终定容体积，mL；

m——最终样液所代表的试样质量，g。

测定低限：本方法噻苯咪唑、邻苯基苯酚、联苯的测定低限为1.0 mg/kg，抑霉噢的测定低限为5.0mg/kg。

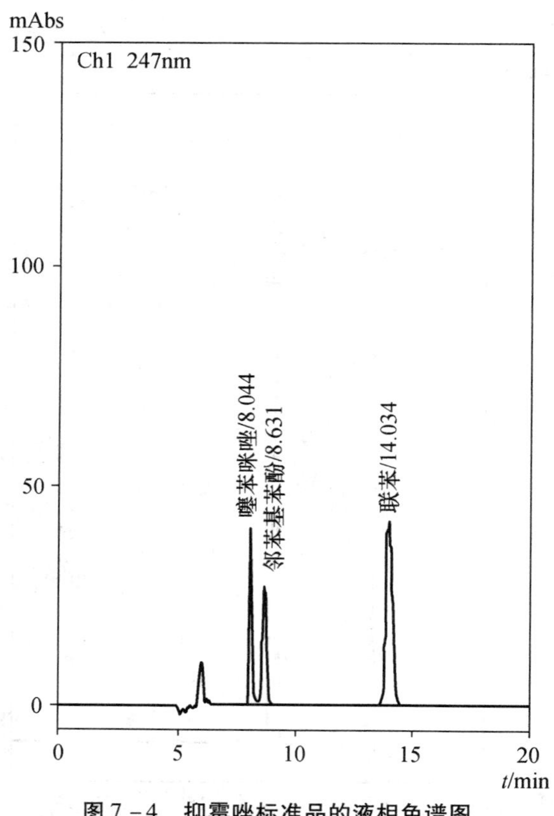

图7-4 抑霉唑标准品的液相色谱图

（三）氧化剂残留量

1. 原理

软木塞在磨削到规定尺寸后，表面要进行清洗处理，一是去除表面的菌落，二是美观外表。清理处理使用的是强氧化剂，国际通用为过氧化氢。以前有使用次氯酸盐清洗的，因为氯的元素有毒，而且易产生一种TCA的物质，这种物质带有一种恶臭的气味，所以现已禁止使用。清洗处理后，必须除去软木塞上残留的氧化剂，氧化剂残留过多（控制标准：<0.1mg/只），将会氧化酒质。氧化的白葡萄酒颜色会很快变深、果香味和口感会消失。氧化的红葡萄酒颜色会变成咖啡色或变的没有光泽，果香味也会消失。

在酸性条件下，氧化剂残留物与碘化钾生成碘，用硫代硫酸钠标准溶液滴定生成的碘，以淀粉作为指示剂，溶液颜色由蓝色褪成无色为滴定终点，记录滴定消耗的硫代硫酸钠标准溶液的体积，通过公式计算出氧化剂残留量。

化学反应方程式：$H_2O_2+2H^++2I^-\longrightarrow I_2+2H_2O$

$$2S_2O_3^{2-}+I_2\longrightarrow S_4O_6^{2-}+2I^-$$

2. 仪器和试剂

硫酸溶液（1+3）：取1体积浓硫酸缓慢注入3体积水中。

碘化钾溶液：50g/L。使用时配制。

0.02mol/L硫代硫酸钠标准溶液：按GB/T 601配制与标定0.1mol/L硫代硫酸钠标准溶液，临用前准确稀释5倍。

5g/L淀粉溶液：称取0.5g淀粉，加5mL水使其成糊状，在搅拌下将糊状物加到50mL沸腾的水中，煮沸1min~2min，冷却，稀释至100mL。使用期为两周。

醋酸溶液（1+1）：取1体积冰乙酸与1体积水混合。

3. 试验步骤

以4只软木塞作为一组，取两组做平行试验。向500mL具塞碘量瓶中，依次加入25mL碘化钾溶液（6.11.2.2）、5mL硫酸溶液（6.11.2.1）、0.5mL淀粉溶液（6.11.2.4）、5mL醋酸溶液（6.11.2.5）、200mL的蒸馏水，然后将每组软木塞放入碘量瓶中，旋紧瓶塞，振荡0.5h，用0.02mol/L的硫代硫酸钠标准溶液（6.11.2.3）滴定碘量瓶内溶液。溶液颜色由蓝色褪成无色，且30s不变色作为滴定终点。记录消耗的硫代硫酸钠标准溶液体积（V_1）。

同时进行空白试验，操作同上。记录消耗的硫代硫酸钠标准溶液体积（V_0）。

4. 计算

氧化剂残留量按下式计算：

$$X=\frac{c\times(V_1-V_0)\times 17}{4}$$

式中 X——式样的氧化剂残留量，mg/只；

c——硫代硫酸钠标准溶液的浓度，mol/L；

V_1——测定试样时消耗的硫代硫酸钠标准溶液的体积，mL；

V_0——空白试验消耗的硫代硫酸钠标准溶液的体积，mg；

计算两组试样的算术平均值，精确至小数点后一位。

平行试验的相对误差小于5%。

（四）食品模拟物中五氯苯酚的测定

1. 原理

五氯苯酚（PCP）是纺织品、皮革制品、木材、织造浆料和印花色浆中普遍采用的一种防霉防腐剂。作用：①防霉②防腐③防虫④杀菌。注：经动物试验证明 PCP 是一种强毒性物质，对人体具有致畸和致癌性。如人类在穿着残留有五氯苯酚（PCP）的纺织品时，会通过皮肤在人体内产生生物积蓄，不仅对人类造成健康威胁，而且 PCP 在燃烧时会释放出臭名昭著的二恶英类化合物，会对环境造成持久的损害。

此检测方法适用于与食品接触的木制品类中五氯苯酚在四种食品模拟物（水，3% 乙酸溶液，10% 乙醇溶液和橄榄油替代物 95% 乙醇溶液）中迁移量的测定。将浸泡过木制品的食品模拟物转变为碳酸钾溶液，经乙酸酐乙酰化后以正己烷提取，用氮吹仪浓缩定容，用配有质量选择检测器的气相色谱仪测定，以艾氏剂作内标进行定量。

2. 仪器和试剂

气相色谱：配有质量选择检测器（MSD）。

微量进样针：25μL。

旋转蒸发仪。

离心沉降机：4000r/min。

氮吹仪。

分液漏斗：250mL。

旋涡混合器。

离心管：具塞，10mL。

圆底烧瓶：100mL。

无水碳酸钾。

无水硫酸钠：650℃灼烧 4h，冷却后贮于干燥器中备用。

乙酸酐。

冰乙酸。

氢氧化钾溶液：5mol/L。

正己烷。

无水乙醇。

食品模拟物，包括水性模拟物 A、B、C 和油性模拟物 D。

模拟物 A：二级水。

模拟物 B：30g/L 乙酸溶液。

模拟物 C：乙醇溶液（1 +9）。

模拟物 D：乙醇溶液（95 +5）。

五氯苯酚标准品：纯度≥99%，CAS No.：［87 -86 -5］。

艾氏剂标准品：纯度≥98%，CAS No.：［309 -00 -2］。

碳酸钾溶液：0.1mol/L 水溶液，称取 13.8g 无水碳酸钾溶于水中，并定容至 1000mL。

硫酸钠水溶液：20g/L。

艾氏剂内标溶液：准确称取适量的艾氏剂标准品，用正己烷配制成浓度为 100ml/L 的内标溶液。

除另有规定外，所有试剂均为分析纯，水为符合 GB/T 6682 规定的二级水。

3．试验步骤

（1）迁移试验

根据待测样品的预期用途和使用条件，按 SN/T 2280—2009 的迁移试验方法及试验条件，用适当的模拟物进行五氯苯酚的迁移试验。

（2）乙酰化

①准确移取 100.0mL 按上面迁移试验过的食品模拟物 A 到 250 mL 分液漏斗内，加入 1.38g 无水碳酸钾，振荡，使碳酸钾溶解完全。在上述分液漏斗中加入 2mL 乙酸酐，振荡 2min。加入 2mL 正己烷，振荡 2min，静置 5min，弃去下层水相。上层正己烷相加入 50mL 硫酸钠水溶液振荡洗涤 1 次，静置 5min，弃去下层水相。将正己烷相移入 10mL 离心管中，用微量进样针准确加入 10μL 的 100mg/L 艾氏剂内标溶液，摇匀后在旋涡混合器混匀 2min，用微弱的氮气流浓缩定容至 1.0mL，此溶液供气相色谱—质谱确证和测定。

②准确移取 100.0mL 按迁移试验的食品模拟物 B 到 250mL 分液漏斗内，加入 16mL 氢氧化钾溶液，使溶液 pH 为 7；再加入 1.60g 无水碳酸钾，振荡，使碳酸钾溶解完全。在上述分液漏斗中加入 2mL 乙酸酐，振荡 2min。加入 5mL 正己烷，振荡 2min，静置 5min，弃去下层水相。上层正己烷相加入 50mL 硫酸钠水溶液振荡洗涤 1 次，静置 5min，弃去下层水相。将正己烷相移入 10mL 离心管中，用微量进样针准确加入 10μL 的 100mg/L艾氏剂内标溶液，摇匀后在旋涡混合器混匀 2min，用微弱的氮气流浓缩定容至 1.0mL，此溶液供气相色谱质谱确证和测定。

③准确移取 100.0mL 按迁移试验过的食品模拟物 C 到 250 mL 分液漏斗内，加入 1.38g 无水碳酸钾，振荡，使碳酸钾溶解完全。在上述分液漏斗中加入 2mL 乙酸酐，振荡 2min。加入 5mL 正己烷，振荡 2min，静置 5min，弃去下层水相。上层正己烷相加入 50mL 硫酸钠水溶液振荡洗涤 1 次，静置 5min，弃去下层水相。将正己烷相移入 10 mL 离心管中，用微量进样针准确加入 10μL 的 100mg/L 艾氏剂内标溶液，摇匀后在旋涡混合器混匀 2min，用微弱的氮气流浓缩定容至 1.0mL，此溶液供气相色谱质谱确证和测定。

④准确移取 100.0mL 按迁移试验过的食品模拟物 D 到 100mL 的圆底烧瓶，用旋转蒸发仪浓缩近干，用 100mL 的 0.1mol/L 碳酸钾溶液分三次将圆底烧瓶内残留物转移到 250 mL 漏斗内，加入 2mL 乙酸酐振荡 2min。加入 5mL 正己烷，振荡 2min，静置 5 min，弃去下层水相。上层正己烷相加入 50 mL 硫酸钠水溶液振荡洗涤 1 次，静置 5 min，弃去下层水相。将正己烷相移入 10mL 离心管中，用微量进样针准确加入 10μL 的 100mg/L 艾氏剂内标溶液，摇匀后在漩涡混合器混匀 2min，用微弱的氮气流浓缩定容至 1.0mL，此溶液供气相色谱—质谱确证和测定。

(3) 标准储备液的制备

准确称取五氯苯酚标准 10mg（精确至 0.001g）于 100mL 具塞容量瓶中，以碳酸钾溶液定容至刻度，摇匀，于 4℃冰箱中保存备用。

(4) 标准中间液的制备

准确量取 1.0mL 标准储备液于 100mL 具塞容量瓶中，以碳酸钾溶液定容至刻度，摇匀，于 4℃冰箱中保存备用。

(5) 标准工作溶液的制备

准确移取 1.0mL 标准中间液于 250 mL 分液漏斗内，用相应的食品模拟物稀释到 100.0 mL，以下按乙酰化中相应的步骤进行。

(6) 测定

气相色谱—质谱条件

色谱柱：DB－5MS，30m×0.25mm（内径）×0.25μm，或相当者；

进样口温度：280℃；

连接杆：280℃；

离子源：230℃；

柱温：$\underset{(2min)}{150℃} \xrightarrow{10℃/min} 240℃ \xrightarrow{20℃/min} \underset{(2min)}{280℃}$

载气：氦气，纯度≥99.999%；

流量：1.0mL/min，恒流；

离子化方式：EI；

电离能量：70eV；

进样方式：不分流进样，1min 后开阀；

进样量：2.0μL；

测定方式：选择离子监测方式；

溶剂延迟：3.5min。

(7) 气相色谱—质谱测定及阳性结果确证

根据样液中被测物含量情况，选定浓度相近的标准工作液，标准工作液和待测样液中乙酰化五氯苯酚的响应值均应在仪器检测的线性范围内。在上述气相色谱—质谱条件下，五氯苯酚乙酸酯的保留时间约为 8.1min，内标物的保留时间约为 10.0min。

如果样液与标准工作溶液的选择离子色谱图中，在相同保留时间有色谱峰出现，并且扣除背景后的样品质谱图中，所选择的离子均出现，而且所选择的离子丰度与标准的丰度相一致，则可判断样品中存在五氯酚。乙酰化五氯苯酚和艾氏剂的定性、定量离子及丰度比见表 7－6。

表 7－6　乙酰化五氯苯酚定量和定性选择离子表

中文名称	特征碎片离子（m/z）		丰度比
	定量	定性	
乙酰化五氯苯酚	266	264 266 268	67:100:64
艾氏剂	263	263 293 329	—

（8）空白试验

除不称取试样外，均按第5部分进行空白试验。

4. 计算

结果计算可由计算机工作站内标法直接计算，也可由以下计算公式计算，按下式计算校正因子：

$$f = \frac{A_i \times c_s}{A_s \times c_i}$$

式中 f——乙酰化五氯苯酚对内标物的校正因子；

A_i——标准工作液中内标物峰面积；

c_i——标准工作液中内标物浓度，mg/L；

A_s——标准工作液中乙酰化五氯苯酚峰面积；

c_s——标准工作液中乙酰化五氯苯酚浓度，mg/L。

食品模拟物中五氯苯酚的浓度按下式计算：

$$C = \frac{f \times (A_2 - A_0) \times c_1 \times V_2}{A_1 \times V_1}$$

式中 C——食品模拟物中五氯苯酚的浓度，mg/L；

f——校正因子；

A_1——样液中内标物峰面积；

A_0——空白峰面积；

A_2——样液中乙酰化五氯苯酚峰面积；

c_1——样液中内标物浓度，mg/L；

V_1——移取的食品模拟物体积，mL；

V_2——样液最终定容体积，mL。

测定低限：本方法的测定低限为0.0001 mg/L。

精密度：在重复性条件下获得的两次独立测定结果的绝对差值不超过算术平均值的10%。

（五）野外曝晒架曝露试验

1. 原理

光—生物降解塑料在户外日光或人工模拟阳光紫外线、温度、湿度等气候条件的作用下，引起从外观到内在质量变化（物理性能降低，分子量下降，新生含氧基团等），外观碎化、粉化后，其低分子量成分及以羰基为代表的新生含氧基团可为微生物提供碳源而继续被生物降解。野外曝晒架曝露试验是光—生物降解性能检测项目之一。

2. 仪器试剂及其他要求

（1）试验场地

①按以下要求选择在气候类型有代表性的试验场地

场地平坦空旷、不积水，东、南、西方向没有仰角大于20°、北方向没有仰角大子45°的障碍物；试验场地的大气质量达到该区域平均水平，地面宜保持自然植被，但草高不宜超过15cm。

②场地四周应采取围铁丝网或木栅等防止样品丢失的安全措施。

（2）试验装置

①曝晒架应符合以下要求

框架结构应使用耐腐蚀金属（如铝合金、不锈钢等）、涂上防护漆的角钢或木材制作；

固定样品的架面应符合GB/T 17603关于曝晒架B的规定。应使用不涂漆外用级中密度或高密度复层胶合板制作，板架面仰角要与试验场地的地理纬度一致；

曝晒架可作成固定仰角或可调仰角形式，架面下方边缘应有可收集碎片、防止碎片散落的挡槽。

②如试验场地离气象台、站较远，应有同步观测累计日照时数、累计日照辐射量、气温（最高、最低、平均）、相对湿度（最高、最低、平均）、风力、降水量的设备。所用日光总辐射仪，应按GB/T 17603要求定期以标准辐射源进行校准。

（3）试样及数量

①应包括待检样、标准光—生物降解对照样及与待检样同材质的标准非降解对照样。

② 标准光—生物降解对照样所用的光—生物降解母粒，必须是经国家授权的质检单位考核符合本标准使用要求的合格产品，并应在有效期内使用。

③光—生物降解标准对照样及标准非降解对照样应符合以下要求：

以半年内生产，光—生物降解母粒含量为3%的光—生物降解聚丙烯餐饮具为标准降解对照样；

以半年内制作，不含光—生物降解母粒，与检样同材质的塑料餐饮具为标准非降解对照样。

④完整试样的数量，应能满足降解性能评价指标本底值、定期观测及结果观测值的测量和留样的需要。

⑤ 破坏性测试所需的试样数量等于该测试平行样及留样复测所需的数量。非破坏性检测所需的试样数量等于该测试所需平行样的数量。可参照下面公式计算所需完整试样的最低个数。

$$N = \left(1 + \frac{M}{Q} \times 3\right)$$

式中：N——试验所需样盒数，个；

Q——采样周期，周；

M——曝露试验期限，周。

（4） 试验条件

将曝晒架固定在试验场内，要经得起当地最大风力的吹刮。

架面的方位朝正南，曝晒角度应等于场地的地理纬度。

如需设置多台曝晒架．其行距应以曝晒架高度的 1.5 倍为宜。

将标记好的样盒扣放在架面上（间距以不相互遮挡阳光为宜），用耐老化的细尼龙丝拉网或用细尼龙丝网固定。

（5） 试验开始时间和期限

以避开雨季的春末夏初开始为宜，试验期限应能满足试验目的及规定的累计日照辐射量需要，在 6 月 ~9 月常态气象条件下累计日照辐射量达到 300MJ/m^2约需 2 周 ~3 周，达到 600MJ/m^2约需 5 周 ~6 周。

（6） 观测指标

①感官指标应包括以下内容：

颜色及表面光洁度或透明度变化；

有无变形，有无霉变（按 0 级、Ⅰ级、Ⅱ级、Ⅲ级、Ⅳ级、Ⅴ级判定）；

挺括度、韧性变化，有无龟裂（按 0 级、Ⅰ级、Ⅱ级、Ⅲ级、Ⅳ级判定）、脆化；

是否碎化（失去完整盒形，碎块大于 2cm × 2cm）、粉化（碎块小于或等于 2cm × 2cm）。

② 微观指标可包括以下内容：

重均、数均分子量及多分散性系数；

重均 < 10000 的低分子百分含量；

红外光谱分析及羰基指数。

③ 比较试验前后感官指标及微观指标的变化，计算分子量下降率及低分子百分含量、羰基指数的动态变化。

（7） 观测方法

①应按以下要求对感官指标用目测和触摸法检查，同时可辅以量具测量。

②霉变分级方法应符合 5.1.10.5 要求。裂损程度应按以下方法分级：

0 级：无裂损（或裂纹）；

Ⅰ级：裂损（或裂纹）范围小于或等于外表面积的 10%；

Ⅱ级：裂损（或裂纹）范围小于或等于外表面积的 30%；

Ⅲ级：裂损（或裂纹）范围小于或等于外表面积的 60%；

Ⅳ级：裂损（或裂纹）范围占外表面积的 60% 以上。

③用高温凝胶色谱法检测重均和数均分子量及低分子百分含量，用傅里叶变换红外光谱仪对金刚石池制样作红外光谱分析。

3. 试验步骤

（1） 试验前应拟定检验大纲，内容应包括：

①试验目的、要求和场地条件；

②抽样数量及方法；

③微观指标取样方法及位置；

④测试方法及依据标准；

⑤测试方案及测量仪器；

⑥测量结果判定方法及依据标准。

（2）记录各组试样的感观指标本底描述，测试微观指标本底值。

（3）将待检试样及标准降解、标准非降解对照样按标好的位置分别扣放在架面上。用直径小于0.2mm的细尼龙线拉网或用直径小于0.2mm的细尼龙丝网将试样固定，并作本底情况拍照。

（4）在试验现场同时进行气象资料观测，逐日记录日照时数、累计总辐射量、气温（最高、最低、平均）、相对湿度（最高、最低、平均）、风力、降水量等。如试验场地在气象台、站附近，也可直接利用气象台、站的观测资料。

（5）除按规定周期观察记录试验样品及对照样品的感官变化并进行拍照外，出现典型变化随时拍照，遇有大风、雷雨等异常天气要随时观察和维护，发现丢失要及时补齐。

（6）按规定周期和以下要求采样、送样作分子量测试。

①分子量检样及红外光谱分析样按盖、底中心及两外边共四点法采取。分子量取平行样的均值，红外光谱分析可取四点的均值；

②每份检样分别装纸袋作好标记（品名、测试项目、采样及送检日期等）送检；在装袋、送检过程中要严防人为挤压、碰撞。

（7）按GB 18006.1要求对经表3B条件曝露后的碎片作霉菌侵蚀试验，或采集粉化样作二氧化碳生成试验。

4. 计算

将被检样与标准降解对照样、标准非降解对照样综合分析后，对照GB 18006.1规定进行综合判定。

（六）氙灯光源曝露试验

1. 原理

适用于光—生物降解性塑料制品光降解性能的型式检验和监督检验。

2. 仪器和试剂

（1）氙灯光源曝露试验箱

应满足以下技术条件：

①氙灯滤光罩的滤光范围应能限定滤过光为290nm～400nm的紫外光范围；

②试验箱内应有固定试样架的转鼓、并设有氙灯功率、累计辐射量、温度、相对湿度及计时器等自动控制、指示设定装置；

③模拟气象条件可控范围：相对湿度：10%～80%，黑板温度：53℃～130℃；

④其他应符合GB 9344及GB/T 16422.1要求。

（2）试样架、黑板温度计及辐射量测定仪应符合 GB/T 16422.1 要求。

（3）试验条件　试验条件应符合以下要求：

①光源波长：290nm～400nm；

②累计辐射量：最小不小于 14000kJ/m^2，最大不应超过 67200kJ/m^2；检验产品的光降解性能时，累计辐射量可统一限定在 16800kJ/m^2；

③黑板温度设定控制在仪器所允许的最小温度上（不大于 55℃），用自动加湿系统将试验箱内的相对湿度控制在 65% ±5%（严禁喷水控湿）。

（4）试验样品

①试验样品应符合 GB/T 18006.2—1999 要求。

②将各组试样的平整部分，各剪制成 50mm×100mm 宽的样片，用细尼龙丝固定在试样架面上，并在架背面编号标注；

③各种试样片数应不少于 3 片。

3．试验步骤

（1）将待检样片、标准降解对照样片及非降解对照样片分别按本底样、试验样及留样分别编号，并将本底样及留样避光保存。

（2）用细尼龙丝线将三种试验样片固定在试样架上，并将样片种类及编号标记在试样架的背面。其他本底样及留样片避光保存。

（3）接通主机电源，按试验设计方案设定主要技术参数，打开氙灯，直至样片受到的总辐射量达到预定值，曝露试验箱自动关机。

（4）小心取出达到预定辐射量值的样片，分别记录试验样片、本底样片及对照样片的感官变化后，按样片种类分别装入样品袋内送检分子量及红外光谱分析。

（5）需检验试样的生物降解性能时，辐射量值需使样片碎化、粉化后再作霉菌侵蚀试验或二氧化碳生成量试验。

4. 计算

（1）与试验前相比，观察记录有无光降解诱导期的感官变化（细纹理样变或裂变）。

（2）用以下参数，按照 GB 18006.1 标准要求，结合标准对照样片变化对比综合判断。

①重均分子量下降率；

②红外光谱图及羰基指数。

（3）检验结果判定，应符合 GB 18006.1 规定的原则。

（七）纤维素酶侵蚀试验

1. 原理

纤维素酶从纤维素中分解出还原糖，还原糖又同 2－羟基－3，5－二硝基苯甲酸反应产生一种黄－橙混合物，用肉眼或分光光度计法比色测定。适用于纸制及食用粉制作的一次性可生物降解餐饮具。

2. 仪器和试剂

（1）仪器

25mL 刻度比色管；

1cm 比色皿；

分光光度计；

食品粉碎机（12000r/min）；

100mL，1000mL 容量瓶。

（2）试剂

指示剂溶液：用少许去离子水同 1.0g2－羟基－3，5－二硝基苯甲酸拌和，然后边摇动边滴加 2mol/L 的氢氧化钠溶液 20mL，至 2－羟基－3，5－二硝基苯甲酸溶解。用 50 mL 去离子水稀释，再加 30g 四个结晶水的酒石酸钾，溶解后再用去离子水定容至 100 mL。在 4℃下密封保存。

乙酸盐缓冲液（pH4.6）：取 50mL 的 2mol/L 乙酸与 50mL 的 2mol/L 乙酸钠溶液混合，并用去离子水定容至 1000mL。

常规配制 2mol/L 氢氧化钠溶液。

纤维素酶溶液：将成品纤维素酶用醋酸盐缓冲液溶解，使酶活力为 30U/mL。

3. 试验步骤

（1）试样预处理及分组

①称取 5g 试样加 200mL 醋酸缓冲液，用食品粉碎机粉碎打浆，取浆液试验。

② 取三只 25mL 刻度比色管，按以下顺序编号：

试样空白管——1 号；

试剂空白管——2 号；

侵蚀试验主值管——3 号。

（2）操作步骤

①按表 7－7 要求，各称取 0.5g 试样浆液放入 1 号、3 号管内；再将 1 号、2 号、3 号管置于 40℃恒温水浴中，各加入 1.5 m L 已预热的醋酸盐缓冲液后，再向 2 号及 3 号管各加入 2.0mL 的酶溶液，混合后保温 30 min。

②按表 7－8 要求向 1 号、2 号，3 号管各加入 1.0mL 氢氧化钠溶液和 2.0mL 指示剂溶液，使反应终止，再向 1 号管加入 2.0mL 酶溶液。

表 7－7　试剂用最及步骤一

用量	试管号		
	1	2	3
试样浆液/g	0.5	—	0.5
缓冲液/mL	1.5	1.5	1.5
酶溶液/mL	—	2.0	2.0

表 7－8　试剂用量及步骤二

用量	试管号		
	1	2	3
氢氧化钠溶液/mL	1.0	1.0	1.0
指示剂溶液/mL	2.0	2.0	2.0
酶溶液/（30U/mL）	2.0	—	—

③将上述 1，2，3 号管置于沸水浴中 5 min，流水冷却后用去离子水定容至 20 mL。目测色深是否为黄橙色。

④目测不易与空白对照分辨时，将试液用滤纸过滤后用分光光度计作常规比色，于 490nm 处以空白值为参比测定吸光度判断色深。

三、食品用竹木与可降解包装材料及制品微生物指标检测方法

食品用竹木包装制品主要微生物检测项目有大肠菌群、致病菌、霉菌、菌落总数、酵母等。

食品用可降解包装制品的微生物检测项目有致病菌、霉菌、大肠杆菌和生物降解性能试验里的霉菌浸蚀试验、需氧堆肥试验生物降解率。

（一）菌落总数

1. 原理

适用于酒类及其他食品包装用软木塞菌落总数检测，菌落总数测定是用来判定食品被细菌污染的程度及卫生质量，它反映食品在生产过程中是否符合卫生要求，以便对被检样品做出适当的卫生学评价。菌落总数的多少在一定程度上标志着食品卫生质量的优劣。

2. 仪器和试剂

冰箱 0℃ ~4℃；

恒温培养箱 25℃ ~28℃；

恒温振荡器；

显微镜 10 × ~100 ×；

架盘药物天平 0g ~500g，精确至 0.5 g。

3. 试验步骤

按照 GB/T 4789.2，将所使用的器皿、吸管、培养基、100mL 生理盐水、过滤装置和直径 50mm 的 0.45μm 滤膜等试验用品高压灭菌。

以 4 只软木塞作为一组，取两组做平行试验。在无菌条件下，将每组软木塞放入盛有 100mL 生理盐水的无菌容器中，密封。在振荡器上摇动 0.5h，用孔隙为 0.45μm 的无菌滤

膜过滤，把滤膜放入培养皿，倒入温度为46℃ ±1℃的营养琼脂培养基（培养基的配制见GB/T 4789.28）。

待琼脂凝固后，翻转平板，置36℃ ±1℃的温箱内培养48h ±2h。同时用100mL生理盐水做空白对照。

4. 计算

做平板菌落计数时，可用肉眼观察，必要时用放大镜检查，以防遗漏。计下各平板的菌落总数，除以4只即为每只试样的菌落总数。计算两组试样的算术平均值，结果保留至整数位。

（二）霉菌和酵母菌

1. 原理

适用于酒类及其他食品包装用软木塞霉菌和酵母菌检测，由于霉菌和酵母能抵抗热、冷冻，以及抗菌素和辐照等贮藏及保藏技术，它们能转换某些不利于细菌的物质，而促进致病细菌的生长；有些霉菌能够合成有毒代谢产物－霉菌毒素。霉菌和酵母往往使食品表面失去色、香、味。因此霉菌和酵母也作为评价食品卫生质量的指示菌，并以霉菌和酵母计数来制定食品被污染的程度。

2. 仪器和试剂

冰箱0℃ ~4℃；

恒温培养箱25℃ ~28℃；

恒温振荡器；

显微镜10× ~100×；

架盘药物天平0g ~500g，精确至0.5g。

3. 试验步骤

按照GB/T 4789.15，将所使用的器皿、吸管、培养皿、100mL生理盐水、过滤装置和直径50mm的0.45μm滤膜等试验用品高压灭菌。

以4只软木塞作为一组，取两组做平行试验。在无菌条件下，将成品软木塞放入盛有100mL生理盐水的无菌容器中，密封。在振荡器上摇动0.5h，用孔隙为0.45μm的无菌滤膜过滤，把滤膜放入46℃ ±1℃的培养基（培养基的配制见GB/T 4789.28）。

待琼脂凝固后，翻转平板，置25℃ ~28℃的温箱内培养。从第3天观察，共培养5天。同时用100mL生理盐水做空白对照。

4. 计算

做平板菌落计数时，可用肉眼观察，必要时用放大镜检查，以防遗漏。分别计下各平板的霉菌数和酵母菌数，除以4只即为每只试样的菌落总数。计算两组试样的算术平均值，结果保留至整数位。

（三）霉菌侵蚀试验

1. 原理

模拟清洁环境下样品被微生物分解的情况，将待检试样和对照试样作为唯一的碳源供微生物生长利用。适用于各种材质的一次性可降解餐饮具。

2. 仪器和试剂

（1）使用仪器

玻璃器皿：锥形瓶，平皿（ϕ9cm），量筒，无菌试管，无菌刻度吸（1.0mL，5.0mL，10.0mL）；

精密 pH 试纸；

恒温恒湿培养箱（28℃～30℃，相对湿度不低于85%）；

美术喷枪（喷嘴孔径应不大于0.5 mm）；

电动低压喷泵（流量：3L/min，空气压力：0.4kgf/cm^2）；

体视显微镜；

血球计数板；

酒精灯；

冰箱；

微波炉；

生物安全柜。

（2）试剂和材料

凡未说明规格的试剂均为分析纯（AR），所用水均为去离子水。

将各类试样剪成20mm×40mm的试验样片，经灭菌处理后备用。

光—生物降解塑料试样必须是经过光降解预处理后达到碎化的样片，其非降解对照样也必须经过相同光降解预处理辐射量值的同步曝露。经确认无霉变，再用水清洗干净后制样。

（3）培养基

按要求制备以下培养基：

查氏培养基；

马铃薯蔗糖培养基；

基础无碳源培养液；

基础无碳源培养基。

（4）试验菌种

黑曲霉（AS 3.3928）；

土曲霉（AS 3.3935）；

球毛壳（AS 3.4254）；

绿色木霉（AS 3.4005）；

出芽短梗霉（AS 3. 3984）；

绳状青霉（AS 3. 3875）。

将以上菌种保存在查氏培养基上，4℃存放，6 个月转种一次。使用时，分别接种于马铃薯蔗糖培养基斜面上，28℃ ~30℃培养 7 ~14 天，制备混合孢子悬液。

3. 试验步骤

（1）试验样及分组

试验样应包括光降解处理后的待检样及处理前的对照样、阳性对照样片和阴性对照样片。各试验样片按以下要求分成三组：

①第一组为零对照组，在试验室自然放置；

②第二组为不染菌组，样片不接种菌液；

③第三组为染菌侵蚀试验组。

（2）可用滤纸片作各组的生物降解阳性对照样片，用非降解聚丙烯片作阴性对照样。第三组的阳性对照样片表面应有大量真菌生长，否则试验需重作。

（3）试验样片预处理

将制成的各组样片浸入 75% 乙醇中，消毒 30min 取出，室温下自然干燥过夜后，移入干燥器中半小时，称重直至恒重，记录初始质量。

（4）霉菌混合孢子悬液的制备

按要求制备霉菌混合孢子悬液。

（5）操作步骤

①倒板：将基础无碳源琼脂培养基加热溶化后倒进平皿，每平皿培养基深度 8mm ~10mm。

②接种：在生物安全柜内将第三组的各样片分别置于无菌平皿内，再用美术喷枪分别将 0. 2mL 霉菌孢子悬液喷于各样片表面。

③加试验样片：将染菌的各样片静置 1min 后以无菌程序将其置于预先制备好的平皿培养基表面，同时作不染菌对照组和零对照组。每组三皿，每皿两片。要避免样片之间、样片与平皿之间接触。

④ 培养：将接种好的第三组及不接种的第二组平皿用胶带封好，置霉菌培养箱中，30℃，相对湿度大于 90%，培养 28 天。培养箱每周换气一次。零对照平皿在试验室自然放置。定期观察上述平皿中各样片表面霉菌生长情况。取三皿霉菌平均覆盖面积的百分比按表 7 -9 要求作分级记录。

（6）结果观察：以肉眼观察为主，观察不清时应辅以体现显微镜观察。

表 7 -9　霉菌生长分级方法

级别	试样表面霉菌覆盖面的百分比	生长程度
0	肉眼、显微镜下均未见生长	无
Ⅰ	肉眼未见生长，显微镜下清晰可见生长	微量
Ⅱ	肉眼可见生长，约占总面积≤25%	轻度

续表

级别	试样表面霉菌覆盖面的百分比	生长程度
Ⅲ	肉眼可见生长，约占总面积≤50%	中度
Ⅳ	肉眼可见生长，约占总面积>50%	重度
Ⅴ	肉眼可见生长，约占总面积100%	—

（7）结果判定

对照 GB 18006.1 要求，符合该指标要求时为合格，反之为不合格。

4. 注意事项

（1）本试验项目不适用于尺寸小于 20mm×40mm 的试样；

（2）如培养后的样片上污物较多，可用脱脂棉沾水轻拭，但不得造成人为失重；

（3）配制查氏培养基，每种盐要依次溶解，磷酸氢二钾（K_2HPO_4）要单溶；

（4）美术喷枪嘴孔径应不大于 0.5mm，要使喷出的孢子悬液呈细雾状，不得出现小水滴；

（5）接种喷菌操作应在生物安全柜中进行，要严格防止霉菌孢子弥散，操作人员的安全防护措施应符合 GB 2423.16 要求；

（6）无碳源琼脂培养基所用琼脂应具高纯度。

参考文献

[1] 章建浩，戴有谋. 食品包装大全［M］. 北京：中国轻工业出版社，2000.

[2] 王立兵. 食品包装安全学［M］. 北京：科学出版社，2011.

[3] 王建清. 包装材料学［M］. 北京：国防工业出版社，2004.

[4] Karen A. Barnes，C. Richard Sinclair，D. H. Watson. Chemical Migration And Food Contact Materials［M］. Woodhead Publishing Ltd.，2007.

[5] 宋欢等. 食品接触材料及其化学迁移［M］. 北京：中国轻工业出版社，2011.

[6] 尹章伟. 包装概论［M］. 北京：化学工业出版社，2003.

[7] 刘喜生. 包装材料学［M］. 长春：吉林大学出版社，1997.

[8] 张露. 食品包装［M］. 北京：化学工业出版社，2007.

[9] 高愿军，熊卫东. 食品包装［M］. 北京：化学工业出版社，2005.

[10] 骆光林. 包装材料学［M］. 北京：印刷工业出版社，2006.

[11] 章建浩. 食品包装学［M］. 北京：中国农业出版社，2002.

[12] 任发政. 食品包装学［M］. 北京：中国农业大学出版社，2009.

[13] 王志伟. 食品包装技术［M］. 北京：化学工业出版社，2008.

[14] 郝晓秀. 包装材料性能检测及选用［M］. 北京：中国轻工业出版社，2010.

[15] 许文才. 包装印刷和印后加工［M］. 北京：中国轻工业出版社，2006.

[16] 张运展. 加工纸和特种纸［M］. 北京：中国轻工业出版社，2005.

[17] Richard Coles，Derek McDowell，Mark J. Kirwan. Food Packaging technology［M］. China light industry press，2012.

[18] 吴国华. 食品用包装及容器检测［M］. 北京：化学工业出版社，2006.

[19] 高学文. 新型塑料包装薄膜［M］. 北京：化学工业出版社，2006.

[20] 伍秋涛. 软包装质量检测技术［M］. 北京：印刷工业出版社，2009.

[21] 蔡和平. 食品包装技术［M］. 北京：中国轻工业出版社，2006.

[22] 曹春娥，顾幸勇. 无机材料测试技术［M］. 武汉：武汉理工大学出版社，2001.

[23] 尹思慈. 木材学［M］. 北京：中国林业出版社，1996.

[24] 骆光林. 绿色包装材料［M］. 北京：化工出版社，2005.

[25] 张琳. 食品包装［M］. 北京：印刷工业出版社，2010.

[26] 杨福馨，吴龙奇. 食品包装实用新材料新技术［M］. 北京：化学工业出版社，2002.

[27] 陈宇. 食品包装材料用添加剂使用手册［M］. 北京：中国轻工业出版社，2010.